21세기형
생물테마여행

–

21세기형
생물테마여행

―

초판 1쇄 발행 2021년 6월 25일
초판 2쇄 발행 2021년 12월 20일
초판 3쇄 발행 2022년 2월 4일

지 은 이 김인선·신현웅
펴 낸 이 신일희
펴 낸 곳 계명대학교 출판부
출판등록 제347-1998-1호(1970. 9. 1)
주 소 대구광역시 달서구 달구벌대로 1095
대표전화 053-580-6233
팩 스 053-580-6235
홈페이지 www.kmupress.com

ISBN 979-11-6516-085-2 93470 정가 20,000원

21세기형 생물테마여행

김인선·신현웅 지음

계명대학교 출판부

차례

Contents

프롤로그

Prologue

오늘날의 biotechnology, BT 바이오테크놀로지 기술은 4차 산업혁명에서 대부분 융복합적으로 발달하고 있고, 그 한 가운데에는 세포, DNA, 유전체 등이 핵심적인 역할을 하고 있다. 최근, 발달하는 BT, NT, IT 첨단기술의 접목으로 신약 개발, 생물 신소재 발굴, 차세대 GMO, 유전체 연구 등에서 생명체 내 생명현상의 규명과 결과물의 활용 가치가 널리 확대되고 있다. 21세기 생물학 분야의 핫한 과제는 생명체를 구성하는 세포들을 이해하는 것으로 과학자들은 살아있는 세포 내 고도로 정밀한 '세포지도'까지도 만들고 있다. 이 연구는 아직도 진행 중이며, 세포 간 분자적 차이로 이미 새로운 세포가 발견되고 있어 그 성과물에 많은 기대를 하고 있다. 미래에는 누구나 구글맵/네이버맵 앱을 사용할 때처럼 세포지도를 이용할 수 있을 것이며, 이는 맞춤형 첨단 의료기술의 개발에 지대한 영향을 끼칠 것이다.

'21세기형 생물테마여행'에서는 생물학 분야에서 큰 관심을 받는 세포 내 생명현상 규명과 첨단 공학기술 접목으로 실질적인 활용과 응용, 잠재적 가치 및 중요성, 파급효과, 융복합 기술의 필요성을 강조한다. 생명체 특성 규명으로 인류 삶의 질 향상에 적용 가능한 첨단기술 응용에 부합하는 흥미로운 10개 주제를 선별하여 개발하고자 하였다. 특히, 후반부에서는 생활에 필요한 BT-NT-IT 융복합 첨단기기, 신기술의 활용과 개발, New Age 21C 생명과학의 전망과 비전 등을 다룬다. 최첨단 의료기기와 기술 사례에서부터 쉽게 접하는 결과에 이르기까지 다양한 21세기형 생물테마 주제들이 소개된다.

'21세기형 생물테마여행'은 영역 간의 첨단 퓨전기술 사례를 종합적으로 다루므로, 다 읽고 난 뒤에는 생명현상의 비밀을 접목한 최첨단 기술의 재탄생, 과학과 새로운 공학적 관심 제시에 상당한 지식을 갖게 된다. 이는 읽는 이들의 '생명현상 규명과 손잡은 첨단기술 응용'을 새롭게 인식시키는 계기가 되고, 현대사회가 요구하는 역량 증진을 위해 국내외 다양한 첨단기술 응용 사례를 다루어 영역 간 융복합을 통한 이론과 실제를 접할 수 있도록 적극적으로 유도한다. 이를 통해 융통성 있는 사고력과 창의력을 지닌 21세기에 필요한 창의적 인재 역량 함양에 일조할 수 있도록 그 목표를 둔다.

들어가며

세포지도의 모든 것

1 장

세포의 세계:
세포지도(Cell Atlas)

1장

세포의 세계: 세포지도(Cell Atlas)

오늘날의 biotechnology, BT 바이오테크놀로지 기술은 대부분의 영역에서 융복합적으로 발달하고 있고, 그 한 가운데에는 모든 생명체의 기본인 세포를 중심으로 한 세포지도(cell atlas)가 있다. 세계지도는 흔히 들어봐 무엇인지 잘 알지만 세포지도라...? 그 작은 크기의 세포에 무슨 지도의 개념이 들어갈 수 있는지 의아해할 수 있다. 20세기 초엽이라면 생소하게 들렸을지도 모르나 요즘은 생명과학에서 흔히 접하는 주제로 우리가 자주 쓰는 인터넷 지도와 비슷하다고 보는 이들이 많다. 길을 잃거나 가야 할 장소가 있을 때 스마트폰 application/어플 앱을 이용하는 예를 빗대어보자. 먼저, 구글지도/네이버지도/T-맵.. 앱을 켜서 갈 곳의 위치 검색 → 방향 결정 후 찾아가면 목적지에 어렵지 않게 도착할 수 있다.

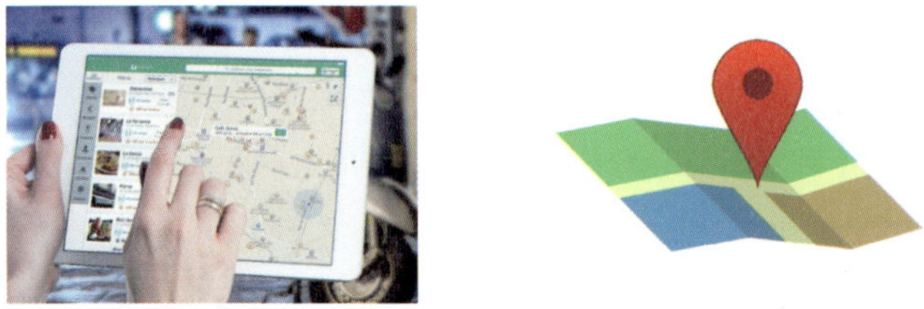

그림 1-1 구글지도

이와 같은 방법으로 인체에 발생하는 질병에 대한 진단이나 치료의 과정에서 세포지도를 이용할 수 있다는 것이다. 오늘날 우리가 지식과 연관된 문제들을 해결하기 위해 백과사전보다는 인터넷을 사용하는 것처럼 전문가들은 biological materials 바이오와 손잡은 high technology 첨단기술로 생물학적인 문제를 해결할 수 있다고 생각하는 것이다. 그 과정에는 컴퓨터를 이용한 프로그램 작업이 포함되고 그 과정을 거친 공간에서 인체와 관련된 문제에 대한 답을 찾을 수 있는 도구가 될 것으로 전망하고 있다.

▶

들어가며

세포지도란 무엇인가?

- 세포는 생명과학에 입문하여 여러 내용을 접할 때 가장 먼저 나오는 주제 중 하나로 생물학의 기본개념이다. 생명체 구성의 기본 요소로 수정 및 발생, 개체 탄생에서부터 인체의 성장과 발달은 물론 암/난치병 등 각종 질환의 발병 및 그 이해에 핵심적인 역할을 한다. 과학기술의 발달로 전에 비해 많은 정보가 밝혀지기는 하였

으나 우주에 비유되는 세포 자체에 대한 정보는 아직도 지극히 일부만 알려진 상태라고 알고 있다. 세포는 여전히 베일에 가려져 있는 미지의 세계라고까지 이야기된다. Scientific American/Atlantic 등 유명한 과학전문지들은 'Human Cell Atlas, 이하 HCA 인간세포지도'가 Google Maps 구글 지도와 유사하여 '인체 구글맵 프로젝트'에 비유하기도 하였다. 구글 지도는 세계 각국의 지역 정보를 검색할 수 있게 해당 지역의 지형이나 날씨, 지물 등을 모두 나타내고 있다.

인체를 구성하는 세포는 헤아릴 수 없이 많다. Cell Atlas 세포지도란 35조개 이상 수많은 세포의 종류와 위치, 기원 및 계통, 상태, 기능 등을 포함하는 모든 특성을 정리해서 담아내고자 하는 것으로 Human Genome Project, 이하 HGP 인간게놈프로젝트 이후 대장정의 프로젝트이다. 2016년 10월 미국/MIT-브로드연구소+하버드대+영국/케임브리지대+웰컴트러스트재단 국제 공동연구팀은 향후 10년간 인체 내 모든 장기와 조직을 구성하는 세포들을 분석 및 해석하여 건강한 사람의 '인간세포지도'를 만들 계획이라고 밝힌 바 있다.

그림 1-2 발생초기 4세포기(좌), 발달(중앙), 인체(우)

세포지도의 모든 것

1. 세포지도, 그 가치는?

세포는 생명체를 구성하는 기본적인 단위로 수정 및 초기 발생에서 분화발달, 생장, 노화는 물론 다양한 질병의 발생 및 그 진행을 이해하는 데에 있어 핵심적인 역할을 한다. 하나의 세포인 수정란으로부터 인체를 이루는 수십 조개의 세포로 분화하는 과정에서 각각의 세포들이 어떠한 세포로 분화하는지 규명함으로써 발생과 분화 단계를 이해할 수 있다. 이에 HCA 인간세포지도 프로젝트는 인체를 구성하는 ~35조개 ↑ 수많은 세포 종류와 위치, 상태, 계통 분화 및 발생 단계를 밝힐 수 있어 전 세계의 지형, 날씨, 지물 등을 담은 구글 지도에 비유된다. HCA는 구글 지도와 유사한 기능을 가진 생체 내 정보 시스템으로 간주하여 인체 관련 특성의 표준지표 확보를 목표로 하고 있다.

2000년대 중반까지는 기술적인 한계로 세포의 종류와 기능의 이해 연구는 주로 조직이나 장기 수준에서 진행되어 세포 수준에서의 정보는 다소 미흡한 실정이었다. 이후 세계 2009년 최초, 단일세포 전사체 sequencing 시퀀싱 기술이 발표되고, 연관된 다양한 기술의 발달로 인해 최근에는 인체 내 단일세포의 특성을 다면적으로 분석하는 연구가 활발히 진행되고 있다. 특히, 단일세포 정보를 대용량으로 생산하는 기술의 발전은 가능하지 않게 보이던 인체 내 모든 세포의 분석 및 파악의 가능성에 무게를 실을 수 있게 되었다. 또한, 2003년 'HGP 인간게놈프로젝트'의 성공적인 결과를 바탕으로 인간의 유전체 연구가 크게 발전하고 있다는 점도 큰 몫을 하고 있다. 이런 연구들은 '인간세포지도' 제작에 새로운 지표를 제공할 뿐만 아니라 제반 생명현상 이해에 크게 이바지할 것으로 생각되고 있다.

2016년 10월, 미국/MIT 브로드연구소+하버드대+영국/케임브리지대 생어연구소+웰컴트러스트재단 공동연구팀은 HCA 프로젝트 시작을 알렸고, 2017년 38개 다수의 착수과제를 선정하여 세포지도 사업이 본격적으로 시행되었다. 현재 진행 중인 HCA의 주요 연구는 3천만~1억개 엄청난 수의 단일세포를 다양한 *오믹스 실험법으로 연구 분석한 후 이들 세포가 자리를 잡은 조직의 정보를 포함하는 DB 데이터베이스를 구축하는 것이다. 이를 위해 지도를 작성할 수 있는 인체 내 대상 장기를 선별하고, 건강한 인체에서 유래한 시료의 분석을 진행하고 있다. 인간세포지도 작성을 위한 핵심적인 기술로는 먼저 개별 단일세포의 종류와 위치 결정을 들 수 있다. 세포 종류의 확인을 위한 오믹스 기술로는 단일세포의 전사체, DNA, 유전체, 대사체, 단백질체 등의 정보를 분석하는 방법이 있다.

※ 오믹스(OMICS)

- -omics : 體學 체학을 뜻하는 학문 영역이며, transcriptomics 전사체학, genomics 유전체학, metabolomics 대사체학, proteomics 단백질체학 등이 생물학에서의 대표적인 연구 분야다. 유기체나 그의 구조, 기능 등에 의해 변하는 생물학적 분자들의 집단적 특성을 분석하고 정량화하는데 목표를 두고 있다. 특히, 대량의 생체정보와 이들 간의 상호관계를 종합적으로 연구하기 위해 생물정보학적 기법을 활용한다. 이때 접미어 -ome은 유전체 genome, 프로테옴 proteome, 대사물질 metabolome 등과 같이 체학에서 연구 대상을 지칭하는 데 사용하며, 생체를 구성하는 분자들이나 세

포 등의 집합체 전부를 뜻한다.

생체 특정 부위에서 분화 발달하는 미지의 세포 종류를 확인하기 위해서는 대용량의 *단일세포를 부유하는 상태로 분리하고, 훼손 없이 세포 내 DNA/RNA/염색질/단백질.. 극미의 분자들을 추출하는 과정을 거친다. 추출된 후에는 극미량인 각 물질의 양적인 정보를 정확하게 측정해야만 한다. 이에 반해, 세포의 위치 결정 관련 정보는 동결된 조직 또는 고정된 시료 내 단일세포의 전사체/단백질체.. 함유물질을 digital image processing 이미지화하는 표현기법을 통해 수집된다. 단일세포 분리 후 해당분자들 추출 및 분석하는 세포 종류 확인법과는 달리 세포의 위치를 확인하는 기술은 특정 RNA나 단백질을 target 표적으로 분석해 해당 위치에 있는 세포를 구별하는 수준이라고 한다. 단일세포 연구에서 방대하게 축적된 data 정보와 sequencing/시퀀싱 실험 고유의 독특한 특성을 반영하는 분석법은 데이터분석과 함께 첨단의 알고리즘과 통계적 방법의 단일세포 데이터용 확률통계 모델 개발이 더 필요하다고 전문가들은 말한다.

※ 단일세포분석 single cell analysis : 각각의 개별 세포 수준에서 유전체/후성유전체/단백질체.. 구성 분자들을 분석해 조직이나 세포군이 아닌 단일세포의 생물학적 기능을 밝히려고 시도하는 기술이다. 발전하는 omics 오믹스 분석기술에 힘입어 동일한 모세포에서 분화해 같은 유전체를 지닌 세포들 사이에도 분자적, 생화학적으로 다른 특성이 나타나고 있다. 그 결과, 더 정확한 세포의 기능 분석 및 이해를 위해 단일세포 수준에서의 생물학적 특성 분석의 필요성이 대두되었다. 단일세포분석 기술은 특히, 종양학과 신경생물학 분야에서 유용하게 쓰이는 것으로 보고되고 있다. 먼저, 종양학에서는 종양 내에서의 이질성이 밝혀지면서

해당 조직에서 각각의 단일세포들을 분리하여 최적의 항암요법을 개발하려는 목적의 오믹스 분석이 시행되고 있다고 한다. 신경생물학의 경우, 기본 구조인 neuron 신경세포가 신경계 내에서 그 종류, 형태, 기능, 작용기전 등이 다양하므로 관련 연구를 위해서는 각각의 세포를 분리하여 연구해야 함이 잘 알려져 있다.

2. 세포지도, 어디에 활용할 수 있나요?

세포지도가 특히 인류를 위한 쓰임에 최상의 목표와 최고의 효율성을 나타내는 분야들이 다음을 포함하여 제시된 바 있다(참고: 김정애, 2019). 특히, 재생의학 분야는 난치성 질환의 대안으로 주목받는 비교적 신생의 영역이고, 인체에 발생하는 다양한 질병에 대한 맞춤형 치료법을 찾는 데에도 도움을 줄 것으로 기대되고 있다. 또한, 바이오마커와 신약 개발 등에 있어서도 인간세포지도가 만들어져 표준화가 선행되면 그 발전에 놀라운 속도가 붙을 것으로 예상된다.

• 재생의학 분야

*재생의학이란 인체를 구성하는 각종 세포, 조직, 장기 기관 등을 대체 또는 재생시켜 그 기능을 복원시키는 분야를 말한다. 특히, 단세포 수정란 → 수십 조 인체 세포로의 분화과정이 밝혀지면 개별 세포들의 발생과 분화 단계를 훨씬 더 잘 이해할 수 있음은 물론 축적되는 관련 지식은 재생의학에 폭넓게 활용될 수 있다. 현재, 재생의학은 여러 임상실험에서 널리 적용되고 있고, 치매/알츠하이머/

신경계 손상/당뇨.. 적합한 치료 방법이 없어 인류를 곤경에 처하게 하는 불치병/난치병 질환의 근본적 치료 대안으로 주목받고 있다.

※ 재생의학 regenrative medicine : 완치가 어려운 질환의 치료 대안으로 미국/캐나다/호주.. 세계적인 관심을 받으며 떠오르고 있는 2019년, ~100억$(~12조원) 투자 급성장하고 있는 의료 분야이다. 특히, 기술적인 측면에서는 유전자 기반 치료, 세포치료, 조직공학 등에서 특히 활발한 연구에 의한 긍정적인 임상 결과로 재생의학 제품의 산업화에 박차를 가하고 있다. 그 결과, 많은 환자가 재생의학 임상 단계에서 출시된 재생의학 제품으로 치료를 받은 것으로 나와 있다. 특히, 최근에는 유전자변형, 세포기반 자가면역치료, 면역학 분야에서의 치료법이 포함되고, 바이러스성 유전자 전달 관련 연구도 다수 진행된 것으로 보고되어 있다.

• 인체질병 연구 분야

특정 질병을 앓는 인체 조직을 분리하여 단일세포 수준에서 분석한 후 그 결과를 정상인의 해당 조직 내 세포 특성과 비교해 질병의 발생과정과 작용기전 규명에 큰 도움을 받을 수 있다. 세포지도는 세포와 그 조직의 역할과 발달의 진행방식 등을 제공할 수 있기에 과학자들은 이를 통해 인체 내에서 질병이나 abnormality 이상 현상이 어떠한 방식으로 발생하고 진행되는지를 이해할 수 있을 것이다. 특히, 암 발생에 있어 종양 조직 내 세포의 이질성을 찾아내 정확한 질병의 원인 분석 및 파악에 이용할 수 있다. 이는 개인차를 보이는 다양한 질병에서의 요인들을 알아내어 이후 각각의 환자에 적합한 맞춤형 치료법을 제시할 수 있을 것으로 전망된다.

• 신약 개발 분야

현재 전 세계 과학자들이 협업으로 진행하며 구축하려고 하는 건강한 인체로부터의 세포지도라는 표준지도가 완성되면 특이한 질환에 특징적인 세포 추적이나 질환 발생과 진행을 일으키는 세포 간 상호관계 규명이 수월해질 것으로 보인다. 세포 수준에서 신약 대상 약물의 효능, 독성이나 부작용 예측 등 관련 정보를 얻을 수 있다면 *바이오마커 발굴 및 신약 개발의 성공 가능성을 높일 수 있을 것이다. 인간세포지도 제작의 완성을 위해서는 이처럼 단일세포의 오믹스 분석 및 광학적 영상을 비롯한 다양한 학문 분야로부터의 융합 연구가 활성화되어야 한다고 입을 모아 말하고 있다.

※ 바이오마커 biomarker : 세포나 혈관, 단백질, DNA 등을 이용해 몸 안의 변화를 알아낼 수 있는 지표. 이를 처음 정의한 미국 NIH 국립보건원은 바이오마커를 정상적인 생물학적 과정, 질병 진행 상황, 치료 방법에 대한 약물의 반응성을 객관적으로 측정하고 평가할 수 있는 지표라고 정리한 바 있다. 이전에는 체온/혈압/혈당수치.. 생리학적 지표가 바이오마커로 주목받았으나 최근, 그 개념이 바뀌며 DNA/RNA 유전물질, 유전체, 단백질, 세균, 바이러스 등이 바이오마커로 주목받고 있다. 바이오마커 기술 중 가장 큰 비중은 유전체가 차지하며, 바이오마커 시장 전체의 49.7%를 점유할 것으로 예측된바 있다. 2020년/91억$(~10조원). 바이오마커를 활용하면 신약 개발에서의 성공률이 3배↑ 증가한다는 보고가 있고, 그 쓰임이 가장 기대되는 곳은 항암 치료 분야이다.

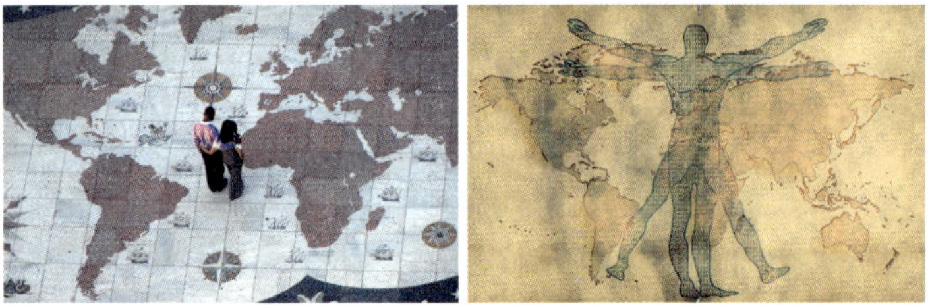

그림 1-3 상상 속의 인체-세계지도

3. 인간세포지도

인간세포지도 프로젝트는 본격적으로 시작한 지 얼마 안 되는 비교적 짧은 기간임에도 불구하고 빠른 속도로 성과를 내고 있어 수년 내 3차원 세포지도가 나올 것으로 예측된다. 가장 먼저 성과가 나온 인체 부위는 간 조직으로 캐나다 연구팀이 간 세포지도를 2018년 최초로 발표했고, 태아의 간 세포지도 또한 영국과 독일의 연구진에 의해 2019년 공개된 바 있다. 이어 영국, 독일, 네덜란드의 공동 연구에 의한 결과로 천식 폐 질환의 발생과정을 밝힐 수 있는 폐 세포지도가 2019년 공개되었다. 참고로 인체 외에도 바이오 의약품 등 신약 개발에 필요한 실험동물의 쥐의 뇌/골수 장기 대상 세포지도 연구 또한 진행되고 있다. 과학자들은 가까운 미래에 3-D 구조의 인간세포지도를 제작할 수 있을 것으로 전망하고 있고, 이는 신약 개발의 속도는 물론 마지막 단계에서 필수적인 약물 검증과정을 더욱 빠르게 할 수 있을 것으로 기대된다. 특히, 3-D 이미지의 인간세포지도 이용 시 특정 질환에 특이적인 소수 세포의 정밀한 확인 → 질병의 정확한 진단 → 환자 상태 파악 가능 → 맞춤형 치료법 결정의 업그레이드된 의료혜택을 볼 수 있게 될 것으로 생각된다.

다음에서는 연구되고 있는 많은 기관 가운데 인간세포지도 프로젝트에서 먼저 성공한 사례인 간, 폐, 뇌세포지도에 대하여 알아보고자 한다.

기관별 세포지도

① 간 liver

2018년 *캐나다 연구진에 의해 분자 수준에서 개별 세포들의 차이를 나타내는 인체 Liver Cell Atlas 간 세포지도가 처음으로 작성됐다. 간에 위치하는 각각의 개별 세포들 차이는 간 조직이나 종양 및 질병 발달에 지대한 영향을 줄 수 있는 것으로 알려져 있다. 그러므로 새로이 작성되는 간 세포지도는 간에 발생하는 질병과 관련된 연구와 진단 및 치료에 획기적인 도움을 줄 것으로 기대된다.

간 세포지도 연구팀은 오랜 기간의 연구 끝에 간에서 pro-inflammatory 염증성 및 anti-inflammatory 항염증성 기능의 대식세포 2종류를 포함한 다수의 20개 세포 집단을 발견하여 보고하였다. 이들 세포 집단에는 간세포, 내피세포, 담관세포를 비롯해 B세포/T세포/NK세포.. 다양한 면역세포 등이 포함되어 있다. 많은 난관을 극복하고 얻은 본 간 연구의 결과는 'Human Cell Atlas Project 인간세포지도 프로젝트'에서도 활용할 수 있다고 한다. 그 결과는 간의 분화 발달과 간 조직 및 생물학적 시스템 내에서의 협업 체재 및 작동 여부를 알게 해줄 것이며, 향후 이를 이용한 간 질환에서의 치료법, 이식 거부율 감소, 재생의학적 해법까지도 찾을 수 있음을 가늠하고 있다. 현대인들에게 많이 나타나는 간 질환이 점차 증가하면서 그에 대한 맞춤형 치료법 등 대안적 접근법의 개발이 시급해져 간 세포지도의 완성은 그 어느 때보다도 필요한 시점이다.

※ 캐나다 토론토대학 종합병원 연구소 University Health Network UHN 이식 프로그램 과학자인 맥펄랜드박사와 맥길브리박사, 토론토대 세포 및 생체분자연구소 베이더박사는 죽은 기증자의 건강한 간 조직에서 얻은 8444개 개별 세포의 분자 형태를 맵핑하여 그 지도를 Nature Communications 전문학술지에 발표하였다. 연구팀은 세포 당 1,500개 활성유전자를 가진 각 세포의 유전자발현 프로파일을 조사해 서로 다른 세포군 20개를 분류해 내는 쾌거를 이루었다.

2019년 수행된 태아의 간 세포지도 연구는 인체 내에서 간이 발달하는 과정을 추적한 첫 세포지도라 할 수 있고, 이는 혈액과 면역체계가 어떻게 발달하는지를 보여준 이상적인 연구라 하겠다. 과학자들이 처음으로 태아에서 혈액과 면역체계가 어떻게 발달하는지 그 과정에 대한 지식과 통찰력을 제공하는 인체 발달 간 세포지도를 만든 것이다. 지금까지 인체에서 혈액과 면역체계가 근본적으로 어떻게 발달하는지에 대해 완전히 규명되지는 않았으나, 성인에서는 골수가 몸의 혈액과 면역세포를 형성하는 곳이라는 것은 알려진 사실이다. 그러나, 초기 배아에서는 특히 난황낭 노른자 주머니와 간이 혈액과 면역세포 발달에 중요한 역할을 하는 것으로 밝혀졌다. 물론 쉽게 결과를 도출한 것은 아니다. 간을 발달시키는 조직에서 어려운 과정과 많은 시행착오를 거치며 세포들 분리에 성공한 후 어떤 유전자들이 발현되는지와 세포의 형태 확인이 가능했고, 발달 중의 간 조혈세포는 중금속 마커 사용으로 각 세포를 그 위치에 맵핑할 수 있었다고 한다. 이는 처음으로 혈액과 면역시스템의 분화 발달과정을 추적해 상세히 묘사한 것이며, 여러 분야의 상당한 노력이 있었음을 알 수 있다.

출생에 이르기까지 모체 내 태아는 성장과 발달 촉진을 위해 엄청난 양의 산소를 필요로 한다. 연구에서는 태아의 간 조직 발달 과정에서 간에 조혈모 줄기세포가 남아 있음을 발견했고, 후속적인 연구를 수행하여 이들 세포가 어떻게 분화하고 이동하는지를 조사하였다. 간 조직만으로는 필요한 적혈구를 충분히 공급할 수 없어 차세대 n 세대의 딸세포들은 다른 조직으로 이동한 후 예-피부 그 부위에서 성숙 → 적혈구로 발달 → 높아진 산소 요구량을 채운다. 이 과정에서 연구진은 면역결핍 관여 특정 유전자를 맵핑하여 어떤 세포가 이 과정에 관여하고 유전자를 발현하는지를 확인했다. 이때 해당 유전자에 돌연변이가 발생하면 백혈병 등 면역결핍이나 장애가 올 수 있어 이를 연구하면 간이 어떻게 기능하고 작용하는지 이해할 수 있음은 물론 면역체계 이상 현상의 발생 등을 알아낼 수도 있을 것이다.

② 폐 lung

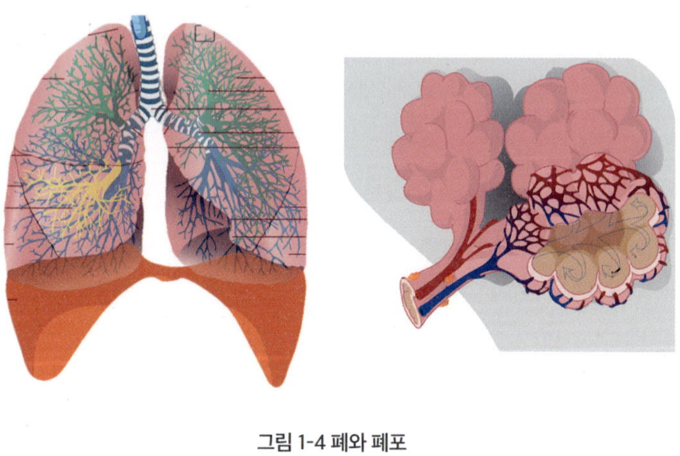

그림 1-4 폐와 폐포

인간세포지도 연구에서는 유럽의 과학자들이 2019년 인간의 '폐 세포지도' 제작 후 Nature Medicine 전문학술지에 발표하여 전 세계의 이목을 끌었다. 영국/케임브리지대 웰컴생어연구소+네덜란드/그로닝겐대 의료센터+독일/뮌헨 폐질환연구센터 북유럽 3개 국가의 공동연구진은 건강한 인체 및 천식 환자의 호흡기관 내 ~37,000개 폐 세포들을 분석한 결과를 공개해 학계로부터 천식이란 질환의 발생과정에 대한 단서를 찾는 계기가 되었다는 평을 받았다.

폐는 근육이 없는 진공상태의 호흡기관으로 $O_2 \rightleftarrows CO_2$의 효율적인 교환을 위해 포도송이처럼 생긴 수많은 ~3억개/허파꽈리 폐포에 혈관이 망처럼 복잡하게 얽혀 있는 구조를 지닌다. 폐는 들숨 날숨에 따라 부피가 달라지는데, 숨을 쉴 때마다 외부의 병원체 등이 가장 먼저 닿는 내부 기관이다. 이에 폐포에서는 이들에 감염되는 것을 막기 위해 면역세포들이 끊임없이 점액을 분비하는데, 정상적인 기능 수행을 위해 호흡세포와 면역세포 간에는 항상성이 유지되어야 한다. 이때 이들 세포 사이에서 항상성이 무너지면 천식과 같은 폐 질환이 발생하는 것이다. 천식은 기관지에 염증이 생겨 붓고 과다 분비된 점액으로 인해 기침, 거친 숨, 호흡곤란 등을 일으키는 대표적인 폐 질환이다. ~3억 5천만명 많은 사람에게 고통을 주는 비교적 흔한 질환이나 완치가 어려워 평생 약물 복용이 뒤따르는 고질적인 병이다.

폐 세포지도 프로젝트를 수행한 연구팀은 17명 건강한 사람과 6명 천식 환자의 호흡기관 구성 코/기관지/폐포.. 세포들을 영역별은 물론 개별적으로 분석하는 방대한 실험으로 마침내 성과를 이루어냈다. 연구진들은 각각의 세포에서 더 잘 발현되는 유전자, 그리고 세포-세포 간 일어나는 상호작용을 분석하여 폐 세포의 기능이 우리가 알고 있던 것보다 더 세분화되어 있다는 사실을 밝혔다. 그리고 연구진들은 건강한 사람과 천식 환자의 폐에서 영역별 세포의 특성과 유전자발현 정도를 쉽게 볼 수 있도록 'www.lungcellatlas.org 폐 세포지도' 웹사이트 개설하였다. 폐 조직 등 호흡기관 내 특정 a gene name 유전자 이름과 cell type dataset 세포 유형을 설정하면 유전자 발현도가 그래프로 제시되게끔 하여 전 세계에 걸쳐 관심 있는 모두와 그 내용을 공유하고 있다.

또한, 연구팀은 천식 환자의 폐 세포는 건강한 폐 세포의 경우와 달리, 폐 세포들이 점액을 과다하게 분비하도록 변하는 특징을 갖게 된다는 사실도 최초로 밝혀내었다. 폐 세포의 점액 과다 분비 → 호흡세포-면역세포 간 항상성 무너짐 → 기관지 붓기/기침/점액과다.. 증상 심화를 유발하는 것이다. 연구팀은 더 나아가 이들 세포 간 분자적 신호 등을 분석하는 후속 연구로 천식을 치료할 수 있는 신약 개발의 계획을 세우고 있다고 한다.

③ 뇌 brain

새로운 세계의 지도들이 어떻게 완전히 새로운 대륙의 경로와 가는 방법을 나타내는지와 유사하게, 블루 브레인 프로젝트는 지금까지 알려진 가장 정확한 방법으로 인간의 두뇌의 신경 경로와 그것들이 작동하는 방식을 재현하는 지도를 만드는 것을 목표로 한다.

뇌는 신체에너지의 ~20% 소모 엄청난 에너지를 사용하는 기관으로 인체의 중추신경계를 관장하는 필수적인 기관이다. 최대 1000억개↑ 엄청난 수의 신경세포들이 복잡하게 얽혀 신경망을 이루어 생명체 기능에 절대적인 영향을 미치는 중요한 장기로 인지/기억/학습/감정/움직임/행동/항상성유지 등 수많은 생명 활동을 담당한다. 뇌의 기능이 손상되거나 저하되면 심각한 문제가 야기될 수 있고 인체의 기능도 멈출 수 있는 가장 중요한 부위라 할 수 있다. 특히, 얼마 전부터 뇌에 관한 연구는 neuroscience 신경과학의 한 영역의 일종인 뇌 과학에서 전 세계적으로 활발히 진행되고 있고, 4차 산업혁명의 핵심 주제 가운데 하나로 과학/공학/기술/사회/경제.. 산업 전반에 걸친 AI 인공지능 활용의 확대로 그 어느 때보다도 중요한 위치를 차지하고 있다.

그림 1-5 사람(좌), 인공지능(우)

뇌 과학은 이제 생물학이나 의학에 국한되지 않고 과학, 공학, 기술은 물론 인문학적인 요소들도 포함하는 등 거의 모든 분야에 정통해야 하는 융합학문이 되어 있다. 이에 어느 한 영역에서의 전문가가 단독으로 연구하는 시대에서 벗어나 연구자들이 연구 방향에 따라 협업을 하여 각 분야의 전문가들이 연구팀을 구성하여 규모 있는 프로젝트들을 수행하는 경향이 다분하다. 그중의 하나가 바로 Blue Brain Project, 이하 BBP 블루 브레인 프로젝트!

블루 브레인 프로젝트는 스위스 연방융합기술대학/Brain and Mind Institute 뇌-마음 연구소가 주도하는 뇌 신경망 규명을 목적으로 하는 2005년/EU지원/다국적으로 구성 대규모 프로젝트로 인체의 뇌를 디지털 공간에 재구현하는 것이 그 목표라 할 수 있다. 블루 브레인 사업에서는 특히, 뇌 신경망을 reverse engineering/역공학 역으로 추적한 후 컴퓨터화된 digital space 디지털 공간에 재현하고 simulation 모의로 실험하여 사람의 뇌 구조와 기능 규명에 최종 목표를 두고 있다. BBP 연구에서는 뇌 기능 파악뿐만 아니라 분자 수준에서 세포나 작용 기작, 회로 등은 물론 뇌 전체에 이르기까지 뇌 구조를 모두 디지털 공간에 구축하고 모의시험을 한다. 이 과정에는 2,000개 이상의 마이크로칩이 사용된 블루진 슈퍼컴퓨터를 활용하여 1초에 무려 22.8조 개에 달하는 천문학적인 연산이 이루어졌다고 한다. 사람 뇌에서 발생하는 복합적인 상호작용을 좀 더 잘 파악할 수 있을 뿐만 아니라 여러 뇌 질환의 치료법도 찾을 수 있는 길이 열릴 것으로 기대하고 있다. 전문가들은 한 걸음 더 나아가 디지털 공간에 인간의 뇌 정보 탑재는 물론 복제하는 기술로까지 발전할 것으로 예상한다.

위에 언급하였듯이 정밀한 뇌 구조 및 기능의 디지털화를 목표로 하는 블루 브레인 프로젝트는 아주 정확한 방법으로 뇌의 신경회로와 그 작동 방식을 재현할 수 있는 지도 만듦이 최종 목표! 이렇게 만든 뇌지도는 뇌의 가장 깊은 곳까지도 탐색하여 뇌에 대한 많은 것들을 이해할 수 있게 해줄 것이다. 이를 위해 먼저, 쥐 뇌의 재현을 출발점으로 하여 실험하였고, 2012년에는 쥐의 뇌 세포 전체를 시뮬레이션하는 데 성공한 바 있다. 쥐의 뇌는 훨씬 더 복잡한 인간과 포유류의 뇌와 유사하기에 선택된 것이다.

수없이 많은 뇌 뉴런 신경세포들을 연결하는 신경망을 시각화해 보여주는 이미지화한 지도인 Connectome 커넥톰은 간단히 뇌지도 '뇌 신경세포 연결지도'라 할 수 있다. 일부 과학자들은 커넥톰을 인터넷+위성의 협업 결과물인 Goole Earth 구글어스에 비유하여 생각하면 좀 더 쉽게 이해할 수 있을 것이라 빗대어 말한다. 먼저, 뇌의 특정 부위를 지목한 후 점차 확대해 들어가면 뇌 신경세포 수준까지 도달할 수 있다. 최근 발달한 융·복합적인 기술은 과거 상상에 그치던 것들을 가능하게 하는데, 그중 특히 인공지능(AI)/스마트디지털/빅데이터.. 첨단기술의 발달은 이전의 한계를 넘어 뇌 과학의 연구를 빠르게 새로운 측면으로 이끈다. 하지만 복잡함 그 자체인 뇌 구조를 가시화하는 작업은 이전에는 거의 가능하지 않은 일로 여기고 있었다. 현재는 뇌지도를 비롯한 뇌 관련 연구가 전 세계적으로 활성화되고 있다. 특히, 현대사회가 복잡해지며 증가하는 치매/우울증/조현병/극단적 행동.. 정신적인 문제들을 해결하거나 치료하기 위한 연구에 많은 관심이 집중되는 추세다.

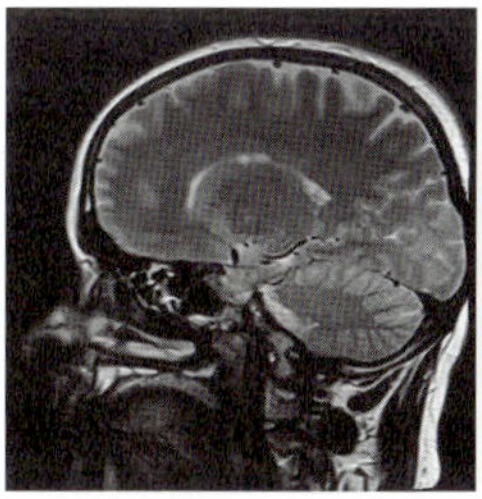

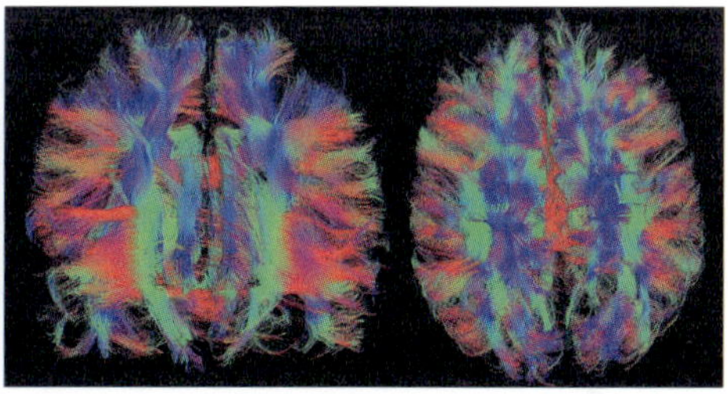

그림 1-6 뇌(좌), 뇌 MRI(우)

최근, 미국 MIT는 뇌지도를 3-D 3차원적 입체구조로 정밀하게 표현해내는 기술을 개발해 낸 바 있다. 이 기술을 이용하면 뇌 조직 내 각각의 개별 신경세포를 찾을 수 있음은 물론, 이들 세포 간 연결 추적 후 대량의 뇌 조직 세포를 시각화할 수 있다는 것이 장점이다. 특히, 뇌 조직 확장법 이용 → 특수 기능의 새로운 현미경 3-D 현미경 기술 접목 → 고해상도 이미지를 얻는 성과를 거둔 것이다. 또한, 연구에서는 적지 않은 수의 ~10만개 뉴런을 포함하고 있는 초파리의 뇌 이미지화에 성공했는데, 뇌 질환 연구에서 게임 활용한 새로운 시각과 기술이 활용되어 좋은 결과를 낳았고 향후 뇌 과학 연구에 많은 영향을 미칠 기술이라 할 수 있다.

4. 미래 전망은..

인체를 구성하는 수많은 세포를 정확하게 분석하고 그 기능을 파악 및 이해하는 것은 21세기 인류가 직면한 과학적 사명감이라 할 수 있다. 1665년 17세기 현미경 발명으로 세포의 개념이 도입된 후 기술의 발전을 거치며 현재에 이르렀으나 우리는 아직도 세포에 대한 많은 것을 알지 못한다. '작은 우주'라고까지 비유되는 신비의 세포, 과연 우리는 미지의 작은 세계를 정복할 수 있을까? 세포 내 분자적 수준에서 생명체에 이르는 다양한 레벨을 연구하는 21세기 과학자들의 목표는 최첨단의 기술을 활용하여 인체 내 수백만에서 수천만 개의 세포들을 분류 및 분석하여 답을 찾는 것이다. 21세기 들어 그 목표를 달성하기 위해 과학자들이 머리를 맞대고 시도한 것이 인체를 구성하는 모든 세포의 지도를 만드는 인간세포지도!

인간세포지도는 인체 구성 성분을 정밀하게 종합적으로 밝혀내 신약 개발에 속도를 높일 수 있는 기초가 될 것이다. ~37조 2000억개 인체를 구성하는 세포들의 목록을 만들고, 각 세포 내 분자적 특징과 인체 내 3-D 위치를 기록하기 위해 미국/영국/네덜란드/스웨덴/이스라엘/일본.. 여러 나라의 과학자들이 대규모의 국제적 컨소시엄 구성 후 협업으로 공동 연구를 하고 있다. 이러한 연구를 통해 인체를 이루는 세포에는 300여 종류가 있음이 밝혀지게 되었고, 이후 연구가 계속되어 결과가 나오면 실제는 이보다 더 많을 것으로 추정되고 있다. 고도로 정밀한 인간세포지도 이용이 가능해진다면 우리는 살아있는 세포 내에서 일어날 일을 알 수 있는 계기가 될 것이다. 이미 많은 종류의 세포에서 세포 간 분자적 차이를 분석한 결과, 전에는 알려지지 않았던 새로운 망막세포/면역세포.. 세포들이 발견되고 있다. 특히, eye 눈 조직의 망막세포 2종류, 병원체에 대항해 방어기전 수행하는 세포의 분포 비율 4개/적혈구 1만개, 면역반응 억제기능을 하는 스테로이드 생성 면역세포 등이 새롭게 발견되었다. 이처럼 인간세포지도는 그동안 우리가 알지 못했던 새로운 면들을 제시하며 새로운 국면으로 우리를 인도하는 매혹적인 'Biological Navigation 생물학적 네비게이션'이 되고 있다! 그렇다면 세포지도의 가치는 과연 어디까지일까를 다시 생각해보는 것도 매우 유용할 것이다. 다음은 인간세포지도 https://www.humancellatlas.org/ 웹사이트에서 발췌한 내용으로 그 가치 이해에 큰 도움이 된다.

세포지도, potential biological navigation..?

① 관련 세포들을 비교하고 새로운 세포 유형들을 식별하기 위한 참고할 지도를 제공한다.

② 그러한 유전자가 작용하는 세포를 결정함으로써 유전자 변이체의 해석을 돕는다.

③ 질병을 건강한 상태와 구별한다.

④ 병리학, 세포 분류, 기타 측정 및 시험에 대한 표시와 특징을 결정한다.

⑤ 세포 유형, 상태 및 전이에 대한 정의를 근본적으로 재정립한다.

⑥ 인체 생물학에 대한 특성을 있는 그대로 제공하고, 세포 배

양에서의 왜곡된 면들을 제거한다. 그리고 현재 모델과의 비교 및 *레거시 데이터의 분석을 쉽게 할 수 있다.

⑦ 세포분화 및 세포 간 상호작용 제어, 그리고 세포 상태를 유지하는 규제 코드를 식별한다.

⑧ 치료적 중재의 목표를 찾아낸다.

⑨ 새로운 기술 및 고급 분석기술 개발을 추진한다.

※ 레거시 legacy : 컴퓨터 분야의 용어로 이전부터 내려온 기술, 프로그램 등을 의미하며, 새로이 대체 가능한 기존의 기술을 말한다. 사용자가 필요로 하는 기능은 가지고 있지만, 현재 사용 가능한 더 새롭고 효율적인 기술과 기법이 아닌 이전의 시스템을 의미 (예: 1990년대 소프트웨어/시스템)

인간세포지도가 완성되면 생명과학과 의학을 비롯한 관련된 거의 모든 영역에 큰 영향을 미쳐 생명의 기본 단위인 세포의 구조/기능/증식.. 제반 특성에 대한 이해를 끌어낼 수 있다. 인체의 모든 세포를 연구하는 것은 인간유전체 연구에 맞먹는 엄청난 노력이 필요하다. 세포에 대한 이해는 수정, 임신, 태아의 발생에서부터 우리 몸의 성장과 발달, 노화, 질병에 이르기까지 그 모든 과정에 필요한 열쇠를 쥐고 있다. 인체를 구성하는 세포의 수가 최소 37.2조개 37조 개가 된다는 발표를 접한 적이 있어 이들 세포를 모두 분리하고 파악한다는 게 과연 가능할지 의문이 제기된다. 예로, 우리 눈 망막에만 해도 약 100종류의 세포가 있고, 면역시스템에는 약 200종에 이르는 세포가 관여해 있다고 한다. 하지만 과학자들은 아직도 인체 구성에 얼마나 많은 종류의 세포가 얼마나 많게 발달하고, 또 서로 얼마나 어떻게 다른지 등의 특성을 밝혀내지 못하고 있다. 세포 관련 대부분이 여전히 베일에 가려져 있어 위 언급된 요소들의 규명에는 인간세포지도가 그 열쇠를 가지고 있다 해도 틀린 말이 아닐 것이다.

현재, 이런 거대한 사업의 성공적 결과를 위해 연구팀들은 본격적으로 세포지도 작성을 위한 효율적/효과적 샘플링+분석전략 알려주는 예비 파일럿 프로젝트를 수행하고 있다. *Pilot Project 파일럿 프로젝트는 세포지도의 성공적 목표 달성을 위해 공동 연구의 국제적인 네트워크를 구축하여 운영하고 있다.

※ 파일럿 프로젝트 Pilot Project : 시험사업으로 규모가 큰 프로젝트의 성공 가능성을 조사하기 위해 행하는 소규모 프로젝트를 의미한다. 본격적인 사업이나 시스템에 대하여 충분히 검증하고 평가함으로 초기부터 큰 투자로 개발되는 시스템에 비교하여 처음의 계획과 크게 달라지는 위험을 피하는 등 발생할 수 있는 여러 문제점을 피해갈 수 있다.

결론적으로

인간세포지도가 완성되면 인체 내 세포에 대해 생물학적 측면에서의 기본적인 질문에 대한 답은 물론 의료 부문에서 인류를 괴롭히는 질병에서의 치료와 예방에 충분히 안내자 역할을 할 수 있다. 이외에도 건강검진/수혈/장기이식/세포배양.. 다양한 방면으로 새로운 혜택과 문제해결의 방법을 제시할 수 있다. 질병의 치료, 예방에 있어서 해당 질병의 원인과 진행 패턴을 파악하는 것은 중요한 정보인데, 예로 간 세포지도는 여러 요인에 의해 간암/간염/황달.. 질병들이 어떤 메커니즘으로 발생하고 진행되는지 이해할 수 있는 정보를 제공할 것이다. 의학 분야의 연구자들은 세포지도를 통해 질병에 대한 맞춤형 치료법을 찾거나 예방할 수 있게 해줄 수 있다.

또한, 신체에 문제가 생겨 조직이나 기관 일부를 재생 혹은 이식해야 할 때 인간세포지도가 있다면 해당 부위에 있던 세포나 조직에 대한 고해상도의 저장된 이미지를 시스템에서 불러와 손상된 조직을 회복시킬 수 있을 것이다. 이뿐만 아니라 질병 유발 유전자를 지닌 세포와 건강한 세포를 식별하여 비교해 유전적 요인에 의하거나 발병 의심 세포나 세포군을 분석한 뒤, 어떤 인자가 질병을 야기하는지를 알아내어 해결하는 것도 가능해진다. 이 외에도 인간세포지도는 언급되지 않은 많은 부문에서 눈부신 발전을 이루게 해줄 것으로 기대된다.

그림 1-7 스마트폰에 인간세포지도 플랫폼 설치 후
손쉽게 세계지도 사용하는 날을 상상하며..

끝맺으며

세포는 모든 생명체의 근간이 되는 핵심적 구조로 각종 생명현상이 일어나기 때문에 HCA 프로젝트의 결과물인 인간세포지도는 인체 관련 생물학적 연구 및 의료분야에서의 질병의 치료와 예방, 신약 개발 등 많은 곳에서 광범위하게 활용될 수 있다. 인체 세포 하나하나의 종류와 기능을 파악하는 것이 목표인 세포지도 연구는 아직 진행 중이나 전 세계가 주목하고 있는 인류의 미래가 걸려있다고까지 할 수 있는 방대한 사업이다. 머지않은 미래에는 세포지도를 누구나 어디서든 구글지도를 사용할 때처럼 세포지도를 이용할 수 있을 것이며, 첨단 의료의 맞춤형 치료법과 신약 개발에 막대한 영향을 끼칠 것으로 보인다. 잠시 눈을 감고 손에 있는 스마트폰에 인간세포지도 플랫폼을 설치하고 손쉽게 세계지도 사용하듯이 앱을 쓰고 있는 나를 상상해본다. 생각만 해도 짜릿한 풍경이다!

들어가며

합성생물학에 대하여

2장

합성생물학:
인공세포, 바이오합성

2장
합성생물학: 인공세포, 바이오합성

들어가며

합성생물학 생물학의 새로운 패러다임!

- Synthetic Biology 합성생물학은 생물학에서 새로운 패러다임을 제시하며 급성장하는 분야로 과학과 공학이 융합되어 획기적인 방법으로 진행되고 있다. 우리가 배우고 있는 생물학은 일반적으로 생물시스템 구성요소의 이해와 생명현상의 원리 규명에 초점이 맞추어져 있다. 반면, 합성생물학은 이들을 변형 또는 새로이 추가하는 방법을 연구하고, 더 나아가 공학적인 응용 가능성까지 지향하는 것이 색다른 점이라 할 수 있다. 합성생물학은 DNA 해독기술과 DNA를 합성하는 유전자재조합기술이 접목되어 시작되었고, 21세기를 맞아 유전공학의 급속한 발전과 유전자 조절 시스템 발명

의 영향으로 합성생물학의 영역은 더욱더 확장되고 있다. 해를 거듭할수록 iGEM, 아래 참조 합성생물학 경연대회가 활성화되고 있고, 합성생물학 관여 과학자들이나 경연대회 참여 아마추어 자들에 의한 생명체 밖에서의 유전자 회로 재현 시도 또한 전 세계적으로 일어나고 있다. 이는 합성생물학에 대한 발전이 기대 이상으로 커져 있음을 의미하고, "앞으로 생물 설계의 시대가 온다"고까지 예측하는 실정이다. 미래에는 유전체 설계를 위해 새로운 인공 아미노산이나 생명 조작용 유전자 경로, gene switch on-off 유전자 스위치 제어 등을 담아낼 수 있는 요소들을 찾아낼 것으로 본다. 그래도 기존 생물학과의 관계에서 기억해야 할 중요한 것은 체계 잡힌 합성생물학의 잠재성 탐구는 기초생물학을 더 깊이 이해하는데 중추적인 역할을 하게 될 것이라는 점이다. 21C 인류는 정말 생물 설계의 시대로 가고 있는 것일까? 과연 어디까지 합성할 수 있을 것일까?

합성생물학에 대하여

1. 합성생물학, 생명을 만든다?

오늘날 우리가 사용하는 의미와 유사한 합성생물학이라는 단어는 미국/위스콘신대학/유전학자/Waslaw Szybalski 바슬라프 시발스키 교수가 1978년/Gene 전문적인 학술지에 제한 효소에 대한 글을 게재하며 처음 사용한 것으로 추정되고 있다. 글 일부에서 합성생물학이 "제한 효소는 ~ ~ 우리를 합성생물학의 새로운 시대로 이끌어 갈 것이다."라고 언급되고 있다. 이후 합성생물학이라는 새로운 개념의 도입은 인간유전체 계획을 주도했던 2000년/유전체학발전센터 설립/Craig

Venter 크레이그 벤터에 의한다. 그는 합성생물학 연구를 본격적으로 수행하기 위해 다양한 생명체의 유전자를 다 읽어 낼 능력을 갖춘 크레이그 벤터연구소를 2006년 설립해 유전정보 조립 후 새로운 생명체를 역으로 만들어내는 연구를 시작하였다.

무엇을 합성한다는 것일까? - - 합성생물학에서는 생명체의 유전자/단백질/물질대사/작용기작/대사회로.. 구성 요소들을 필요에 따라 합성할 수 있도록 공학 기술에서 적용되는 여러 가지 모듈화/부품화/표준화.. 패턴에 활용하는 방식을 쓴다. 하지만 합성생물학은 아직 뚜렷하게 정립되지 않은 개념으로 보는 사람들도 있으며, 연구의 의도에 따라 다양하게 정의되기도 한다. 오늘날에는 합성생물학이란 용어가 가장 많이 쓰이고 있고, 연구에 따라 'natural engineering 자연 공학', 'synthetic genomics 합성유전체학' 등으로 부르기도 한다. 관련 분야 연구하는 과학자들에 따라 그 범위는 폭넓게 정의될 수 있으나, 전문가들은 생명을 구성하는 요소, 장치, 시스템 등을 새로 design 설계하고 construction 제작하거나, 기존의 생명 시스템을 연구 목적에 맞게 re-design 재설계하는 것'으로 정의한다. 2010년, 외국의 한 유명한 미국/국가생명윤리연구위원회 단체에서는 합성생물학을 '기존 생명체를 모방하거나 자연에 존재하지 않는 생명체를 인위적으로 제작 및 합성을 목적으로 하는 학문'이라고 한 바 있다. 즉 자연에 없는 생물체의 구성요소와 시스템을 설계 제작하거나 이미 자연에 있는 생물체를 재설계해 새로운 시스템으로 제작하는 분야라는 의미가 일반적으로 받아들이고 있는 개념이라 할 수 있다.

합성생물학이 오늘날 학문적으로 우뚝 설 수 있게 된 데에는 유전정보 합성 및 생물시스템 재구성을 가능하게 해준 기술들이 거론된다. 두 가지 중요한 기술이 선행되었기 때문인데, 먼저,

DNA 구성하는 염기/당/인 재료 → DNA 구성단위/nucleotide 뉴클레오타이드 연결 → 유전자 합성기술의 급진전 및 비용 급감을 들 수 있다. 다음으로는 2007년/next generation sequencing, NGS 차세대염기서열 해독 기술이 빠르게 발달하여 DNA 염기서열 해독 비용의 급감, 매우 빨라지고 높아진 정확도의 유전체 분석 등이 합성생물학의 빠른 발전을 이끄는 근간이 되었다. 현재, 합성생물학은 전 세계적으로 급성장하는 핫한 분야로 컴퓨터/인터넷/NT.. 앞선 기술에 이어 인류 미래에 결정적인 영향을 미칠 원천기술로 많은 자료가 이미 보고되고 있다. 특히, 미국이나 유럽 등에서 기관/학계/기업.. 선도적으로 활발하게 연구를 진행하고 있다.

합성생물학에서는 생물학적 지식뿐만 아니라 컴퓨터/전자/전기/기계/수학/물리.. 다양한 영역에서의 자연과학과 공학적 프로그램의 논리적 사고가 요구된다. 이와 함께 생명체로부터 알아내는 유전자에 대한 표준화는 다량의 유전자를 사용하는 합성생물학에서 필수과정이 된다. 특정 유전체의 이식 가능성과 이식 시의 성능을 미리 검증하여 정보체계 활용이 준비된 유전자 표준화가 구축되면 他種 타종 유래 유전자 이식 실험에서 매번 해당 유전체들을 검증할 필요가 없어 시간+비용.. 모든 과정이 굉장히 단축된다. 이러한 과정의 하나로 MIT에서는 합성생물학의 유용성을 일반에 알림은 물론, 유전자 표준화를 위해 매년 2003년 이후 International Genetically Engineered Machine Competition, iGEM 합성생물학 경연대회를 대규모로 개최하고 있다. 최근까지 ~43개국/~5,700명 많은 나라에서 수천 명이 참여하는 국제적인 행사로 이름을 날린다.

※ 합성생물학 vs. 유전공학 : 두 분야를 서로 유사하다고 생각하는 사람들이 많으나 합성생물학은 모듈화/표준화.. 공학적 접근을

통해 생물시스템의 주요 개념을 분석 설계하는 분야이다. 반면, Genetic Engineering 유전공학은 DNA나 세포 등을 수정하고 변경하는 기술이 대부분인 특징이므로 엄연히 그 차이가 있다.

2. 합성생물학의 발전과정

• 합성생물학의 여정

합성생물학의 유래는 놀랍게도 최근이 아니라 다윈과 멘델의 시대로까지 거슬러 올라간다는 글을 읽은 적이 있어 잠시 언급해 보고자 한다. 바로 자연에 존재하는 생물종들의 변이와 진화, 그리고 자연선택의 개념을 지닌 1858년/Evolutionary theory 다윈의 진화론과 특정한 규칙으로 유전인자가 전달되고 발현됨을 알아내어 유전의 원리에 체계를 갖추게 해준 1865년/Mendelian genetics 멘델의 유전법칙이다. 오늘날의 생명과학이 있게 뿌리가 된 생물학적인 사건이라면 사건일 수 있을 정도로 중요한 내용이어서 학자들은 이들을 생명체에 대한 시각과 생명과학의 연구 방향을 완전히 바꿔 놓게 된 발견으로 보고 있다. 이후 많은 연구를 거치면서 멘델이 말한 유전인자가 1950년대 DNA 이중나선 구조에 들어있음이 밝혀지게 되었다.

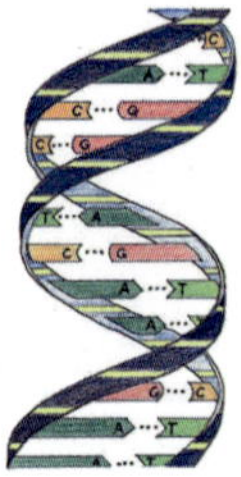

그림 2-1 DNA 구조

이후 1970~1980년대/DNA 재조합 유전자변형 기술의 지속적인 발전으로 유전자조작이 과학 전반에 널리 확산하였고, 유전자발현을 자유로이 조절할 수 있는 기술들이 등장하여 생명공학으로 발전하는 토대를 제공하였다. 2000년대 이후에는 인공적인 요소를 살아 있는 세포에 삽입하거나 결합해 인공세포를 개발하는 연구가 다양하게 진행되었다. 21세기 들어 인간의 전체 유전체를 밝히는 2003년 대규모 HGP 사업의 완성을 통해 생물체 내에서의 생명현상을 유전체/genome 게놈이라는 유전정보 시스템으로 이해할 수 있게 되었다. 이를 뒷받침 할 수 있는 DNA서열 자동분석기술.. 컴퓨터 기술의 획기적인 발전이 없었다면 오늘날과 같은 유전체 연구에서의 성공적인 결과는 가능하지 않았을 것이다. 대용량의 유전자 서열정보 처리기술들을 통해 인체에서부터 미세한 효모에 이르기까지 여러 미생물/초파리/선충/쥐/침팬지.. 다양한 생물의 유전체 구성 유전자의 수많은 정보가 축적되었고, 후일 생명체 기능을 유전자나 단백질 정보의 네트워크로 조망하는 *시스템생물학의 태동에 막대한 영향을 미치는 요인이 되었다.

Systems Biology 시스템생물학은 복잡한 생물체 내 여러 계/system 시스템의 다양한 기능을 수학적 모형으로 설명하려는 생물학에 컴퓨터를 이용한 유전자 데이터분석이 접목된 새로운 관점의 융합학문이다. 유전체 해독과 분자생물학 연구를 통해 생리작용에 관여하는 유전자들의 상호작용 정보가 축적되었는데, 이 유전자 데이터를 컴퓨터로 분석해 수학적으로 모형화하는 것이다. 데이터의 축적과 컴퓨터의 도입으로 컴퓨터 과학과 공학 분야에서 활용되던 'module 모듈' 개념이 시스템생물학에도 도입되었다. 서로 분리된 세포들이 상호작용해 만들어지는 생명현상을 네트워크를 이룬 모듈들의 상호작용으로 이해하는 새로운 관점이 제시된 것이다. 2003년 인간게놈프로젝트 이후 생명체도 각각의 세포들과 세포들 사이의 상호작용을 컴퓨터나 기계의 모듈처럼 모듈-모듈 간 상호작용으로 이해해서 접근하면 생명체 시스템의 합리적인 조작이 가능할 수 있다는 생각이 구체화 되었다. 이 생각에 따라서 생명체라는 시스템을 구성하는 각 부품을 만들어내고 기능적 모듈을 디자인하는 접근법을 따르는 합성생물학이 고안되었다.

※ 모듈 module : 컴퓨터 시스템에서 부품을 떼 내어 교환이 쉽도록 설계되어 있을 때의 각각의 부분. 일반적으로 소프트웨어 혹은 하드웨어 요소를 말한다. 완제품을 구성하는 단위 부품 또는 시스템의 구성단위로서 전체 시스템의 목적에 맞게 기능이 규정된다.

시스템생물학은 특정 생명현상에 대해 문제를 정의하고, 문제에 관련된 생명체 세포 내 유전자/RNA/단백질/대사물질.. 구성 요소들의 정량적 변화를 오믹스 분석을 통해 시스템 수준에서 측정한다. 이 과정에서 변화를 보이는 요소 간의 상호작용을 표현하는 네트워크 모델을 구축하고 분석하여, 문제에 대한 답으로 네트워크상의 주요 신호 경로에 기반한 가설을 제시하고 이를 증명하는 학문이다. 전문가들이 말하는 시스템생물학의 기반 구축에 필요한 요건으로는 문제를 제시하는 생명과학/의·약학적 지식, 글로벌 오믹스 분석기술, 글로벌 데이터 통합한 네트워크 modelling 모형화와 분석, 주요 생체경로 동정하는 Information Sciences 정보학 등이 포함된다.

※ 시스템생물학 systems biology : 1990년대 말에 오믹스 분석기술의 발달과 오믹스 데이터분석을 위한 정보의 발달로 태동하게 되었으며, 분자 및 세포생물학과 함께 새로운 생물학의 한 분야로 자리 잡아 왔다. 2000년대에는 오믹스 분석의 종류에 따라

유전체/후성유전체/전사체/단백체/대사체.. 세포 구성물질 간 네트워크를 연구하는 등 적합한 시스템 생물학적 방법들이 세분화되는 방향으로 발전해 왔다. 분야별 프로젝트를 살펴보면, 유전체-인간게놈프로젝트(HGP), 전사체/후성유전체-암 게놈 컨소시엄, 유전 단백질체-임상 암단백질체 컨소시엄 등이 대표적으로 수행되었다.

그림 2-2 시스템생물학 구성

• 참고: https://dbscthumb-phinf.pstatic.net/5282_000_1/20180321220131744_94BSBGG58.bmp/systems_biology.bmp?type=w540_fst_n

합성생물학이라는 용어가 처음 사용된 년도를 기점으로 시스템생물학의 발전에서 각인될 만한 성과들을 간단히 살펴보자. 1995년 단백질유전자 480개로 게놈 크기가 가장 작은 인체 기생 박테리아 *Mycoplasma genitalium*의 게놈 해독부터 포함할 수도 있으나 2000년 샌프란시스코/미국화학회/에릭 쿨 박사 등 정식으로 사용되어 이 시점부터 논의하고자 한다. 최초의 바이러스 게놈과 상보적인 서열의 DNA가닥 합성은 2002년 RNA 염기 7,500개 소아마비 바이러스에서 성공하였고, 2003년 MIT 합성생물학대회에서 죽으면 바나나 향이 나는 세균과 오염물질 냄새 감지 후 경보시스템 작동시키는 세균 등 합성한 유전자를 사용하여 신종 미생물들이 등장하였다. 국제 규모로 학술대회를 시작하여

2004년 'Synthetic Biology 1.0 합성생물학 1.0' 이후 2006년 '합성생물학 2.0' 등 계속되고 있다. 2007년에는 크레이그벤터연구소 이종 세균 간 게놈 이식에 성과를 세웠고, 이어 2008년 최초로 *M. genitalium* 게놈 합성에 성공하였다. 그리고 마침내 2010년 최초로 합성된 인공미생물 *M. mycoides* 세포를 만들어낸다. 이를 계기로 새로이 합성되는 세균 등 합성생물학의 결과를 이용 유용 화학물질/바이오연료/의약품/환경오염/식량생산/센서개발/나노기술 등 다양한 분야에서 적용하여 고부가 가치를 창출할 수 있을 것으로 기대된다.

• 합성생물학 연구 방법

합성생물학 연구에는 서로 완전히 다른 방식인 top-down 탑 다운과 bottom-up 바텀 업 방법의 2유형이 알려져 있다. 전자는 기존 생명체의 유전자 일부를 바꾸는 것이고, 후자는 분자나 화합물 수준에서 시작해 생명체의 구성요소를 하나씩 만들어내고 연결해 새로운 유전체를 합성하는 방식이다. 이들에 대해 좀 더 구체적으로 알아보자.

√ 탑 다운 방식(top-down)

탑 다운의 방식은 기존의 세포 내에 있는 DNA/단백질/유전자 구조나 물질을 대상으로 해당분자의 기능 변화를 유도하거나 이종 생물에 있는 구조나 물질을 추가하여 새로운 생명시스템을 구축하는 연구 방법이다. 대표적으로 언급되는 연구자는 스탠포드대/Drew Endy 드루 앤디이다. 먼저, 드루 앤디는 추가 삽입하고자 하는 유전자를 'parts 부품'처럼 제작 → 다양하게 조합 → 미생물에 삽입을 시도하는 BioBrick 바이오브릭을 이용한 연구를 수행하였다. UC버클리/Jay Keasling 제이 키슬링도 이 탑 다운 방식을 택하는데, 연구에서는 식물의 유용 유전자 추출 → 미생물에 대량 삽입을 시도하고 있다. 다음에서는 이 방식의 대표적 주자인 드루 엔디가 활용하는 바이오브릭에 대해 알아보도록 하겠다.

드루 엔디는 그가 제안한 유전체 변형의 전 과정을 아래 참조 4단계로 구분하면서 일부 수준에서 독립적인 기능을 수행하는 표준적인 부품을 만들어내고 이를 '바이오브릭'이라고 불렀다. 용어에서 짐작할 수 있듯이 바이오브릭이란 생명을 뜻하는 'bio 바이오'와 'brick 브릭'의 합성어로 독창적인 아이디어가 접목돼 있다. 바이오브릭에는 parts, 이하 파츠 '부품'이라 부르는 하나의 단위가 있는데, 이는 DNA 서열을 뜻하며 제한 효소/restriction enzyme 효소가 작용할 수 있는 촉진자(initiator)+번역체(translational machinery)+결합위치+단백질번역서열+종결자(terminator).. 부분이 포함된다. 또한, 각 파츠를 표준화하고 그 정보를 합성생물학에서 사용하는 Synthetic Biology Open Language, SBOL 언어인 바이오브릭에서 사용하는 기호로 나타낸다는 특징도 있다. 특히, 드루 엔디는 생명체를 DNA 정보의 유전자 회로를 지닌 컴퓨터로 보고, 거기서 DNA 조작 → 가상 생명체 만듦 → 그 결과를 실제 생명체 적용 → 다양한 응용 가능성을 제시하였다. 이런 시도의 그의 연구는 유전자의 대량 작업을 가능하게 한 밑받침이 되었고, 유전체 변형의 전 과정을 DNA+부품(parts)+설비(device)+시스템(systems) 4단계로 구분해 놓았다. 이때 4단계가 의미하는 것은 DNA=유전물질, 부품=생물기능 수행의 기본장치, 설비=요구되는 기능을 수행하는 부품들의 조합장치, 시스템=다양한 설비의 조합물을 각각 의미한다고 한다.

※ 참고 : 바이오브릭 재단(BioBricks Foundation) 홈페이지에는 1,500개 이상의 바이오브릭이 등록되어 있어 각종 바이오브릭 조합 → 모의 실험 → 실제 미생물에 삽입 실험 → 결과를 확인

토록 권장하고 있다. 전 세계 누구나 언제라도 무료로 사용할 수 있어 합성생물학 확장에 이바지하는 바가 크다.

√ 바텀 업 방식(bottom-up)

바텀 업 방식은 분자나 화합물에서 시작해 세포 및 생명체를 구성하는 요소를 하나씩 만들어나가는 방식이다. 바텀 업 방식을 수행하는 대표적 연구자는 미국/J. Craig Venter 크레이그 벤터로 특정 세균의 유전자 염기서열을 각각 합성한 후 이들을 연결하여 인공적인 *M. genitalium* 유전체를 만들어낸 바 있다. 연구에서는 먼저, 원하는 종류의 세균 유전체를 하나하나 단계적으로 합성한 후 그 유전체를 다른 세균 종류에 주입 이식한 뒤 계속 증식시켜 원래 세균이 갖던 유전체를 제거하였다. 결과적으로 실험실에서 인공적으로 만든 유전체 정보만 가지는 신종의 생명체를 만들어낸 것이다. 더 나아가 합성되어 새로이 탄생한 이 세균은 효모에서 복제됨은 물론 물질대사 등의 기능도 수행함이 증명되어 인류 최초 생명체를 합성했다는 사실이 2008년 공표될 수 있었다. 아직은 단세포 미생물에서 성공한 실험이나 언젠가 복잡한 다세포 생명체를 인공적으로 만들었다는 소식이 들려올 그 날이 올 수도 있다는 생각이 불현듯 뇌리를 스친다. 하지만 그 소식에 마냥 기쁘지는 않고 염려 섞인 미묘함이 들 것 같다는 생각이 든다!

3. 다양한 적용

- 유전자 수준

합성생물학 활용의 중요한 요소 중 하나는 DNA의 정확한 합성 여부가 된다. 그 이유는 유전체 수준에서 DNA를 합성하므로 염기 구성에 하나라도 달라지면 큰 문제가 발생할 수 있음은 널리 알려진 사실이다. 원하는 정확한 DNA 인공합성에 첨단의 공학 기술이 접목되어 산업화 제품이 가시화되었을 때를 성공적인 사례로 꼽는다. 근래 들어 가장 잘 알려진 성공적 결과는 2013년/말라리아치료제 *아르테미시닌 대량 생산에서 볼 수 있다. 기 언급된 제이 키슬링 연구팀이 탑 다운 방식으로 국화과식물/*Artemisia annua* 개똥쑥에서 아르테미시닌 전구체 합성 가능한 유전자조합 추출 → 유전자 조합 → 대장균 & 효모 미생물에 주입 → 미생물의 아르테미시닌 대량 생산 → 치료제 개발의 길을 열었다.

※ 아르테미시닌 artemisin : 1972년, 중국/2015년 노벨의학상 투유유가 발견한 말라리아 치료 성분. 아르테미시닌 전구체는 합성생물학적으로 처리된 효모 사용으로 대량 생산되며, 개똥쑥 식물의 성분을 직접 사용하는 것에 비해 훨씬 더 효율적이라 알려져 있다. 아르테미시닌과 그 유도체들은 기생충을 더 빠르게 죽이기 때문에 말라리아와 기생충 감염병 치료에 사용된다.

그러나 상업적으로 성공한 사례로는 옥수수에서 추출한 당을 원료로 합성생물학적인 방법으로 효모나 세균 이용으로 만들어낸 2009년/Dupont사 개발/Sorona 소로나 섬유를 들 수 있다. 소로나는 환경친화적 바이오 섬유로 커피나 유색 액상의 물질이 묻어도 얼룩을 거의 남기지 않는 장점의 인기 높은 카펫/의류.. 섬유성 재료이다. 이외에도 바이오 연료나 의료용으로 응용 또한 연구되고 있는데, 바이오 연료의 경우, 미생물 효소 유전자 → 옥수수 이식 → 잎+줄기 섬유소 → 에탄올 원료용 탄수화물로 전환된 성공이 보고된 바 있다. 의료에서의 적용은 다소 생소할 수도 있는 합성면역학 영역이 관심을 받고 있다. 합성면역학이란 기존의 면역학에서 벗어난 새로운 개념으로 인체 세포/조직.. 생체 재료 배양과정 중 합성생물학적 방법 → DNA/유전자/단백질/염색체.. 구성 요소 변형 → 특수 기능 수행토록 면역세포를 redesign 재설계하는 것이다. 최근 이러한 합성면역학을 응용한 새로운 항암치료법이 등장하고 있다. 소위 말하는 맞춤형 항암요법이라 할 수 있는데, 암세포 식별 가능한 단백질 생성 유전자와 암세포 살해 바이러스가 함께 발현토록 면역세포를 탑 다운 방식으로 재설계하면 치료가 가능해진다는 원리!

합성생물학에서 사용하는 사전설계 → 표준화/최적화 → 대량생산 공학적 원리는 바이오 기술 산업화에 토대가 되어 혁신적 발전을 도모할 수 있게 해준다. 최근 크리스퍼-캐스9 유전자가위의 도약적 발전은 합성생물학의 확장 가능성을 그 어느 때보다 크게 하고 있다. 그 예는 백신 개발, 말라리아 치료제 대량생산 등에서 쉽게 볼 수 있어 합성생물학의 적용은 넓게 열려있다고 생각된다. 특히, 2020년 전 세계 인류를 고통과 혼란 속으로 몰아넣은 코로나19 팬데믹은 이에 대응할 수 있는 백신 개발만이 답이라 모두 믿고 있다. 일반적으로 백신 개발에는 수년~10여 년이 소요된다. 하지만 하루에도 수만 명이 목숨을 잃는 현재 인류가 처한 상황에서는 이를 기다릴 수 있는 상황이 전혀 아니다. 다행히 1년이 채 되지 않아 백신 개발에 성공해 전 세계에 걸쳐 백신을 접종하고 있다. 바로 합성생물학이 기존의 예방 주사용 백신의 생산 과정을 개선하고 개발 속도를 크게 단축한 결과가 아닐까 한다. 합성생물학 관련 연구들은 21세기 인류가 직면하고 있는 식량/질병/약물/환경.. 여러 가지 문제들을 해결할 수 있는 수단이 될 수 있어 그 활용이 기대된다. 하지만 합성생물학에 대해선 밝은 장밋빛 활용만 있는 것은 아니고 부정적인 측면도 있어 이들 양면성에 대해서는 뒤에서 언급하도록 하겠다.

• 유용 화학물질들

합성생물학의 연구 방법으로 탄생한 미생물들을 이용하면 바이오의약품이나 바이오 연료 등 다양한 유용 화학물질들을 생산할 수 있다. 연구자들은 물론 생명공학에 관심 있는 일반인들도 21세기의 합성생물학이 전반적인 산업에 미치는 파급효과는 생각보다 클 것으로 생각한다. 전문가 그룹은 최근 주목받는 녹색산업과 헬스케어 건강산업 등을 특히 유망한 분야로 지목하고, 합성생물학에서의 연구방식이 핵심적인 기술로서 그 가치가 매우 높다고 평가한다. 합성생물학적인 기반 기술로 만들어진 인공 미생물이나 세균을 이용하면 바이오연료/화학제품/신약개발.. 혁신을 추구하는 관심 분야의 발전에 속도를 붙일 수 있기 때문이다. 더 나아가 합성생물학 영역과 metabolic engineering 대사공학을 접목하면 효율적인 신종 균주를 제작할 수 있다. 이런 과정을 거쳐 만들어진 대장균/효모.. 미생물을 이용해 생산되는 화학물질은 바이오 연료를 비롯한 식품/약품/환경/센서.. 다양한 산업 분야에 활용될 수 있는 고부가가치를 지니게 된다.

바이오 연료는 식물 재료를 발효시켜 얻는 에탄올을 에너지로 사용하는데, 합성생물학 기법을 사용하면 이를 넘어 신종생물 합성 혹은 제작의 과정을 거쳐 훨씬 효과적으로 대체할 수 있는 연료를 생산한다. 오늘날은 이미 인공합성 세포 이용 → 디젤/에탄올.. 에너지를 생산하고 있고, 효율성 및 생산성을 높이는 과정을 활발히 모색하고 있다. 몇 년 전부터 인류가 마주하고 있는 지구온난화 등 기후변화의 문제는 전 세계적으로 심각한 논쟁이 되고 있다. 이와 함께 지구에 저장된 화석자원이 빠르게 고갈되고 있어 그동안 산업 발전에 근간이 되어오던 석유를 대신할 재생 가능한 자원을 생물에너지/biomass 바이오매스에서 찾고 있다. 일부 선진국들은 정부 기관의 차원에서 과학자들과 손잡고 바이오 연료나 지구온난화 문제해결에서 합성생물학의 역할을 기대하며 답을 찾고 있다.

앞서 언급된 *M. mycoides* 합성 세균에 대한 성공적인 결과는 합성생물학을 통해 전에 없던 생명체를 설계하고 합성해 새로운 종류가 탄생할 가능성이 있다는 기대를 하게 하였다. 비교적 최근, 2017년/Saccharomyces cerevisiae 효모에서 염색체 일부 → 인공합성된 DNA 이용 재설계 → 원래 염색체와 치환 → 성공적 연구 결과가 발표되기도 하였다. 이와 유사한 실험사례가 있어 소개해보고자 한다. 바로 유전자조작 기술로 지뢰 찾는 기능을 갖게 된 애기장대(이하 GM 애기장대) 이야기이다. GM 애기장대를 개발해 화제가 되었던 것이 2004년의 일이다. 자연에서의 십자화과/*Arabidopsis thaliana* 애기장대는 1년생 5~10㎝ 작은 식물이나 안토시아닌 합성 유전자를 넣어 가을이 아님에도 낙엽성 식물처럼 붉은색을 띠도록 하였다. 안토시아닌 합성 유전자를 작동하게 만드는 새로운 유전자가 삽입된 것이다. 이렇게 유전자가 조작된 애기장대는 지뢰가 있는 곳에서 자라면 3~5주 이내에 푸른색 → 붉은색 띠도록 설계되었는데, 삽입된 유전자는 폭발 장치에서 나오는 이산화질소 NO_2가스를 감지할 수 있다. 지뢰는 지표면 근처에 설치하므로 깊게 묻지 않아 GM 애기장대의 짧은 뿌리로도 충분히 감지할 수 있다. 이들이 지뢰 매설된 토양에서 자라면 유전자 → 지뢰 폭발물성분 감지 → 안토시아닌 합성유전자 작동 → 붉은색으로 변하게 된다(2004년/덴마크/Aresa Biodetection 사). 첨단의 기술은 여기서 끝나지 않고 새로운 방향으로 나아갔는데 바로 합성생물학의 기법이 도입된 것이다.

GM 애기장대가 개발되고 20여 년이 채 지나지 않은 오늘날에는 유전자조작 수준에서 훨씬 진전되어 이미 생물의 방어기작과 관련된 바이오센서에 관심이 집중되고 있고, 여러 방면에서 그 활용이 기대된다. 그 예는 합성생물학을 접목한 폭약/trinitrotoluene TNT 감지 바이오센서 설계에서 찾아볼 수 있는데, 바로 센서 제작 시 생물학적 부품들 → 조합 → 유전적 회로 생성 → 미생물 세포에 주입하는 원리다. 미생물 내 TNT 농도에 따라 색이 달라져 고농도 → red, 중간 → yellow, 저농도 → green을 표출하는 미생물 3종을 만들고 이용해 TNT 주변에 나타나는 색을 확인한다. 이 방법을 통해 지뢰 위치를 정확히 파악할 수 있다는 장점이 있다. 확실히, GM 애기장대 대비 개발 시간 및 비용이 급감한다. 이외에도 중금속 감지 가능한 유전자 회로를 지닌 미생물 센서, 납/카드뮴.. 유해 중금속에 특이한 반응을 나타내도록 개발된 고감도 센서 등도 합성생물학적 기술이 활용된 사례다.

합성생물학을 접목하여 또 다른 방향으로 유용 화합물을 응용하는 곳은 바이오의약품 분야로 재조합 DNA 기술로 만든 미생물 세포의 펩타이드/단백질/항체/호르몬/백신.. 분자를 사용한다. 응용되는 여러 분야 가운데 종양을 제거하는 항암요법에서의 접목은 가히 획기적이라 할 수 있다. 약물치료에는 분자 수준의 치료물질을 종양에 직접 전달하여 target 표적이 되는 세포나 조직 주변에 최소한의 영향을 주는 방법이 포함된다. 즉, 유전정보 조작된 미생물 → 표적 세포 도달 → 특이적 암 종양 인식 펩타이드 발현 → 종양 표적치료 → 항암/제암 → 암 치료 목표 달성이 이루어진다.

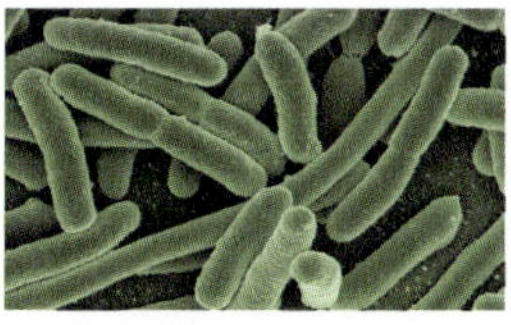

그림 2-3 대장균

바이오의약품의 대표적인 예는 유전자가 변형된 대장균으로 제조한 인슐린, 백신, 인터페론, 인터루킨, B형 간염백신 등이며, 오늘날에는 유전자치료, 줄기세포, 세포치료제를 이용하는 맞춤형 바이오의약품으로 발전하고 있다. 또한, 살아있는 치료제를 뜻하는 live therapeutic agent 생물치료제에는 바이러스와 세균이 포함된다. 이들 가운데 생체활성이 높은 합성 미생물을 만들어 세균성 감염의 예방과 치료는 물론, 건강증진에 효과 있는 물질의 체내 분비를 유도하는 연구도 있다. 맞춤형 미생물 제조는 腸 장내 대장균에 합성된 유전자회로를 넣어 질병 세포를 찾아서 녹농균 감염균을 박멸케 하는 연구도 눈에 띄는 신개념이다. 이처럼 합성생물학적 기법을 통한 약물 생산은 단시간, 저 비용, 대량 생산이 가능하여 상당히 경제적이고 효율적이다. 앞에서 설명한 말라리아 치료제 아르테메시닌 합성이 바로 이를 증명한 가장 대표적 사례라 할 수 있다. Jay Keasling 연구 초기 개똥쑥에서 성분 추출 후 약제로의 개발에는 많은 시간과 비용이 들었고 생산량도 부족했으나, 개똥쑥/대장균/효모.. 서로 다른 종에서 추출되어 변형된 10개 다수 유전자의 재조합을 통해 치료제로 개발할 수 있는 아르테미시닌 전구체를 대량 생산하여 치료제 개발이 효과적으로 이루어졌다고 전해진다.

• 인공세포

합성생물학에서 급부상하고 있는 분야는 감히 인공세포 관련 영역이라고 할 수 있다. Artificial cell 인공세포는 인위적으로 조작된 DNA 염기서열을 가진 완전히 새로운 종류의 세포로 통상 살아 움직이고 스스로 분열해 증식할 수 있어야 한다. 인공세포는 세포 기능을 대신할 목적의 인공적 축조물로 매우 적은 유전자 수로도 기능의 대행이 가능한 구조다. 크게 마이크로캡슐형과 리보솜형의 두 종류로 나뉘는데, 전자는 주된 효소계가 있어 효소계 관여 화학반응을 artificial system 인공계로 실현하는 것을 목표로 한다. 반면, 후자는 인공계를 구축하는 것을 목표로 삼고, 그 세포막은 분자인식/물질수송/에너지변환/정보처리.. 다양한 기능을 갖추고 있다. 응용할 수 있는 분야로는 바이오리액터, 바이오센서, 인공 장기 등이 지목되어 있는데 이들에 많은 기대가 걸려있다.

최초로 성공한 인공세포 *Mycoplasma mycoides*의 탄생은 원래의 *M. mycoides* DNA를 이종 세균인 *M. capricolum* 세포 내로 이식하는 데 성공해 가능해졌으며, 다음과 같은 1~7 과정을 거쳐 세상에 소개되었다. 먼저, 1 *M. mycoides* 게놈 분석 → 2 DNA 조각 합성 후 효모에 삽입 & 조립 → 3 합성한 2의 게놈 추출 → 4 이종 세균 *M. capricolum* 게놈 제거 → 5 게놈 제거된 4 + 합성 게놈 결합 → 6 합성 세포 생성 → 7 합성 세포 정상적인 생명 활동 합성 게놈의 복제와 세포 번식기능 발휘 → 8 합성 *M. mycoides* 세균으로 변하게 된다. *M. mycoides* 합성 게놈이 원래 게놈과 비교해서 소수 염기서열에 에러 있는 미미한 정도 큰 차이가 없었고, 기능은 원래 게놈처럼 수행하는 것이 확인되었다고 한다. 물론 합성 게놈이 세포에 거부 반응을 일으키지 않게 제어하는 등 실험의 전 과정은 매우 복잡한 기술들이 도입되며 진행된 인간의 창의적 아이디어와 손기술로 자연 상태의 '원래의 게놈'과 거의 똑같은 '복사본 게놈'을 만든 셈이다.

이러한 인공세포의 특성을 살려 미생물이 수준이 아닌 인체의 면역계를 대상으로 한 인공세포를 만들게 된 사례가 있다. 최근 많은 연구는 종양에 대항할 수 있는 맞춤형 면역세포를 개발하고자 심혈을 기울이고 있다. 2017년/스위스/취리히 연방공과대학 유럽의 한 연구에서는 신장세포/지방줄기세포 일반적인 세포를 공학적인 기술로 재프로그램해 암세포를 식별해서 효과적으로 없앨 수 있는 일명 '디자이너 면역세포/designer immune cell' 맞춤형 면역세포를 만드는 데 성공했다. 부작용이 적고 초기 단계에서 전이가능성이 있는 암세포까지 검출해 완벽하게 제거할 수 있게 된다. 이들 인공 면역세포는 모듈식으로 만들어져 암 종류나 개인 특성에 맞춰 부작용 적은 다양한 인공 살상 세포를 만들 수 있다는 장점도 갖고 있다.

※ 도쿄대학교 뇌통합연구센터 : 2017년 카토 타카시교수 연구팀은 뇌경색이 일어난 조직으로 신생혈관이 자라도록 유도하는 기능의 스폰지 형태의 인공세포를 개발하여 재생의료 분야에서 높은 관심을 받고 있다.

또 다른 사례는 국내에서 알려 왔는데 바로 한국과학기술원 KAIST에서 크고 안정적인 인공세포막 개발에 성공한 것이다. 세포는 세포막이 있어야 형태를 유지할 수 있고, 세포 내 압력을 유지할 수 있다. 세포막은 수 nm 두께 매우 얇고, 수많은 구성요소가 복잡하게 얽혀 있어 안정적으로 만들기 어려운 미세구조로 문제가 생기면 파열되어 cell death 세포죽음에 이를 수 있다. 반면, 인공세포막은 비어있는 공간에 필요한 것들을 하나씩 넣어 배치하듯이 원하는 요소만 넣고 관찰하여 조절할 수 있다. 연구팀은 인공세포막의 안정성을 획기적으로 높이는 SPAN 80 특수 계면활성제를 이용 밀리미터 크기 큰 면적의 인공세포막을 안전하게 유지하는 방법을 세계 최초로 개발하였다고 한다.

또한, 이후 계면활성제가 빠져나와 인지질로만 된 높은 안정성을 지닌 성공적인 인공세포막 형성을 알리는 시초가 되었다. 그리고, 그 조건들을 정확히 제시해 다른 연구에서도 유용하게 쓰일 수 있는 인공세포막 형성의 표준을 제시하는 데 큰 의미가 있고, 또 안정적인 인공세포막으로 많은 연구를 할 수 있게 되는 계기가 되었다. 세포막은 특히, 세포의 물질대사와 세포 내외의 신호전달에서 중요한 역할을 하는데, 이 결과는 암/알츠하이머.. 다양한 질병에 직접 연관된 약물시험/질병연구.. 연구 수행에 중요한 토대가 될 것으로 본다. 이뿐만 아니라, 세포막 기능의 규명과 이해에도 엄청난 영향을 미쳐 생명과학 분야 등 기초과학의 발전에도 크게 이바지할 것으로 기대된다.

4. 합성생물학과 미래 전망

• 바이오합성

합성생물학은 이미 2016년에 10~15년간 향후 인류에 큰 영향을 끼칠 미래기술로 선정된 바 있고, 과학과 공학의 발달에 관심이 있는 사람들은 합성생물학의 이러한 잠재성에 의문을 품지 않는다. 그 이유는 합성된 미생물이나 화학물질을 활용하면 인류 삶의 질을 향상시키거나 이전엔 해결할 수 없었던 것들을 해결하거나 해결점에 접근할 수 있기 때문이다. 예를 들어, 대체에너지/약물/식품/화학제품.. 유용한 화합물을 저렴한 가격으로 생산하기 위한 수단으로 활용되고, 스마트 치료 등 헬스케어 산업을 아우르는 다양한 산업에 응용할 수 있다. 합성생물학 관련 시장은 향후 몇 년간 매우 높게 성장할 것으로 예상되며, 시장규모는 ~105억$ 엄청난 규모로 확대될 전망을 보인다.

합성생물학은 영역별로 대별된 바이오산업에 적용할 수 있어 고부가가치가 기대되는데, 대표적으로 White Biotechnology/에너지/화학.. 화이트 바이오산업 중심의 성장이 가속될 전망이다. 그러나

Red Biotechnology/바이오신약/바이오칩/치료 등의 의료분야 레드 바이오, Green Biotechnology/건강기능식품/GMO 등 농업 부문 그린 바이오에도 적용할 수 있다. 합성생물학을 활용하기 위한 노력이 가장 활발한 분야는 화이트 바이오 분야로 최근 *녹색경제에 대한 높은 관심과 정부 정책에 힘입어 바이오에너지, 친환경 산업공정, 바이오연료 등에서 활발히 진행되고 있다. 합성생물학이 제약 부문에서는 인공 미생물을 통해 약제 생산을 높일 수 있고, 암/에이즈/유전병.. 질병에서는 문제 지닌 세포를 찾아 제거하는 맞춤형 합성 미생물로 치료제 개발에 사용할 수 있을 것이다. 또한, 바이오매스에서 화학성분/의약품.. 유용 물질 생산이 가능한 친환경 식물자원 바이오매스에서 화학제품+바이오연료 등의 물질을 얻어내는 기술/Bio-refinery 바이오 기술에도 접목할 수 있다. 반면, 자원고갈과 환경오염에 직면한 인류는 문제해결에 바이오플라스틱.. 바이오 화학제품 등 합성생물학 성과물 이용에 높은 관심을 보이고 있다. 하지만, 그 생산에 큰 비용이 들어 경제성이 떨어지므로 시도되지는 못하고 있다.

그림 2-4 green technology

※ 녹색경제 green economy : 석탄/석유/천연가스 등 화석연료의 사용을 점차 낮추고 녹색기술과 녹색산업을 육성함으로써 국가 경쟁력을 강화하고 지속 가능한 발전을 추구하는 경제

• 녹색기술 green technology : 신재생 에너지기술, 에너지 효율화기술, 환경오염 저감기술 등 모든 친환경 기술

- 녹색산업 green industry : 경제활동 전반에 걸쳐 에너지와 자원의 효율을 높이고 환경을 개선할 수 있는 저탄소 녹색 성장을 이루기 위한 모든 산업

그러나 합성생물학을 이용한 생산공정에 사용되는 미생물인 바이오 촉매의 쉬운 개발이 높은 생산으로 이어질 수 있어 굴지의 석유화학 부문 기업들이 바이오 화학에서 합성생물학의 가능성을 높이 보고 연구개발에 투자하고 있다. 또한 합성생물학은 바이오에탄올/바이오디젤.. 바이오연료 생산에서도 필요한데, 바이오연료는 합성 미생물 사용하여 발효시간↓+생산수율↑ 효율적으로 당분을 발효시켜 액체성 연료를 얻을 수 있기 때문이다. 합성생물학은 인공적인 유전자 회로 설계 → 미생물 삽입 → 바이오센서 제작할 수 있는 등 다양한 분야에서 적용을 위한 연구도 포함한다. 하지만, 유전자의 합성과 분석에 *엄청난 비용을 투입해야 하므로 상업화까지는 더 많은 시간이 걸릴 것이다.

※ 유전자합성 비용에 대하여 : 가장 작은 유전자를 지닌 세균 마이코플라스마 제니탈리움(*Mycoplasma genitalium*) 유전자를 인공적으로 합성하려면 무려 580만$ 정도의 비용이 필요하다고 함.

몇 년 전부터 합성생물학 연구자 간에는 생명공학 최첨단 분야에서도 초기 IT 업계에서 벤처 창업을 쉽게 할 수 있게 한 것처럼 'Do-It-Yourself, DIY/스스로 조립하기 손수 만들기'를 접목해 오고 있다. 생물학이나 생명공학을 공부하지 않은 일반인들도 원하는 목적에 따라 생명체를 스스로 디자인하고 조립해 보는 'DIY-Bio DIY-바이오'가 가능하도록 합성생물학의 대중화에 힘쓰고 있다고 한다. 또한 스스로 생명과학 연구에 관심 있는 사람들이 'DIY-바이오'라는 비영리 단체 조직 후 정보 교환 및 연구 지원까지도 하는 것이다. 어렵게만

생각되던 생명공학 기술이 널리 퍼지는 계기가 됨은 물론, 관심 있는 DIY 연구에 대한 지원도 이루어져 합성생물학의 대중화는 한층 더 확대될 것으로 보인다.

일반적으로 생명과학과 관련된 실험과 연구에는 실험 장비와 공간, 즉 실험 장소가 필요하다. 그렇다면, 집이나 주변에서 DIY-바이오를 행하고자 하는 경우엔 어떻게 실험에 필요한 장비와 공간을 구할 수 있을까? 이것을 가능하게 하는 것이 바로 현재 빠른 속도로 전 세계로 퍼져나가고 있는 'community lab 커뮤니티 랩'이다. 커뮤니티 랩은 2010년 뉴욕에서 첫 시도인 'Gene space lab 진 스페이스 랩'을 필두로 미국/북아메리카/유럽 전역 세계로 퍼져가는 추세이다. 생명과학 연구는 이제까지 주로 대학/연구소/기업체.. 실험실에서 이루어졌지만, 지금은 누구나 관심이 있다면 연구와 실험을 직접 할 수 있도록 전 세계적으로 시스템이 점차 만들어지고 있다는 것을 알 수 있다. 이들은 자가 연구자 카테고리에 들어가며, 합성생물학의 대중화 추세에 큰 축이 될 정도로 그 수가 이미 수천 명에 이른다고 한다. 학계에서는 이러한 합성생물학의 대중화 추세가 과학적인 연구의 방향성을 다변화시켜 생명공학이 획기적으로 변할 수도 있다는 점에서 비교적 긍정적인 반응을 보인다고 한다.

하지만 획기적인 신기술에는 빛과 그늘의 양면성이 있듯이 합성생물학에도 장단점이 존재함을 잊어서는 안 될 것이다. 오늘날 합성생물학은 생명공학 분야에서도 급부상하는 전망 있는 융합영역으로 인식되고 있으며, 미국/유럽.. 여러 선진 외국은 물론 우리나라에서도 생물학 분야가 나아갈 방향으로 생각되는 경향이 있다. 하지만 합성생물학도 유용한 산업화 결과를 낼 수도 있지만, 또 다른 한편으로는 판도라 상자의 원치 않는 것들이 나와 우리를 위협할 수도 있음을 알고 접근해야 할 것이다.

끝맺으며

합성생물학은 기존의 생명체나 그 작동시스템을 이용해 새로운 생명체나 색다른 것 창조의 가능성을 찾는 첨단의 융합학문이다. 탑 다운 또는 바텀 업 방식을 적용하든 전에 없던 새로움을 끌어내 우리를 놀라게 하는 합성생물학은 소위 말하는 'emergent property 창발성'이 충분히 발휘될 수 있는 대표적인 생명공학 분야이기도 하다. 하지만, 그 이면의 인공적으로 생체의 유전자를 변형 또는 조작하여 새로운 것을 만드는 데에는 잠재적 위험성이 도사리고 있다는 것도 우리는 잘 알고 있다. 이러한 위험성에 대한 경고는 실제로 합성된 유전자를 이용한 마우스 실험동물 연구에서 유전자가 조작된 병원성/마우스 팍스 바이러스에서 찾아볼 수 있었다고 한다. 백신 개발목적으로 진행된 연구 도중 높은 맹독성이 확인되어 새로운 바이러스를 활용하려던 연구는 중단되었는데, 이는 합성생물학의 위험을 알리는 사례가 되고 있다. 그러나 우리는 여기서 해당 바이러스가 단지 세상에 나오지 않은 것에 대해 안도의 숨을 내쉬는 것에 만족해서는 안 될 것이다.

기억해야 할 중요한 것은 과학자들이 합성생물학을 어떻게 이용하려는 가에 있다고 생각한다. 이용 목적에 따라 인류에게 커다란 이익을 가져올 수도 있고, 반대로 엄청난 파문을 불러올 수 있기 때문이다. 잠재적 위험성에 대한 규제 등을 거쳐 발생할 수 있는 문제점들을 가능한 한 앞서 점검하고, 극복이 가능해 질 경우라면 합성생물학은 미래에 가장 많이 사용되는 기술 중 한 가지가 될 것이라고 전문가들은 내다보고 있다.

들어가며

식물의 힘: 광합성 vs. 인공광합성!

새로운 식물들

1. 스마트 팜의 모든 것
    - 스마트 팜: 식물이 공장에서 생산되다!
    - 적용과 현주소
2. 차세대 GMO
    - 1세대 GMO
    - 신개념 GMO

3장

새로운 식물들: 인공광합성, 스마트 팜, 차세대 GMO

3장
새로운 식물들: 인공광합성, 스마트 팜, 차세대 GMO

들어가며

식물의 힘: 광합성 vs. 인공광합성!

- 앞의 1, 2장은 21세기형 생물테마에 적절한 주제로 지식을 축적하는 학문적인 광장이었다면 3장은 다소 여유 있는 식물 관련 주제로 다음과 같이 시작하고자 한다. 만약 누군가가 "식물은 우리에게 무엇인가?"를 묻는다면 주저 없이 "태어나면서부터 우리의 삶을 좌지우지하는 biological friend 생물 친구"라고 말할 것이다. 무엇보다도 식물이 광합성으로 공기중으로 내놓는 O_2는 호흡에, 식물체 조직은 식량으로 절대적인 존재가 된다. 이외 생활 속 상당한 부분이 건축자재/에너지/섬유/약재.. 여러 형태로 우리들의 엄청난 요구를 들어주며 충족시키고 있다. 이처럼 식물은 인류의 의식주를 책임지고

있다고 해도 과언이 아니다. 하지만 식물은 종속영양체인 동물과 달리 광합성을 통해 자신이 필요로 하는 포도당 탄수화물을 스스로 만들며 일정한 규칙과 형태로 발달하며 살아간다.

그림 3-1 녹색 잎(좌), 세포 내 엽록체들(중앙), 엽록체 내부구조(우)

광합성(photosynthesis)은 'photo 빛으로 무엇을 만든다 synthesis'란 뜻으로 chlorophyll 엽록소를 지닌 세포가 태양의 빛에너지로 이산화탄소(CO_2)와 물(H_2O)로부터 glucose 포도당($C_6H_{12}O_6$)과 산소(O_2)를 생산하는 화학반응이다. 빛에너지는 엽록소 有 광합성 세포의 $H_2O \rightarrow H_2 + O_2$ 분해에 사용된다. 명반응/캘빈회로.. 일련의 복잡한 화학반응을 거쳐서 식물은 수소와 이산화탄소로부터 당을 합성하고, 일종의 광합성 부산물 산소는 공기로 나간다. 집광장치인 엽록소는 chloroplast 엽록체 내부의 막에 위치하고, 녹색 조직에는 세포 당 약 40~50개 엽록체가, 4~5㎣ 엽육조직엔 약 50~60만 개의 엽록체가 발달한다고 추정된다. 엽록체 내부에는 판상의 막구조/thylakoids 틸라코이드가 체계적인 구조로 시스템화 되어 있고, 막 표면에 여러 엽록소 분자들이 보조색소와 함께 밀집 분포한다. 색소분자들로 구성된 집광장치로 빛을 수집하고, CO_2와 H_2O 이용하여 에너지를 갖는 포도당을 만들어낸다. 엽록소는 일단 흡수된 빛에너지를 나가지 않게 해 방출된 전자들은 연쇄 과정을 거치며 다른 생체분자들에 전달되어 에너지원인 포도당을 만들어낸다. 이후 저장된 에너지는 다당류 분해 → 포도당 → 세포에너지원/adenosine triphosphate ATP를 생성한다. 인체도 양분을 섭취할 때 식물과 매우 유사한 방법으로 저장된 에너지 분자를 이용한다. ATP는 핵산의 일종이며, 생명체 에너지대사에 필수적인 분자로 세포가 제 기능을 수행할 수 있게 매우 중요한 역할을 한다.

식물의 힘

지구상의 모든 식물이 광합성으로 만드는 생물량은 1년에 1,700억여 톤에 이른다고 한다. 추정에 의하면 광합성에 따른 biomass 생물량이 약 1톤 증가 시, 산소는 공기 중으로 대략 1.4톤 방출되고, 이산화탄소는 약 1.8톤 정도가 식물의 광합성 조직으로 흡수돼 공기에서 제거된다. 이후 당은 식물의 영양원 및 식물체에 필요한 여러 화합물 합성에 에너지원이 되고, 더 나아가서는 biosphere 생물권의 에너지원으로 이용된다. 지구상 생명체들의 중요 구성요소인 유기화합물들은 결국 광합성에 의해서 식물이 합성하는 에너지로부터 거의 다 온다고 해도 틀린 말이 아니다.

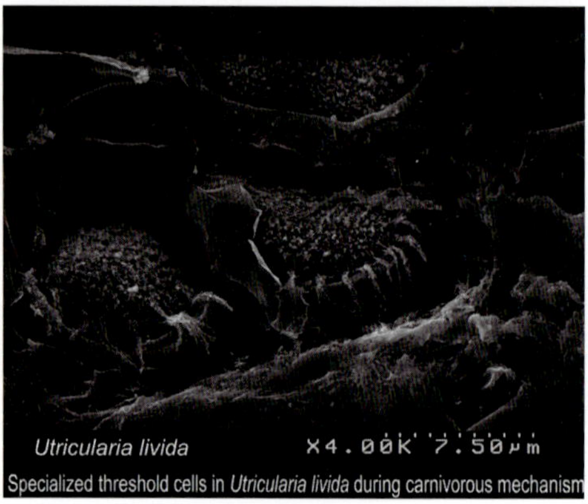

그림 3-2 광합성 에너지로 기능 수행하는 식충식물 세포

식물 잎에서 방출되는 물질은 공기 중으로 여러 가지 물질을 내놓고 있고, 가장 잘 알려진 증산작용은 대기의 습도와 기후조건 조절에 중요한 역할을 한다. 또한, 식물이 만들어내는 화학물질인 식물유래 화학물질/phytochemical 파이토케미칼은 유해 인자들로부터 식물체를 지키는 역할을 한다. 일상에서 사용하는 주요 약품의 대부분은 파이토케미칼에서 유래한 것이 많다. 예를 몇 개만 들어본다면 *Salix* 버드나무 수피 → 아스피린, 키나나무피 → 말라리아 특효약 키니네, *Digitalis* 디기탈리스 건조된 잎 → 강심제, periwrinkle 일일초 → 종양 억제물질 빈블라스틴, 퍼시픽 주목나무 수피 → 항암물질/taxol 택솔 등 그 목록이 단시간에 길어진다. 특히 빈블라스틴, 택솔 등은 이미 항암제로 개발되어 사용되고 있고, 에이즈 천연 치료제, 항우울제, 비아그라 천연대체물 등도 여러 식물 종에서 찾는 연구가 한창 진행되고 있다.

이처럼 식물이 지닌 힘 가운데 인류와 지구에 가장 중요한 것 중의 하나가 바로 광합성이다. 무상으로 공급되는 이산화탄소/물/햇빛 원료로 당 화학에너지 생산 및 공기 중으로 산소 발산의 과정은 실젠 첨단의 기술로도 재현할 수 없는 거의 불가능한 일이다. 엽록체에서 일어나는 $CO_2 + H_2O$ → 빛에너지 햇빛 → 포도당 $C_6H_{12}O_6 + O_2$의 과정은 간단해 보이지만 실은 엄청 복잡한 반응이다. 그러나 식물은 보통 온도/기압.. 조건에서는 일어나기 어려운 과정을 순식간에 아주 쉽게 처리한다. 가장 중요한 과정인 빛에너지로 물(H_2O)에서 산소(O_2)를 떼어내는 물의 光(광)분해 반응은 수조 분의 1초 찰나의 시간에 일어난다! 광합성에서 가장 핵심적인 반응이나 현재의 기술로는 물을 수천 ℃까지 가열해야만 가능하다. 소요 시간과 경비를 계산한다면 어떤 답이 나올까? 과연 가능하기는 한 것일까? 의문투성이일 뿐이다. 우리가 숨 쉬는 공기 중 산소의 ~20% 일부는 이 과정을 거쳐 만들어진 것으로 식물은 이를 아무것도 아닌 것처럼 소리 없이 해낸다. 식물이 수행하는 이러한 과정을 재현 및 증명하려고 인공생태계를 조성한 실험이 진행된 바 있다. *'바이오스피어 2' 프로젝트로 미국/애리조나주/1991~1993년 3년간 사막에서 외부와 완전히 차단되도록 설계된 실험이었으나 2억 달러의 경비를 쓰고도 실험참가자 8명에게 충분한 산소를 공급하지 못하는 결과가 나왔다. 반면, 실험의 본보기인 지구는 광합성에 힘입어 76억 명에게 끊임없이 산소를 무상으로 매일 공급한다. 광합성, 실로 어디에도 비할 수 없는 대단한 식물의 힘이라 하겠다!

※ 바이오스피어 2 Biosphere 2 : 1987년~1989년 공사 후, 실험은 1991년 9월~1993년 9월 3년간 진행되었다. 인공생태계 실험장으로 조성되어 지구와 비슷한 환경을 갖도록 설계하였고, 빛이 잘 들어오도록 유리 천장으로 된 ~1.25ha/열대우림+사바나+습지+바다+사막+농경지. 자연생태계를 만든 것이다. 내부에는 3천여 종의 생물이 서식하도록 하였는데, 그중에는 300종 아마존 식물, 카리브해 산호초, 다양한 척추동물들이 포함되어 있었다고 한다. 프로젝트에 참여한 8명은 외부와는 완전히 격리되어 교환 활동이 전혀 없는 자급자족의 형태로 생활하였다.

인간은 이런 광합성의 잠재성을 간과하지 않고 그 원리를 본떠 인공광합성이라는 놀라운 분야를 개발하는 지혜를 발휘하였다. 그렇다면 인공광합성의 콘셉트가 접목된 새로운 식물체가 2장에서 언급된 합성생물학의 기술로 만들어졌다는 것인가? 혹시 어떤 생명체일까? 하고 궁금해할 수도 있으나 우리의 예상과는 전혀 다른 방향으로 전개되어 의외의 응용 공학 기술 및 산업 분야로 그 공이 넘어갔다.

인공광합성 Artificial photosynthesis

위에서는 인공광합성을 알아보기 전에 식물의 광합성에 대해 짚고 넘어왔다. 자연의 광합성은 식물이 태양에너지 이용 → CO_2 & 물 → 당 & 산소를 만들어내는 일이다. 오랫동안 광합성에 의해 빛에너지 → 화학에너지로 전환된 일부는 화석연료로 지구에 축적되었고, 인류 소비 에너지의 약 85%가 거기서 온다. 하지만 화석연료의 고갈, 지구온난화, 대기오염 문제 등이 야기되어 그 해결로 지속 가능한 친환경적 에너지기술이 요구되는 실정이다. 이에 빛에너지 → 화학에너지로의 변환 기술은 태양광 이용에서 중요한 의미가 있는데, 지구에 도달하는 태양에너지의 ~0.01% 극히 일부만 사용해도 인류가 필요로 하는 에너지 요구량을 충족하기에 충분하기 때문이다. 인공광합성은 바로 이런 식물의 광합성 에너지 변환과정 메커니즘을 모방한 기술로 태양에너지 활용 → CO_2 + 물 → 구성: 수소+탄소+산소 화학물질 + 산소로 변환시키는 특징이 있다.

인류에게 필요한 화학 연료나 원료 물질을 생성하는 방법으로 현재 전 세계적으로 관심을 받는 주제가 바로 인공광합성이며, 효율성 향상 관련 연구들이 활발히 진행되고 있다. 인공광합성은 식물 광합성의 광화학 메커니즘을 모방해 탄수화물 대신 수소/메탄올/메탄/포름산.. 유용한 연료나 고부가 화합물 생산을 꾀한다. 태양전지 기술의 발전과 더불어 효율 향상, 생성 물질의 분리 및 저장의 용이성 등의 장점으로 광전기화학적 인공광합성 기술이 주목을 받는다. 다른 기술에 비해 상용화에 가장 근접한 기술로 평가되어 그 연구가 활발하며, 유형은 크게 전지형과 광촉매 물질 이용 입자형 광전환 반응으로 나뉜다.

인공광합성의 핵심은 촉매 기술에 있으며, 그 과정에서는 빛에 반응하여 특정 화학반응을 유도하는 광촉매를 사용한다. 광촉매는 태양광에 반응 → 물 분해 → 수소 & 산소 생성 → 분리막 통과 → 수소만 분리 → 수소 + CO_2 → 화학합성 촉진 합성 촉매 사용 → *올레핀을 만든다. 인공광합성 기술을 효과적인 실현을 위해 이 과정 추진에 필수적인 광촉매, 분리막, 합성 촉매 등에 관한 연구 개발이 활발하게 이루어지고 있다.

※ 올레핀 olefin : 천연가스나 원유의 정제 과정에서 생산되는 불포화 탄화수소로 C=C 결합이 있는 화합물의 총칭. 일명 '석유화학산업의 쌀'이라 불리며, 플라스틱/합성섬유/합성고무.. 다양한 화학물질의 소재로 쓰인다.

기술의 핵심은 태양에너지로 물에서 수소와 산소 추출과정의 태양에너지 변환 효율 효율성에 있고, 저비용으로 효율적인 대량 생산이 가능해야 한다. 물론 산업화에는 식물 광합성의 0.2~0.3% 태양에너지 변환 효율 대비 그 변환 효율이 훨씬 높아야 한다. 광촉매 기술의 연구는 태양에너지 변환 효율 향상을 위한 새로운 광촉매 탐색 등으로 진행되고 있다. 2017년 몇 년 전, 이미 태양에너지 변환 효율 3.7%로 증가시킨 광촉매를 개발하기도 했지만, 향후 목표는 그 효율을 10% 정도까지 올리는 것이라고 한다. 또한 인공광합성의 비용 절감을 위한 혼합분말형 광촉매 시트기술 개발도 동시에 진행되고 있다. 개발된 시트를 물에 가라앉히고 태양에 노출하면 시트에서 수소와 산소를 1.1% 정도의 효율로 생성할 수 있고, 향후 효율 향상이 기대되는 기술로 평가되고 있다. 대표적 광촉매로는 이산화티타늄(TiO_2), 삼산화텅스텐(WO_3), 펩타이드 필름(peptide film) 등이 사용된다. 특히, 펩타이드 계열은 인공광합성에서 새로운 형태의 모델을 제시하는 소재로 다음에서 설명되는 인공 나뭇잎 연구에 적용할 수 있을 것이라 예상을 하기도 한다.

인류는 고갈되고 있는 화석연료를 대체할 대체에너지 개발을 위해 부단히 노력을 해왔다. 대체에너지 중 가장 주목받는 것이 태양의 에너지로 그의 10% 정도만 에너지로 변환해 활용해도 인류가 필요로 하는 에너지를 감당할 수 있다고 추정된다. 태양에너지를 이용하는 기술 가운데 최근 가장 관심받는 기술인 인공광합성에서는 엽록소 대신 광촉매나 반도체성 광전극을 이용해 수소와 고부가의 화합물을 생산한다. 화석연료를 쓰지 않아 온실가스의 배출도 없어 지구의 에너지 문제를 해결할 수 있는 차세대 기술, '꿈의 기술'로 불리며 관심을 받고 있다. 이를 통해 만들어지는 유익한 화합물 가운데 수소와 메탄올은 자동차 연료로도 사용할 수 있고, 수소는 공해와도 무관하다. 또한, 인공광합성으로 만들어진 포름산은 연료전지/고무제품/섬유염색/세척제/살충제.. 다양한 화학물질의 원료로 사용됨은 물론 이산화탄소가 줄어드는 장점도 지닌다. 에너지 생산에서 지구온난화 주범 이산화탄소를 줄여 친환경적인 에너지 생산시스템이라는 것! 심지어 인공광합성을 '자연이 주는 선물' 혹은 '21세기 연금술'이라고까지 빗대어 찬사를 보내는 것도 이러한 이유 때문이 아닐까?

그렇지만 인공광합성의 상용화는 아직 멀고, 그 효율이 여전히 낮은 편이라 경제성 측면에서는 부정적이다. 식물 광합성 효율은 4~6% 정도이나 인공광합성의 효율은 0.1%에 미치지 못하기 때문이다. 지금 전 세계 과학자들은 인공광합성의 효율을 높이고자 큰 노력을 하는데, 특히 촉매 개발에 선도적인 우리나라 인공광합성 기술에 세계가 주목하고 있다. 대표적으로 2015년/한국과학기술연구원

KIST는 CO_2 → CO 전환에 사용하는 고효율의 촉매를 개발했는데, 이는 태양전지 기술과 촉매기술을 융합해 태양광 에너지만으로 작동하는 4.23% 최고의 효율을 지닌 인공광합성 기술이다. 이어 2019년 국내에서 해조류의 광합성 원리를 이용해 최대 8% 효율을 보이는 3-D 플라스틱 인공나뭇잎을 세계 최초로 발표한 바 있다. 인공광합성의 상용화를 위해서는 그 효율이 10% 이상이어야 하는데 현재는 실험실에서 국내 8%, 해외 10% 남짓한 효율에 도달한 상태이다. 가장 최근 2020년/KIST 국내 연구진이 인공광합성의 효율을 높이는 나노 촉매를 개발했다고 밝혔다. 그래도 인공광합성은 아직 성공적으로 대체에너지를 만들어내지는 못하고 있는데, 그 이유는 고비용의 생산, 독성의 촉매 사용 등이 부정적으로 작용하기 때문이다. 이로 인해 연구는 산업화 수준으로 나가지 못하기는 하나 인공광합성으로 만든 *그린에너지 사용의 그 날을 위해 연구/투자.. 노력은 계속 이어지고 있다.

※ 그린에너지 green energy : 공해물질을 배출하지 않아 환경오염이 없는 청정에너지로 태양열/태양광/지열/풍력/수력/조력/파도.. 자연 에너지와 수소에너지, 바이오매스 등이 대표적이다.

차세대 태양전지 광합성을 모방하다!

21C 들어 재생에너지 관련 관심과 요구가 증가하면서 차세대 태양전지에 관한 연구가 더 활발해졌다. 열 손실로 비효율적인 1, 2세대 태양전지에서 비해 태양광 발전시스템이 큰 주목을 받으며 재생에너지 이용의 차세대 태양전지 중심에는 3세대 태양전지가 자리하게 되었다. 이전 태양전지 제조 시 제조 단가가 증가하는 등

문제가 발생하여 제조 단가, 원자재, 재료 공급이 원활한 아래 기술들이 각광 받게 되었다. 하지만 아직 낮은 변환 효율, 짧은 수명 등이 산업화에 걸림돌이 되고 있음은 아쉬운 점이다.

√ 염료감응 태양전지(DSSC)

식물의 광합성 원리를 모방한 대표적 인공광합성으로 Dye-sensitized solar cell, 이하 DSSC 염료감응형 태양전지가 1991년/스위스/Gratzel 교수 개발된 후 성능과 효율이 계속 개선되고 있어 눈길을 끌고 있다. DSSC는 화학 반응을 이용한 전기화학 전지로 염료가 엽록소 대신 빛 감지 → 태양 빛 흡수 → 전자 발생 → 전기에너지를 일으키게 할 수 있다. 구성은 엽록체를 대체할 수 있는 물질로 인공염료가 있고 광촉매 나노입자, 백금이나 탄소나노튜브 촉매, 전해질로 되어 있다. 태양전지는 무한 청정에너지원 태양광 이용 빛에너지 → 전기에너지로 변환하는 대표적 친환경 에너지원이다. 아직 효율은 10% 이내로 낮으나 태양 외 별도의 에너지나 연료 공급이 필요 없고, 이차적 환경오염도 일어나지 않는 장점을 지닌다. 또 다른 장점으로 저렴한 제조 단가, 쉬운 제조, 다양한 색상/투명한 소재 사용 가능, 유연성, 환경친화성 등이 있다. 작동원리는 나노 크기의 다공질 이산화티타늄 TiO_2에 염료분자를 흡착시켜 만드는데, 이 염료분자 → 태양 빛 흡수 → 전자 방출 → 여러 경로 → 전극에 도달하게 하는 방식이다.

√ 플라스틱 태양전지

식물의 광합성을 모방한 인공광합성 소자로 플라스틱 종류 고분자와 *플러린 이용 → 빛 흡수 → 전기 만드는 전지이다. 100nm 두께 매우 얇아 접거나 구부릴 수 있어 입는 컴퓨터, 창문형 태양전지 등 다양한 분야에서 활용 가능할 것으로 기대된다. 기존의 실리콘 기반의 무기물 태양전지는 복잡한 제조 공정, 높은 제작 비용 등이 단점이었으나 플라스틱 태양전지는 저렴하고 간단한 제작공정으로 차세대 저가형 태양전지로 관심받고 있다.

※ 플러린 fullerene : 탄소 60개가 5각형으로 결합해 축구공 형태를 이룬 탄소로 구성된 물질. 지름도 10억 분의 1m에 불과하다. 안정적인 구조로 높은 온도와 큰 압력에 잘 견디고, 강력한 항산화 반응을 보인다. 여러 개 길게 잇거나 축구공 구조 내에 다른 물질을 넣는 등 활용성을 넓히려는 연구가 활발하게 수행되고 있다.

새로운 적용

Artificial leaf 인공 잎..?

MIT의 Daniel Nocera 교수와 연구팀/2011년 연구진은 실제 살아있는 나뭇잎같이 광합성 기능을 수행하는 실리콘 장치의 '인공 잎'을 만들어냈다. 태양에너지를 직접 저장하고 이후엔 에너지원으로 사용할 수 있는 화학 연료로 바꿀 수 있는 태양전지다. 물속에 놓인 인공 잎 양쪽에는 서로 다른 촉매 물질을 접하게 하고 햇빛을 조사하면 각기 다른 산소 vs. 수소 기포를 각각 형성한다. 양면을 분리벽 있는 용기에 넣으면 발생하는 기포들을 모아 분리 저장할 수 있고, 나중에 이를 전력 전달에 사용할 수 있다는 원리다. 인공 잎이 태양에너지 이용 → 물 분자 → 산소와 수소 원자로 분리할 수 있고, 이때 생산된 수소는 수소자동차의 연료 전지에 사용될 수 있다.

그리고 2019년 10월 최근 국내 연구팀이 쓸수록 더 강해지는 인공

광합성 촉매를 개발했다는 희소식을 전해왔다. 연구는 그동안의 공정에서 생기는 수용액 내 오염원 금속 불순물을 촉매 성능 향상에 역이용해 안정되게 CO_2 → CO 생산할 수 있는 새로운 촉매 개발이었다. CO_2를 유용한 전기화학적 화합물로 전환하는 반응은 인공광합성의 핵심 기술이고, 지구온난화의 주범 CO_2의 자원화 방안 모색도 가능하다는 이점도 갖고 있다. 또 해외 인공광합성 연구 중 일부 프로젝트는 인공 잎과 인공 태양 백색광을 이용해 이산화탄소 → 메탄올로 바꾸는 실험에 성공하여 온실가스 배출량을 줄이고 화석 연료의 대체물까지 만들어내는 일거양득의 성과를 얻었다. 이 반응은 광합성과 마찬가지로 산소를 생성한다. 연구진은 메탄올 증산을 위해 발전소/운송수단/석유채굴.. 주요 온실가스 배출원으로부터 포집한 이산화탄소 → 메탄올 변환공정 상용화를 위해 노력 중이라고 한다. 또 광합성에서 받은 영감을 인공 잎 개발에 적용해 지속 가능한 방법으로 CO_2 배출 없이 일산화탄소 + 수소 혼합/syngas 합성가스를 만드는 연구도 있는데, 이를 이용해 연료/비료/제약/플라스틱.. 다양한 제품을 생산할 수 있다고 한다. 합성가스 개발 장치는 '수지가 코팅된 플라스틱 잎 장착 인공나무'와 비교되는데, 실제 이 둘은 유사한 개념으로 자연에 있는 실제 나무보다 '인공나무'가 공기 중의 CO_2를 100배 정도까지 더 많이 제거했다는 결과가 나오기도 했다.

또 하버드대학의 Dr. D. Nocera+공동연구진/2016년 연구팀은 인공 잎 + 이산화탄소 흡수하는 박테리아 이용 → 'Bionic leaf' 개발하여 인공 잎 사용 시에 나타난 촉매의 단점을 개선하였다. 단점이란 Bionic leaf 1.0 연구 초기에서 촉매가 이산화탄소 → 원료물질로의 변환 기능 수행 박테리아 DNA에 해로운 반응성 산소를 방출한다는 것! 하지만 새로운 코발트-인 합금을 만들어 단점 극복한 후 효율화를 높였고, Bionic leaf 2.0 박테리아가 만들어내는 liquid fuel 액체 연료는 화학공업 분야의 원료로 쓰일 수 있는 다른 물질도 같이 합성할 수 있게 되었다. 현재는 그 효율이 식물의 광합성 효율을 뛰어넘는 10% 이상에 도달했고 실험실에서의 성공, 관련된 Bionic leaf platform 플랫폼 연구도 계속 진행되고 있다. 또한, 촉매를 이용한 박테리아의 공기 중 CO_2 제거 역할은 온실가스 감축에도 도움이 될 것이다. 하지만 여전히 고비용과 대량생산이란 문제가 존재하므로 이를 극복해야만 'Bionic leaf 2.0'이 태양에너지 이용의 산업화에서 설 자리를 찾을 것이다.

'Silk leaf' 실크 잎 또한 식물 잎의 광합성에서 영감을 얻어 개발한 인공 나뭇잎으로 실크 단백질+엽록소 → 물 & 이산화탄소 흡수 → 산소를 생산한다. 즉, 식물세포에서 추출한 엽록체를 실크 단백질에 넣어 나뭇잎처럼 살아 숨 쉬게 하는 최초의 광합성 물질이다. 실크 잎은 실크 단백질로 만든 matrix 바탕에 부착된 엽록소로 구성되는데, 이때 실크 섬유에서 추출된 실크 단백질은 분자를 안정시키는 놀라운 성질을 가지고 있다. 이들은 또한 밖에서 공기를 흡수해서 이 생물학적 필터를 통과시킨 다음, 산소가 있는 공기를 안으로 가져올 수도 있다. 개발한 영국/Julian Melchiorri 엔지니어는 건물의 벽이나 창문에 설치로 산소 공급기 역할이나 우주여행 시 문제가 되는 산소 공급의 해결책이 될 수도 있다고 미지의 가능성을 언급한 바 있다. 후속 연구로 광합성의 원리를 모방하여 산소 대신 수소를 만들어 무공해 연료를 공급하거나, 인공 나뭇잎의 엽록소를 태양전지로 활용하여 전기를 생산해 내는 기술도 개발 중이라고 전해진다.

앞에서 설명한 것처럼 지속적인 관심과 연구로 인공광합성의 효율성은 크게 높아졌으나 아직 기존 문제점들이 해결되지 않고 있어 경제성이 떨어져 그 상용화가 쉽지 않다. 그래도 자외선 흡수 광촉매와 달리, 새로운 가시광선까지 흡수 광촉매 재료의 개발도 진행되고 있어 성공하면 더 많은 태양에너지를 흡수할 수 있기에 높은 효율로 물 → 수소 + 산소 생성이 가능할 것으로 생각된다. 태양에너지를 활용하면 공장에서 나오는 CO_2도 원료로 사용할 수도 있다. 과학자들은 인공광합성 연구가 명반응 과정 중 일어나는 광촉매 현상을 얼마나 증대시킬 수 있는지에 성공의 여부가 달라진다고 말한다.

▶

새로운 식물들

앞에서 언급했듯이 식물은 인류의 의식주를 책임지는 것 이외에도 많은 곳에 필수적으로 이용된다. 4차 산업혁명으로 변화와 혁신의 바람이 한창인 불고 있는 오늘날, 식물은 또 다른 방향으로 인류와 상호작용하며 발전하고 있다. 특히, 최신의 ICT 기술을 식물 생산에 적용하여 더 체계적으로 높은 효과를 부르는 스마트 재배, biotechnology 생명공학 기술로 신품종 개발, 새로운 먹거리 양산 등 최근까지 식물에 대한 신기술 활용과 개발은 전 세계적인 추세를 이어가고 있다. 특히, 이런 흐름의 한가운데에는 스마트 팜과 신개념의 차세대 GMO 등과 연관 있는 주제들이 우리의 관심을 끈다. 아래에서 이들과 관련된 내용을 살펴보도록 하겠다.

• 식물이 공장에서 생산되다!

우리가 생각하는 것보다 빠르게 진행되는 지구의 기후변화는 환경오염/지구온난화.. 여러 요인에 의해서 야기되고, 그 결과는 전 세계 사람들의 삶과 일상에 지대한 영향을 준다. 특히, 이러한 변화가 작물 재배 및 수확 등이 주를 이루는 농업 분야에서는 농작물 생산↓ → 농가소득↓ → 농업인구↓ → 식량 공급/수요 불균형 → 사회적/경제적 문제 발생 등으로 이어져 어려운 상황을 맞이할 수 있다. 예견되는 이런 문제들을 미리 막고 더 나은 농가의 발전을 위해 농업 분야와 4차 산업혁명의 핵심 가운데 최신 기술들을 접목한 식물공장이나 스마트 팜 기술이 적극적으로 도입되고 있다. 혹자는 스마트 팜을 농업과 4차 산업혁명의 희망찬 만남이라고까지 표현한다. 희망찬 만남이 되려면 획기적인 성과를 부르는 첨단기술의 적용이 필요할 것이다. 아래에서는 최신의 농업기술이 접목된 새로운 개념의 식물공장과 스마트 팜에 대해서 알아보고자 한다.

• 적용과 현주소

- 식물공장 plant factory -

식물공장이란 땅에서의 전통적인 식물 재배방식을 벗어나 시설 내에서 식물의 특성에 맞게 인위적인 빛/온도/수분.. 환경을 제공하여 식물을 키우는 자동시스템을 말한다. 시설은 날씨나 계절의 영향을 받지 않으며, 최대의 생산성에 그 목표가 있는 새로운 농업 방식이다. 오늘날 문제가 되는 지구온난화에 대한 대응책이 될 수 있는데, 핵심 기술은 식물 재배 파종~수확 전 과정의 자동화에 있다. 특히, 자동화 기술에는 적극적인 로봇 활용, 자동적인 환경제어, 원격제어 등이 포함된 최첨단기술이 융합된 미래형 도시농업으로 현재 농업 분야가 맞닥뜨리는 일부 문제점들을 해결해줄 수 있는 정밀농업 시스템으로 평가되고 있다. 날씨나 계절에 상관없이 농작물을 안정적으로 생산하는 높은 생산성, 화학비료/농약.. 합성 화학물질 사용량의 감소, 첨단기술로 생육기간 단축, 우수한 품질, 태양 빛 대신 LED/고압나트륨.. 다양한 광원 사용 등은 장점으로 작용한다. 또한, 맞춤형 농산물 재배도 가능하고, 소비시장 변화에 빠르게 대응할 수 있는 특징도 있다.

식물공장에서는 인공 광원 사용 → 일정한 일조시간 확보 → 양질의 식물체 발달 → 생산성 증대를 끌어내므로 빛 파장에 따른 식물의 성장을 분석하는 LED 개발 포함 광원 연구 등이 증가하는 추세다. 이와 함께 식물공장 자동화의 하나로 식물 생장 모니터링 등 전 과정에 사용할 수 있는 로봇 개발도 활발하다. 이 시스템에서는 생육 과정에 필요한 양분은 적절한 시기에 영양액으로 공급되며, 재배되는 식물에 따른 필수 영양분과 종류별 양 제어와 관련된 각종 기술에 관한 연구 또한 진행되고 있다. 식물공장의 기대효과를 다음과 같이 눈을 끄는 F.A.C.T.O.R.Y로 요약된 정보가 있어 인용하고자 한다. 서울특별시 농업기술센터 https://agro.seoul.go.kr/archives/862

- F = Fresh 신선한 농산물
- A = Agri-BIZ IT & BT 산업과의 융복합을 통해 새로운 시장 창출
- C = Convenience 농작업의 편리성
- T = Teach 도시인에게 식물 생장의 전 과정을 교육
- O = Oasis 삶의 질

- R = Recycle 자연순환
- Y = Year Round 연중생산

몇 년 전부터 도심 속의 미래형 농장으로 등장한 'buildng farm 빌딩농장'도 눈길을 끄는데, vertical farm 수직 농장이라 불리기도 하는 새로운 개념의 농업 패턴이다. 도심 속 빌딩의 각 층에서 첨단의 BT-NT-IT.. 융복합 기술이 접목된 시설 일체를 갖추고 다양한 농작물을 수경재배하는 시스템으로 주목받고 있다. 다가올 식량 위기를 해결할 수도 있는 방안으로 제시되고 있는 빌딩형 농장은 전체 빌딩 수준에서 각종 농작물을 재배하여 도시 주민에게 공급하는 것을 주된 목적으로 한다.

그림 3-3 스마트 팜(도시형: 좌, 농촌형: 우)

- 스마트 팜 -

스마트 팜은 말 그대로 농장이 스마트해졌다는 것인데... 무엇이 스마트해진 것일까? 농장에서 재배하는 농작물과 키우는 가축에 관련된 생육정보/환경정보.. 데이터를 기반으로 해당 농작물과 가축의 생육 환경을 점검하고 관리하는 것이라 한다. 전문가들은 종전보다 노동력/에너지/영양분.. 필수 요소들은 적게 투입되면서 농·축산물의 생산성과 품질 제고가 가능한 농업 구현이라고 정의한다. 최신의 자동화시스템/로봇공학/IoT/빅데이터/인공지능.. 기술들을 농지/축사/과수원/온실/비닐하우스.. 공간 및 시설에 접목하여 농작물이나 가축의 생육환경을 관리하고 유지함을 목적으로 원격으로 조정 또는 자동으로 수행할 수 있도록 한다. 첨단기술이 집적화된 스마트 팜은 위기에 놓인 농업 분야 문제에 대한 해결안으로 최근 큰 주목을 받고 있다.

스마트 팜의 운영원리 및 지금에 이르는 발달의 과정은 다음과 같이 정리된다. 먼저, 최적의 생육 환경 유지를 위해 소프트웨어에 의한 자동화 시스템 → 온도/습도/빛/이산화탄소.. 생육조건 설정 → 데이터 자동 수집 → 환경정보 모니터링 → 관리 및 유지한다. 스마트 팜은 크게 1, 2, 3세대로 구분되는데, 1세대 스마트 팜은 농장 디지털화로 인터넷을 통해 그 시행이 가능했다. 장점으로 원격 모니터링과 제어 가능, 전통적인 농업 방식에 비해 편의성 향상 등을 들 수 있으나 일부 농업인의 접근이 어렵다는 것이 단점이기도 하였다. 이후 등장한 2세대 스마트 팜은 인공지능, 동식물의 생체정보.. 빅데이터 등 새로운 기법을 통한 최적화로 그 생산성을 크게 향상하는데 이바지하였다. 반면, 3세대 스마트 팜은 소재 기술 + 신재생에너지 활용 → 최적 조건의 에너지 관리 & 로봇 + 지능형 농기계 활용 → 농·축산업 성장 동력화 → 극대화된 스마트 팜을 구현하고 있다.

우리나라의 스마트 팜도 확산하는 추세에 있으나 아직 농업생산이 핵심이 되고 있으며 이를 중심으로 전개되고 있다고 볼 수 있다. 스마트 팜 관련 기술 및 운영 체계 등이 앞서 시행되는 경우는 유럽으로 일부 국가들이 ICT, IoT, BT, NT, 로봇공학 기술 등을 복합적으로 접목해 혁신적인 운영을 하고 있다. 미래에 쓰일 스마트 팜 기술은 빅데이터/인공지능/로봇.. 4차 산업혁명의 핵심 기술들의 접목과 일련의 수집+분석+활용 데이터를 기반으로 지능형·맞춤형 스마트 팜 구현에 필요한 원천기술 확보가 목적이라 한다. 첨단의 설비를 갖추고 최적 조건을 유지해 생산성을 높이며 앞서가는 해외의 스마트 팜 성공 사례들이 네덜란드에서 잘 알려져 있다. 네덜란드는 ICT 활용으로 세계적인 농산품 수출국이 된 대표적 원예산업 스마트팜 국가로 수십 년간 축적된 데이터와 재배환경 최적화 노하우를 기반으로 각종 센서와 제어 솔루션을 개발해 사용하고 있다. 이러한 농업 ICT 기술을 통해 생산량과 품질의 최적화를 꾀하고 있으며, 기존의 농업 인프라에 최첨단의 기술을 집적화시켜 스마트 팜 분야에서 선구자적 역할을 성공적으로 해내고 있다. 그 예는 바렌체 DC(대규모 혁신 농업단지), 에그리포트(대규모 최첨단 유리온실 단지), GrowX(하이테크 수직 농장), 그린포트(주요 원예지구) 등에서 볼 수 있다. 그 외 독일/영국/프랑스/덴마크.. 유럽, 미국, 일본, 이스라엘 등에서도 스마트 팜이 성공적으로 운영되고 있다. 스마트 팜 기술 수준을 비교한 보고서에 의하면 100% 1위의 미국 기술을 뒤따르는 나라들은 99.1% 네덜란드, 97.5% 일본, 93.3% 독일, 89.5% 영국, 83.4% 호주 등의 순으로 결과가 나왔다.

현재 과학자들은 지상에서의 기후변화보다 더 극한의 조건을 갖는 우주 공간 등에서도 식물 재배를 가능케 하는 기술을 개발하기 위해 부단히 노력 중이다. 전에는 보지 못했던 신품종의 식물들이 먹거리로 우리의 식탁 위에 놓이는 일도 그리 놀라울 일이 아닐 시기도 곧 올 수 있다. 지금도 세계 곳곳의 식물 관련 연구소에서는 식물 활용의 새 국면을 맞이하려는 목적의 기술 개발이 활발하다. 식물공장이나 스마트 팜, GMO에 적용되는 기술들이 핫한 연구주제가 되는 이유도 그 맥락의 한 부분이 아닐까 생각한다. 머지않은 미래엔 새로운 개념으로 재배 생산되는 식물들이 우리에게 가져올 영향은 생각하는 이상으로 커질 것으로 보인다. 우리가 알던 GMO

또한 기존에서 벗어나 새로운 국면으로 들어가고 있어 아래에서는 신개념의 차세대 GMO 관련하여 자세히 알아보기로 하겠다.

2. 차세대 GMO

BT 바이오테크놀로지는 기존의 생물학에 공학기술이 접목된 21C 첨단의 융합학문으로 최근, 그 개념이 더 확대되어 유전자재조합/세포융합/핵주입기술.. 바이오기술에 생물공정기술을 합친 넓은 의미로 쓰인다. 21C BT에서는 다양한 생물의 기능을 이용하기 위해 첨단의 유전공학 유전자변형기술, 세포공학 세포융합기술, 바이오리액터기술, 세포배양기술 등을 활용하기도 한다. 이는 방대한 생물학적 정보 해독 + 사용 → 상업적 유형의 결과 도출을 모색하며, 다양한 분야가 연결되어 발전하고 있는 다학제간 학문이 된다. 4차 산업혁명 시대의 오늘날, BT 관련하여 우리가 흔히 들을 수 있는 용어 중 하나가 바로 GMO일 것이다.

· 1세대 GMO

유전자변형생물/genetically modified organism GMO는 Plant Biotechnology의 핵심 기술 중 하나로 그 핵심은 DNA 수준에서 필요로 하는 유전자를 인위적으로 조합하여 유용한 유전자나 형질을 지닌 새로운 생물체로 만드는 것이다. 자연에서는 불가능한 이 과정에서는 생물공학적인 방법을 통해 서로 교배할 수 없는 종간 유전자 교환이나 도입도 가능하다. 간혹 living modified organism LMO와 혼용하거나 둘을 합쳐 living genetically modified organism LGMO 라고도 하나 가장 널리 쓰이는 것은 GMO로 엄밀히 말해 GMO가

LMO보다 좀 더 넓은 범위의 용어라 할 수 있다.

유전자변형생물은 이미 우리 식탁에 올라와 알게 모르게 우리의 먹거리가 되고 있다. 수입된 통조림 속 대두나 옥수수는 대부분 유전자가 변형된 가공처리 식품이다. GMO를 만들 때 원하는 생물의 유전체 내 유전자 삽입법에는 세균이나 바이러스 또는 유전자 총을 이용하는 다음의 방법이 있다; *Agrobacterium* 세균 → 캘러스/미분화 식물조직 → 생장발달 → 성숙한 식물체/아그로박테리움법 세균 감염법, 바이러스 벡터 이용/원형질세포법 유전자 전달법, 입자총법/gene gun 유전자 총 기술 등. 일반적으로 동물, 식물, 박테리아, 바이러스 등에서 필요한 유전자를 추출해 이식한 후 생산한다. 실험 시 비용이 낮고, 유용 유전자의 정상적인 삽입과 발현, 이상 없는 개체 선별 등의 단계를 거쳐 원하는 GMO 작물이 탄생한다.

그림 3-4 GM 토마토

농작물을 GMO로 만들 때는 해당 생물의 유전자 중 냉해/잡초/해충/질병.. 저항성 유용한 유전자만 취해 다른 생물 유전체에 삽입하여 새로운 품종을 만든다. 그 시작은 처음 1973년 GM 대장균에서 첫걸음을 뗐고, 상업적으로는 1994년/칼젠사/Flavr Savr '무르지 않는 토마토'가 최초의 GMO로 시장에 등장하였다. 이 GM 토마토는 열매의 숙성과 조직이 물러지게 하는 polygalacturonidase 특정 효소의 합성이 이루어지지 않게, 즉 토마토를 무르게 하는 효소 생성 유전자발현을 GMO 기술로 막은 것으로 토마토 껍질이 딱딱해져 긴 저장기간을 갖는 장점이 있었다 3년간 시판. 그러나 실제 GMO가 사람들에게 널리 알려지기 시작한 것은 이듬해로 1995년/미국/Monsanto Co. 몬산토가 유전자변형 GM 콩을 상품화하면서부터이다. 몬산토는 강한 독성의 제초제 'Roundup 라운드 업'에도 견딜 수 있는 'Round-up Ready Soybean' 콩을 개발하여 판매하였다. 여기에 스위스 바티스사도 병충해 저항성 'Bt maize' 옥수수를 개발하여 미국-식품의약품안전청/UFDA & 유럽 연합 안전성 검사를 통과하면서 판매가 시작됐다. 또 미국 Department of Agriculture 농무부도 이후 1987년/~48종 수십여 종의 콩/옥수수/밀/감자/호박.. 농산물에 대해 재배 실험을 하였고, 이들을 1994년 UFDA 승인을 거쳐 상품화했다.

GMO 연구는 저항성 형질과 관련된 주제들이 주를 이루어 제초제, 해충, 바이러스 저항성 등이 대표적이다.

- 제초제 저항성 형질의 경우, 현재까지 9가지의 제초제에 대한 형질 개발이 옥수수/대두/목화/카놀라/사탕무.. 주요 농작물에 도입되었다. 강한 독성의 제초제 성분 glyphosate 글리포세이트와 저항성 GM 작물 조합이 잘 알려져 있으며, 그 저항성은 1996년 대두에 처음 시행된 이래 옥수수, 목화, 카놀라, 사탕무에 이르기까지 차례로 2015년까지 도입되었다.
- 해충 저항성 형질의 경우, 살충의 형질이 도입된 GM 작물이 개발되었고, 대표적 예는 토양세균 *Bacillus thuringiensis* 유래 독소 단백질합성 유전자의 도입이다. 현재까지 해충 저항성 형질은 목화, 가지, 옥수수, 대두 등에 적용되어 상용화된 바 있다.
- 바이러스 저항성 형질의 경우, 바이러스 저항성을 가지는

GM 작물은 1998년/papaya 파파야에 처음 도입되었다. 해당 바이러스 외피를 구성하는 단백질합성 유전자 도입 → 작물 내에서의 바이러스 복제 억제방식이 가장 대표적이다. 이후 바이러스 저항성을 가지는 GM 호박, GM 피망 등이 개발되었다.

• 신개념 GMO

GMO 활용 분야 또한 이전과는 다른 방향으로 기능성이 강조되며 업그레이드 및 확장되고 있다. 가장 활성화되어 있는 영역 가운데 하나가 작물 분야로 특히, GM 작물 관련해서는 백신/의약품/콜라겐.. 기능성 물질 생산과 당/향기/영양분.. 품질 개량을 위한 연구 개발이 한창 진행 중이다. 특히, 농업용 GMO 작물의 상업화에서 질병 예방용으로의 색다른 고부가의 활용 가능성으로 점차 커지고 있다. 동물실험 결과에서 면역 유도반응을 보이는 GM 감자, 설사 면역제 생산 가능성의 GM 토마토, 당뇨병 관여 단백질 발현의 GM 상추 등 농업용 → 의약품 생산 산업용으로의 이용 가능성 확대가 예상된다.

더 시선을 끄는 것은 인류를 위협하는 코로나.. 신형 바이러스성 질병을 예방하기 위해 GM 작물을 지속해서 개발 중이며 수년 내에 상업화가 이루어질 것으로 그에 대한 기대감이 크다. GMO 백신/치료제 개발 의료 분야에서 최근 GM 식물을 이용한 의약품 생산시스템이 주목받는데, 그 이유는 의약품 생산비용이 GM 미생물 배양법이나 GM 동물 세포배양법에 비해 비교가 안 되게 월등히 저렴하기 때문이다. GM 미생물 배양법의 2~10% 수준 & GM 동물 세포배양법의 0.1% 수준 ! 이런 최근의 GMO 연구 동향은 여러 질병으로부터 고통받는 인체의 문제해결을 위해 질병 예방과 치료용 GM 작물의 상용화가 곧 이루어질 것이라 예상된다. 이와 함께 GM 동물/GM 곤충/GM 어류.. 동물 분야, GM 농작물/화학물질/중금속/생태계.. 환경 분야, 바이오매스/에너지/재생연료.. 화학 및 에너지 분야 등에 이르기까지 GMO 생물을 결합하여 1세대 GMO와 비교가 안 될 정도로 큰 발전에 이르는 활용 성과를 얻을 수 있는 다양한 연구의 실행이 이어지고 있다.

CRISPR/TALEN 유전자 교정기술을 적용한 갈변현상 방지/가뭄저항성+내염성/병저항성/영양성 개선/유해물질 함량↓.. 작물들이 개발되고 있다. Meganueclease 효소 기술을 이용한 니코틴 함량↓ 담배 생산도 성공한 바 있다. 펜실베니아대학 연구진 염소의 젖에서 인슐린.. 바이오 약물 생산을 할 수 있는데 과정은 먼저, 특정단백질 관련 유전자 → 아데노바이러스 → 염소 생식 세포 → 수정 → 단백질 약물 함유 GM 염소 젖 → 성분 분리 및 추출과정을 거쳐 유용 약물을 성공적으로 손에 쥘 수 있었다. 인류의 주식인 쌀에 대한 다양한 형질의 GM 벼 개발도 여러 나라에서 추진되고 있으며, 2020년까지 삼나무알레르기 예방용 GM 쌀, 온실가스를 거의 배출치 않는 새로운 GM 벼도 상업화한다고 밝힌 바 있다. 메탄 발생은 거의 없고 쌀 수확량을 증가시킨 벼 개발이 과학전문지/네이처 발표됐는데, 지구온난화 문제해결에 이바지할 수 있다는 점이 높이 평가되면서 주목을 받았다. GM 쌀 연구 개발에는 일본/중국/한국/호주.. 아시아, 미국, 벨기에/스웨덴.. 유럽 등 여러 국가가 적극적으로 나서고 있다. 항산화 능력을 높인 GM 토마토, 바이오연료 생산을 위한 GM 나무 개발 등에서도 차세대 유전자 교정기술 설계 프로그램 등을 적용하고 있다.

현재 우리가 생각하고 있는 그 이상의 기능을 갖는 신개념의 GMO는 식량 증산 및 고부가가치 작물 개발에 있어 큰 역할을 하고 있다. 주요 곡물에서부터 식용작물, 곤충이나 동물, 미생물에 이르기까지 다양한 생물이 그 대상이 되고 있다. 그리고 차세대 GMO 연구 동향을 살펴보면 우리가 알고 있던 기존의 1세대 GMO 연구와 달리 놀라운 정도로 새로운 면모를 보인다. 다음에서는 간단히 대두, 옥수수, 사과, 감자.. 예를 들어보고, 이후에는 해당 GM 생물에 대한 설명을 붙이도록 하겠다.

- 대두: 유지의 산화 안정성↑ → 트랜스지방↓/오메가-3↑/올레산 함량↑ 기능성 개선 → GM 대두 개발
- 옥수수: *Bacillus subtilis* 세균 유래 특정유전자 발현 → 가뭄 내성 GM 작물 개발
- 사과/감자: 2015년/폴리페놀 산화효소 유전자발현 억제 → browning 갈변현상 無 품종개발
- 감자: 아스파라진 합성효소 유전자발현 억제 → 아스파라진 함량↓, 감자 고온 조리 시 아스파라진 분해 → 발암물질/acrylamide 아크릴아마이드 생성억제 기능 발현

- 발암물질 아크릴아마이드 함량↓ GM 감자: 미국/냉동감자회사/Simplot Co. GM 감자는 흔히 'Innate 감자'로 불리는 데 2세대 Innate 감자는 1세대 innate 감자 감자역병에 저항성 형질이 추가된 것으로 병 저항성과 인체에 유독한 아크릴아마이드 생성을 낮추는 특성이 함께 발현된다. 본 GM 감자는 소비자의 맞춤형 요구와 농업의 지속가능성이란 두 마리 토끼를 모두 충족시키는 바이오 기술 개발을 통한 최신의 GM 트랜드 사례로 인용되곤 한다.

- GM 바나나: 다음으로 차세대 GMO로 관심을 받는 식물은

바로 바나나! 세계 중요 식용작물 중 하나로 ~25% 탄수화물 함량이 높아 세계적으로 인기 있는 과일로 재배 바나나 품종의 멸종을 막는 방법으로 GM 바나나를 개발하고 있다. 2017년 야생에서 자라는 바나나에서 찾은 유전자를 추가한 캐번디시 바나나 품종이 다년간 TR4 곰팡이를 극복한 실제를 바탕으로 연구가 되고 있다.

- 지구온난화 막을 GM 식물: 심각해지는 지구온난화 해결방안으로 GM 슈퍼식물 개발에 속도를 내고 있다. 일리노이주립대 유전생물학연구소 연구는 담배 식물체를 이용한 3개 유전자조작 실험에서 광합성 효율을 높이는 데 성공하여 온난화의 주범인 이산화탄소를 대기 중에서 환경친화적으로 줄일 가능성을 제시하였다.

- 발암물질/aflatoxin 아플라톡신 생성 곰팡이를 제어할 GM 작물: 아스퍼질러스 플라부스(*Aspergillus flavus*) 등의 진균류 곰팡이가 만들어내는 맹독성 아플라톡신 오염으로 해마다 엄청난 양의 옥수수.. 곡물이 폐기된다. 이러한 피해를 막기 위해 RNA 간섭기술 생명공학기술로 아플라톡신 생성을 차단하는 물질을 GM 작물에서 생산하였다. 향후 아플라톡신 오염이 쉽게 되는 다른 쌀/대두/땅콩.. 작물 종류에도 적용할 수 있을 것으로 전망한다.

- GM 생물: 우리나라에서도 다양한 응용분야에 널리 사용되는 중요 유기화합물 글루타르산 생산이 가능한 GM 균주 개발, 유전자 교정기술로 GM 병풀 이용 의약품 관련 연구 개발 등을 추진하고 있다.

- GM 모기: 뎅기열 등 열병 예방 및 퇴치를 위해 ♀개체가 유충 시기에 죽게 유전자를 변형시킨 것이다. ♀개체만 번식을 위해 흡혈하고, ♂은 과즙만 먹기 때문에 질병 확산의 위험이 없다고 한다. 하지만 GM 모기 개발 → 열병 예방 가능성 ↑ → GM 모기를 현지에 풀어놓는 계획은 미국 정부의 최종 승인을 받았어도 거주민+환경단체 지역의 반대가 거세 차질을 빚고 있다고 한다.

- GM 돼지: 이종 간 장기이식 과정에서 나타나는 다양한 면역반응 조절에 쓰일 형질전환 돼지를 만드는 표준화 방법이 발표돼 주목을 받았다. GM 돼지 제조법에 대한 생명공학회사 옵티팜 특허는 돼지의 endogenous retrovirus type C 특정 바이러스를 비활성화시킨 상태에서 돼지의 유전자 4개 몇 개를 빼내고 2개 사람의 유전자를 삽입하는 것과 관련된 유전자가위 기술이다. 해당 바이러스는 인체에 암을 유발할 수 있어 돼지 → 인체 이종 간 장기이식에서 장애요인이 되나 이 과정을 거쳐 만들어지는 돼지는 향후 그 장기들이 인체에 이식될 수 있는 면역거부반응 제어 잠재성을 가진다.

- 코로나19 관련 의약품 개발: 팬데믹의 한 가운데에서 수행된 최신의 연구 소식은 일본과 미국에서 전해왔다. 먼저, 코로나19 백신으로의 개발 가능성 여부를 알아내기 위한 단백질 생산에 GM 누에를 이용한 실험이 후쿠오카-큐슈대학 일본에서 수행되었고, 치료법 개발 관련 연구는 미국의 뉴욕대 등 공동연구팀에 의해 2020년 11월에 발표되었다. 특히, 후자의 연구는 바이러스의 인체 침투에서 수용체와의 결합에 관여하는 유전자 포함 COVID-19에 대항하는 30개 유전자

다수를 인체에서 발견하였다. 결과 분석 및 분자 수준에서의 치료법 개발에 유전자가위 기술 등 첨단의 연구기법이 총동원되고 있음을 알려왔다.

이외에도 합성 거미줄을 생산할 수 있는 해양세균, 장의 염증을 진정시키는 항산화제 생성 옥수수, 알츠하이머 치료제 개발에 이용될 실험용 치매 돼지, 환경오염 측정에 이용하기 위한 유전자 변형 물고기, 생물환경 정화용 GM 식물, GM 동물을 통한 의료적 발전 등도 포함된다. GMO 미생물을 이용한 B형간염 백신 등 고부가가치 의약품 제조와 상용화, 난치병 치료연구, 의약품 생산, 의료용 연료 물질 생산 및 바이오 장기 생산이 가능하기에 연구가 될 가치가 있다. 하지만 후자에 언급된 사례들은 인체에 직접적인 영향을 끼치기 때문에 많은 연구가 필요한 부분일 것이다.

미래학자들은 현재 76억 명인 세계 인구가 2050년에는 약 90억 명이 될 것으로 예측한다. 지금도 지구상의 일부 나라는 기아 상태에 처한 상황이 전개되고 있는데, 인구학자들은 그때가 되면 기아 문제가 심각해져 절대적 기아의 국면으로 들어갈 것으로 경고하고 대응책을 준비해야 한다고 입을 모은다. 우리 앞에 놓여 있는 지구온난화, 질병, 식량부족, 인구증가, 환경오염 등 인류는 날로 심각해지는 문제들로부터 위협받고 있다. 찬반 논쟁이 여전히 뜨거운 1세대 GMO에 대한 돌파구를 위 언급한 신개념의 차세대 GMO에서 찾아보는 것도 해결방안 모색의 한 방책이라 생각된다.

들어가며

DNA 이야기

4장

DNA 이야기: DNA 컴퓨터, 유전자감식, 유전자치료 2.0

4장

DNA 이야기: DNA 컴퓨터, 유전자감식, 유전자치료 2.0

들어가며

DNA, 그리고 유전자에 대하여

- Deoxyribonucleic acid/디옥시리보핵산 DNA, 생명과학 관련 과학 분야에서 가장 많이 사용하는 전문적인 용어로 언제부터인가 우리의 생활 속으로 들어와 이제는 초등학생들까지 잘 아는 상식적인 수준의 일상화된 단어가 되어 있다. 세포 내 핵 속에 있는 DNA는 유전물질로 유전정보를 저장하고 또 다른 핵산인 RNA로 유전정보를 전사하여 단백질 합성과정의 주체로 작용한다. 디옥시리보오스 당, 인산, 염기로 구성된 지름 20 Å 이중나선 구조의 DNA는 선형의 nucleotide 중합체 사슬 2개가 반대 방향으로 발달하여 우측으로 감으며 형성된다. A 아데닌, G 구아닌, C 시토신, T 티민 염기들은 수소

결합 수에 따라 A-T, G-C 염기쌍 간격 ~3.4 Å 염기 쌍을 형성하여 이중 나선의 안쪽에 위치한다, 당과 인산은 바깥쪽에서 나선구조의 축이 된다. 이때 약 10개의 염기 쌍마다 ~36° 나선의 회전이 축을 따라 일어난다.

DNA가 상식적인 단어가 되면서 유전자 또한 우리에게 친숙한 생활 속 일상적인 용어가 되어 있다. 몇몇 예만 들어도 쉽게 와 닿아 GMO 유전자변형식품, 친자 유전자검사, 유전자조작, 유전자가위, 이기적 유전자 등등 먹거리, 검사실험법, 노벨상 연구주제, 도서명에 이르기까지 주변 곳곳에서 들려온다. 유전자는 DNA와 떼래야 뗄 수 없는 관계를 이루며 세포 내 핵 속 염색체에 일정한 순서로 배열한다. 유전자는 생명체 유전정보 발현에 중추적인 역할을 하나 DNA 서열 중 정보를 담고 있는 부분으로 보면 된다. 사람의 유전자는 전체 유전체 DNA 중 불과 2%뿐! 나머지는 대부분 non-coding ~98% 암호화되어 있지 않다. Gene coding 암호화된 유전자 내에서도 DNA 염기서열이 모두 정보를 가지지 않고 exon 엑손과 intron 인트론 부위로 구분된다. 아미노산 정보를 지녀 단백질합성과 발현에 관여하는 부위를 엑손, 정보를 가지지 않는 부위는 인트론이다. 원핵세포의 경우, 진핵세포 유전자와 달리 인트론이 없고 촘촘히 배열된 유전자들로 인해 암호화된 서열이 거의 존재하지 않는다.

생물에 따라서 유전자의 크기는 편차가 매우 심해서 다양하게 나타나는데, 원핵생물/*Mycoplasma* 마이코플라즈마는 가장 작은 470개, 대장균 4,400개, 효모 6,200개, 초파리 13,600개, 선충 18,400개, 사람 19,950개, 꼬마선충 ~20,000개, 옥수수 32,000개, 쌀 50,000개, 밀 120,000개 등의 유전자를 가지는 것으로 밝혀졌다. 참고로 2016년/J. Craig Venter Institute 세계 최초로 만들어진 Syn 3.0 인공세포의 유전자 수는 가장 작은 유전체 473개이다. 전체 DNA 길이는 53만 염기쌍!

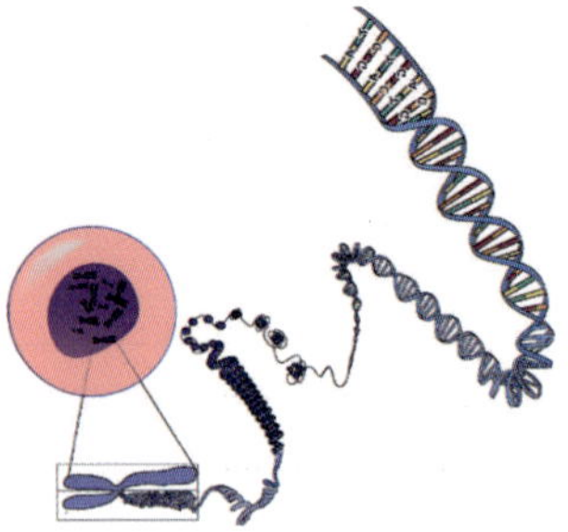

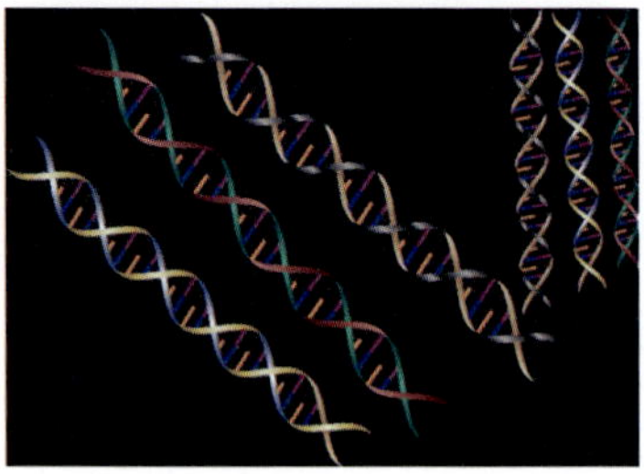

그림 4-1 염색체와 DNA(좌), DNA 이중나선(우)

DNA 이야기

21C 들어서면서부터 현재에 이르기까지 DNA를 응용하는 연구들은 이전과 비교할 수 없을 정도로 빠른 속도로 새로운 방향으로 발전 및 진화하고 있다. 특히 생물학적인 DNA 개념을 공학적인 NT, IT 등의 응용기술에 접목해 획기적이고 창의적인 학문 및 고부가 가치를 창출하는 산업화 영역들이 속속들이 열리고 있다. 물론, 지금에 이르기까지는 수십 년 전부터 1990년대에 이르는 시기까지 연구 개발된 결과물과 기술들이 근간이 되었음은 부정할 수 없는 사실이다. 그 중 대표적인 예를 손꼽으라면 DNA 컴퓨터를 1순위로 들고 싶다. 세포 속에서 누구에게도 모습을 보이지 않으며 생물의 세계를 지배하고 있는 극미의 DNA를 세상으로 끌어내 상상 이상의 결과를 우리 앞에 내놓는 IT 공학기술의 잠재력이 엄청나기 때문이다. 지금부터 새로운 개념의 DNA 컴퓨터에 대해 가능한 한 그 모든 것을 알아보기로 하자!

1. DNA 컴퓨터

오늘날 현대인들은 스마트폰과 컴퓨터 없이는 학업/직장/소통/쇼핑/투자/송금/지불/소셜네트워크.. 교육, 사회경제, 종교, 문화 활동 등 넓은 세상과 빠르게 연결하는 방법을 달리 생각할 수 없을 정도로 의존을 하고 있다. 특히, 전염력 높은 바이러스 코로나19의 팬데믹이 WHO 선포되어 전 세계적으로 인류를 위협하고 있는 상황에서는 생존에 필수적인 수단이 되기까지도 한다. 기존의 컴퓨터와 달리 20세기 말엽부터 컴퓨터들도 달라지고 변신하고 있다. 새로운 개념으로 다가온 DNA 컴퓨터가 보편화된다면 가히 우리의 삶을 엄청나게 바꿔줄 첨단의 도구가 될 것이다.

DNA 컴퓨터, 다른 점은 무엇인가요?

DNA 컴퓨터의 장점은 여러 가지가 있지만, 다음의 네 가지가 대표적이라 할 수 있다.

- 첫째 A, G, C, T 염기 조합의 염색체 정보 저장 능력
- 둘째 세포분열 시 세포 내 정보의 정확한 복제
- 셋째 작업 시 열이 발생하지 않는다는 것!
- 넷째 과정이 모두 분자들로 이루어짐

그리고 A, G, C, T가 신호를 구성하는데, 실리콘 칩과 전기회로로 구성된 일반 컴퓨터와 달리 네 번째로 언급한 입력-출력-소프트웨어 과정이 모두 DNA 분자들로 이뤄져 있다는 점이 특징적이다. 이들 DNA 분자는 생명체와 연관된 고유의 coding 암호화된 정보들을 저장하고 처리할 수 있다. *DNA 컴퓨터는 생물학적인 DNA와 공학적 IT 기술이 융합된 것으로 DNA 분자를 이용하는 molecular computer 분자컴퓨터를 말한다. 즉, 분자들의 결합을 이용한 DNA 컴퓨터는 컴퓨터 공학자인 L. M. Adleman 아들만이 1994년 DNA 유전정보의 전달 방식이 마치 컴퓨터의 정보처리 방식과 비슷하다는 점에서 고안해 낸 것이다.

※ DNA 컴퓨터 : 1994년 MIT공대/에이드먼 교수/'Travelling Sales Man' '여행하는 판매원'이란 수학 문제를 DNA가 어떻게 풀어낼 수 있는지 Science 국제학술지에 발표한 논문이 시초! DNA 컴퓨터는 7개 도시를 같은 길을 가지 않고 가장 빠르게 지나는 방법을 제시해 기존 컴퓨터에 비해 엄청나게 짧은 시간에 답을 찾은 바 있다. 그 답이 학계에 반향을 불러오며 DNA 컴퓨터 개발이 본격적으로 시작되어 1997년에는 DNA 구성의 논리 회로를 완성할 수 있었다. 이어 2000년, DNA 가닥들이 특이한 방법으로 결합함을 이용해 prototype 초기 형태의 DNA 컴퓨터를 만들어냈다.

• DNA 컴퓨터의 모든 것!

1994년 *처음 고안된 DNA 컴퓨터가 초기 형태의 DNA 컴퓨터로 개발된 것은 2001년 21세기에 들어서이다. 세계적인 주목은 2004년 암의 진단과 치료에 필요한 생물정보 분석 프로그램을 DNA 컴퓨터에 입력하여 시험관 실험에서 성공적인 결과가 발표되며 받게 되었다. 최근에는 1,000억 개↑ 엄청난 수의 DNA를 신경처럼 연결한 하이퍼 네트워크를 이용한 인공지능 연구나 DNA를 하드디스크/USB.. 저장매체로 활용하려는 연구 등이 전개되고 있다. 방대한 유전정보 저장력을 지닌 DNA의 저장매체 산업화가 실현된다면 DNA 1g에 455 엑사바이트에 해당하는 어마어마한 정보를 넣을 수 있다는 계산이 나온다. 455 EB: 하드디스크 4억 개/CD 1조 장의 정보를 저장할 수 있는 용량! 바로 이점이 DNA 컴퓨터를 질병 진단 및 치료에 적용할 수 있는 나노로봇의 개념으로 발전할 가능성이 크다고 전문가들이 내다보는 이유 중 하나이다.

1994년 이후 새로운 개념의 DNA 컴퓨터에 관련 연구가 계속되기는 하였지만 주목할만한 성과가 없었는데, 이는 DNA 컴퓨터를 만들기에 앞서 풀어야 할 문제들이 놓여 있었기 때문이다. 첫 번째 난제는 오차나 실수 없이 생명체를 구성하는 복잡한 생화학적 분자들을 이론과 같이 제어하기가 것이 쉽지 않았고, 두 번째로는 공학적으로도 컴퓨터의 소재와 기술의 발전도 계속되어 DNA 컴퓨터로의 대체가 어려웠었기 때문이라고 전해진다. 그러나 4차 산업혁명에서 유전자편집 유전자가위 기술 등 바이오테크놀로지의 위상이 한층 두드러지며 DNA 컴퓨터에 관한 관심이 높아져 최근 다시 주목받고 있다. 단지 빠른 연산을 수행하는 것 외에도 그 이상의 매력이 있기 때문이라고 한다. 그 매력이 무엇인지 다 같이 한번 살펴보기로 하자!

누군가가 유전적 요인에 의한 희소한 암에 걸려 주어진 시간이 얼마나 있을지 알 수 없는 상태로 치료를 받는 상황을 가정해보자. 의료진들은 그 사람의 DNA를 분석한 후 병 유발 원인으로 염기서열 오류, 돌연변이 등을 찾아내 이전에 알려진 다른 사례들과 비교할 수 있을 것이다. 이때 선행된 그 당시의 치료법을 비롯한 일련의 DNA 관련 데이터는 해결 방법을 찾는데 핵심적인 KEY 자료가 될 것이다. 과거 인터넷이 지금처럼 발달하기 전에는 우편이나 선박, 자동차, 비행기를 통한 전달로 비용도 많이 들고 시간상 전혀 효율적이지 못했다. 이는 희소병이 아닌 일반적인 질병에도 해당한다. 이제는 연구진들의 의료 데이터 분석, 치료법 계측, 유전병 발현 전 예측 및 예방, 더 나아가 노화 지연 등의 방법을 개발하는 능력이 얼마나 많은 데이터를 어떻게 빨리 처리하는지에 따라 달라진다. 하지만 이는 모두 데이터가 많이 축적되어 있어야 가능한 일이다. 무엇보다 빠르게 DNA를 검사하기 위해서는 일단 방대한 DNA 데이터베이스가 필요하다. DNA 오류 찾는 데 필요한 자료의 이동 및 배송이 일반적인 차/선박/비행기.. 수송 매체를 통한다면 환자 치료법 탐색에 많은 시간과 경비가 소요되어 매우 비효율적인 방법이 된다. 하지만 일련의 프로세스를 네트워크가 형성된 시스템상에서 주고받는다면, 소위 말하는 DNA 인터넷이 있다면 그야말로 금상첨화가 된다! DNA 인터넷이 무엇인지 궁금해진다.

Internet of DNA DNA 인터넷이란 DNA 염기서열을 컴퓨터로 저장 및 공유하여 필요할 때 전 세계 사람들의 DNA를 한꺼번에 비교 분석할 수 있는 시스템이다. 전문적으로 정의를 내리자면 DNA 데이터베이스 간에 교류를 가능하게 하는 표준기술로 수많은 치료 경험에 바탕을 두어 맞춤형 치료법 처방이 가능해진다고 전문가들이 예측하는 시스템이다. 미래의 유전 및 게놈 관련 연구에서 아주 많은 부분을 차지한다고 할 수 있는 잠재력을 갖는 흥미로운 분야이다.

DNA 인터넷의 잠재성에 일찍이 눈을 떠 DNA를 인터넷에 의한 네트워크화로 성과를 내기 위해 시험 도전한 사람들이 있다. 이 분야를 개척한 과학자는 바로 생물정보학 전문가인 미국의 캘리포니아대학/Bioinformatician/D. Haussler 허슬러 교수로 2013년/Global Alliance for Genomics and Health GA4GH를 설립하여 문제를 해결하려 시도하였다. 그는 실제 유전정보 교환용 인터넷 언어를 만들어 2014년/GA4GH

DNA 기본 검색 엔진을 출시하기도 하였다. 그는 게놈 데이터 공유에 중요성을 인지하고 이의 효과적인 관리를 위해 새로운 프로그래밍과 철저한 보안에 신경을 써서 체계화된 접근법을 준비하였다. 또 GA4GH는 구글 등 세계의 유능한 기업과 협업하여 엄청난 정보를 갖는 인터넷 활용이 가능하고, 언택트 온라인상에서 허용된 세계의 누구와도 접속할 수 있는 인프라를 구축하고 있다. 출시된 검색 엔진은 사람 유전체의 DNA 서열 검색용 간단한 엔진, 읽기 전용 데이터 열람용 검색 엔진, 가족의 건강기록 정보가 문서화된 제품, 연구자용 엔진 등이 구축되어 있다. 특히, 아직 복잡한 기능을 수행하지는 못하지만 개발되어 계속 보완되고 있는 2014년 개발 시작/Beacon 비컨이라는 프로그램은 이미 공개된 유전체 DB를 약 20가지로 검색할 수 있게 구현되었다. 비컨은 현재 수만 명이 인터넷상에서 DNA 데이터를 연구진/의사/임상가.. 관련 있는 사람들과 공유되고 있다는 소식도 있다. 하슬러 외 많은 유전학자가 DNA DB를 연결하는 연구를 진행하고 있다고 한다. 이후 DNA 인터넷 기술이 더 성공적으로 구축된다면 GA4GH에서 축적한 정보들은 유전자의 기능 연구는 물론 유전적 질병에 대한 진단과 치료에 사용될 수 있게 된다. GA4GH 책임자인 하슬러 교수는 몇 년 후엔 일상에서 이 기술들을 접할 수 있을 것이라 희망을 전한 바 있다.

DNA 인터넷의 최종 목표는 저장된 막대한 양의 정보를 *P2P 통신 동등한 사용 및 작동 방식을 통해 세계 각지에 있는 사람들의 다양한 게놈 데이터를 비교할 수 있게 하는 것이다. 희귀한 병을 앓는 사람들에게는 그야말로 치료법을 찾는 한 줄기 빛이 될 수 있을 것이며, 일반적인 질병에 대해서도 유전학적인 면에서 큰 발전이 있을 것으로 예상되는 일이다. 앞의 세포지도에서 상상의 나래를 피며 스마트폰에서 구글 맵처럼 세포지도를 쓰며 행복해하던 나를 다시 또 떠올린다. 먼 훗날 폰에서의 DNA 인터넷 사용 또한 가능해지는 날이 오리라 생각하며 미소 짓는다.

※ P2P 통신 : P2P는 peer-to-peer의 약자로 동등한 능력을 갖춘 각각의 컴퓨터들이 어떤 컴퓨터에서라도 통신을 할 수 있는 통신 모델, 즉 네트워크상에서 연결된 모든 컴퓨터는 서로 동료처럼 대등하게 데이터나 주변장치 등을 공유할 수 있다는 뜻이다. 서버와 클라이언트 역할이 정해져 있지 않으며, 소수의 서버에 집중하는 것보다 네트워크 성능에 중점을 둔 통신 형태로 알려져 있다.

오늘에 이르는 DNA 컴퓨터의 발전과정을 간단히 알아보자. DNA 컴퓨터를 만들기 위해서는 실리콘이 아닌 새로운 소재의 반도체 재료를 찾아야 했고, 찾아낸 대상이 바로 graphene 그래핀이었다. '꿈의 신소재'로 불리는 그래핀은 0.2㎚/원자 두께 매우 얇아 실용화하기 어렵다는 단점에도 불구하고 실리콘보다 100배↑ 뛰어난 전자 전달력, 통전성, 우수한 강도를 지녀 차세대 반도체 재료로 주목받아 왔다. 너무 얇아 그래핀을 원하는 형태로 만드는 일은 쉽지 않아 분자조립 능력을 지닌 DNA를 이용해 그래핀 트랜지스터를 개발하거나 'DNA-그래핀 하이브리드' 물질을 만들기도 했다. 이때 DNA 구성 분자들의 특성 중 하나인 초미세 3.4㎚ 분자 폭이 장점으로 작용 → 분자 조작 → 분자 로봇의 역할을 할 수 있기 때문이다. 생물학적으로 DNA 컴퓨터 기술의 좋은 응용 사례 중 하나는 DNA 칩 이용 특정 유전자 검색 또는 범죄 선상의 용의자 확인에 사용 등이다.

DNA 컴퓨터 관련 연구가 활발하게 진행되고 있는 대표적인 나라는 미국이다. 현재 미국에서는 세포 내 DNA로부터 생명현상을 수행하며 나타내는 계산된 수치+공학적 나노기술 결합 → DNA 활용 미세구조 제작 → 동력원 공급 → 형태 변화를 유도하는 연구까지도 진행 중이다. 유럽에서도 이 분야에서 DNA 및 분자 컴퓨터 기술의 실제적 구현을 위해 알고리즘을 비롯한 이론 연구들이 활발하게 진행되고 있다. 특히 이론 분야에서는 세계적인 선두주자가 되고, DNA 계산 알고리즘의 실험으로 형태를 변화시키는 연구를 진행하고 있다고 한다. 일본 또한, DNA 컴퓨터 연구를 수행하고 있는 나라에 포함된다. 우리나라는 아직 이 분야가 그다지 활성화되어 있지 않고 발전되기를 기다리는 나라 중에 하나라고 볼 수 있다.

DNA 컴퓨터의 미래를 예측할 수 있는 논문이 최근 발표되어 주목을 받는데, 이들 중 2가지를 소개하고자 한다, 먼저 발표된 논문 2019년/네이처 "Scientists use DNA to create world's first reprogrammable molecular computer/과학자들이 세계 최초로 재프로그래밍 가능한 분자 컴퓨터를 만들기 위해 DNA를 이용한다"는 특수 설계된 DNA 가닥이 소금 용액 속에서 어떻게 처리되면서 실험 작업에 기초로 사용되었는지에 관한 과정이 자세히 설명되어 있다. 가장 최근의 DNA 컴퓨터 연구는 2019년/Wiley Online Library "Programmable DNA nanoindicator-based platform for large-scale square root logic biocomputing" 즉, 엄청난 능력의 연산 프로그램밍이 가능한 DNA 컴퓨터의 등장을 알리는 논문이 발표되면서 큰 관심을 받았다. 미국의 한 로체스터대학 연구팀이 32개의 DNA 가닥을 기반으로 900의 제곱근을 계산할 수 있는 DNA 컴퓨팅을 개발했다고 밝힌 것이다. DNA 컴퓨터는 정보 저장 능력과 연산 처리 능력이 뛰어나 우리의 뇌와 같이 여러 문제를 한꺼번에 처리하는 병렬식 연산을 한다.

여전히 DNA 컴퓨터의 개발은 초기 단계라 할 수 있지만, 우리가 쓰고 있는 실리콘 기반의 컴퓨터에서 할 수 없는 문제를 해결할 수 있는 큰 잠재력이 있어 기대를 모으고 있다. DNA 컴퓨터는 다양한 분야에 적용될 수 있으나 특히 많은 사람의 유전정보를 모아 비교 분석할 수 있어 의료기술 개발, DNA 지문인식, 유전자감식 등의 분야에서 특히 유용하게 쓰일 것으로 생각된다. 개인정보 유출, 사생활 침해 등의 부작용도 염려가 되는 부분이라 안전한 조치 및 법적인 보호 장치도 필요하다는 의견도 제시되고 있다.

그림 4-2 Genomic privacy

DNA 컴퓨터는 앞으로 더 발전하며 우리에게 오겠지만 그 과정 중에는 어려운 문제도 생길 것이다. 이를 해결하고 DNA 인터넷이 널리 활용되어 인류 생명 연장에 필수적인 도구가 되도록 노력해야 한다. 사람들의 DNA 데이터는 지문처럼 신원을 확인할 수 있고 의료 기록도 지극히 개인적이기에 정보 보호에 특별히 조심해야 한다. 일부 국가에서는 연구용으로도 개인정보를 공개하는 것을 허용하지 않기도 하지만, 다른 한편으로는 DB 공유를 제대로 하지 못하면 게놈 분야의 획기적인 발전이 실현되지 않을 수 있다. DNA 정보 공유에 대한 의지를 표현한 사람들처럼 적극적으로 이에 동참하는 사람들이 늘어나야 한다고 생각한다. 이에 대해 하슬러는 데이터가 이동하지 않고 데이터에 액세스할 수 있어 P2P 네트워크가 그런 우려를 불식시킬 수 있다고 한다. 그 노력의 덕분인지 미국이나 유럽인 중 절반 이상이 자신의 게놈 공유에 긍정적이라 한다. 하슬러 교수의 말을 읽고 잠시 생각해보았다. 나는 과연 자신의 게놈을 공유하는 흐름에 동참할 의향이 있는지를…. 결론은 yes~! 현재는 아픈 데가 없다고 앞으로도 건강할 수 있다고 장담할 수 있는 사람은 아무도 없다. 그리고 한명 한명이 모여 빅데이터를 생산하므로 대규모의 사례가 형성되어야 일반적인 질병이던, 누구에게도 발생할지 모르는 희소병, 난치병, 불치병 등을 해결할 수 있는 토대를 마련할 수 있을 것이기 때문이다. 물론 개인정보 유출이나 사생활 침해 등을 염려하지 않는 것은 아니다. 향후 이러한 방면에 철저한 안전장치를 준비할 것이라 보기 때문에 공유에 긍정적인 의견을 갖는 것이다! How about you? 게놈 공유에 대한 여러분의 생각은? 잠시 생각해보는 시간을 갖는 것도 그리 나쁘지는 않을 것이라 보는데….

그림 4-3 개인정보 보호

2. 유전자감식

• 유전자감식이란?

유전자감식은 흔히 DNA 유전자감식이라고도 하며 주변에서 흔하게 듣는 말은 아니지만 그렇다고 아주 생소한 말도 아니다. 드라마나 영화에서 접하던 법정에서의 친생자 소송, 과학수사대 사건 현장에서의 범인 찾기, 전사자의 신원확인, 헤어진 가족 찾기 등에서 몇 차례 들어본 적이 있다. 하지만 유전자감식이란 첨단의 기법으로 몸의 혈액/머리카락/구강점막/뼈/정액/피부조직.. 세포나 조직 등 일부분에서 시료 채취 → DNA 추출 → 분리 → 불순물 제거 → 개인 간 유전자 유형 분석 → 유전정보 % 유사도를 알아내는 생명공학적인 실험법이다. 특히, 학문적으로는 동물이나 식물종 분류, 계통수, 유전 및 진화 유연관계 추적 등에서 핵심적인 역할을 하고 있다. 세포핵 속의 DNA는 그 생명체가 가지는 유전정보를 나타내므로 유전자감식에서는 각각의 생체가 표출한 고유의 유전적 특성을 볼 수 있다. 이를 인체에 적용하면 그 사람이 지니는 심한 다형성의 DNA 일부를 증폭 실험하여 형상화된 DNA 모양을 비교하고자 하는 사람의 것과의 유전자형의 차이를 알아내 확인하는 것이다. 지문은 사람마다 다른 데 바로 이런 지문형에 비유되기도 하며, 일란성 쌍둥이 외에는 같은 DNA 염기서열 유형이 나올 수 없어 사람 간 구별이 가능한 것이다.

유전자를 분석하는 방법은 분자생물학적인 Variable Number of Tandem Repeat VNTR, Short of Tandem Repeat STR, Restriction Fragment Length Polymorphism RFLP, Polymerase Chain Reaction PCR 등의 전문적

인 실험기법이 사용된다. 이 가운데 '1985년/K.B. Mullis 개발 중합효소연쇄반응'이라 불리는 PCR은 효소를 이용한 인위적인 방법으로 유전자를 크게 증폭하는 기술로 적은 양의 DNA 시료에서 표적이 되는 특정 핵산 영역이나 부위를 시험관 내에서 수십만~수백만 배 또는 그 이상 증폭하여 유전자에 대한 정보를 알아내는 분석법이다. 특히, 조작이 간단하여 유전공학적 실험기법 중에서도 가장 중요한 기술로 간주되고 있다. 오늘날에 있어 유전자를 조작 실험하는 거의 모든 분석과정에 사용하는 검사법으로 인체에 나타나는 여러 가지 유전적 질병이나 감염성 질환의 진단에 이용할 수 있다. PCR 종류로는 중합효소연쇄반응과 이것이 변형된 역전사 중합효소연쇄반응, 실시간 중합효소연쇄반응 등이 알려져 있다. 증폭을 위해서는 DNA 주형, 프라이머, DNA polymerase 효소, $MgCl_2$, 완충액, dNTP 등이 필요하며, 과정은 열변성 → 결합 → 중합반응의 3단계로 진행된다.

그림 4-4 DNA 지문

친자확인이나 신원 확인용 유전자 감식법은 세포핵 속 염색체 내의 DNA 특징 비교이므로 부모의 유전자와 자식/손주/형제.. 자손의 생체시료에서 추출된 유전자를 10만~1억 배 대폭 증폭시킨 후 비교해 관계를 증명 또는 무관함을 밝히는 방법이다. 오차가 나타날 확률은 1/1,000,000 수준! 정확성이 그 정도란 이야기는 결과의 신뢰성을 높이는 데 절대적인 영향을 미치고, 그것이 바로 이 기법을 가장 많이 이용하는 이유가 된다. 이 방법은 부모나 형제의 염색체 시료 만 있으면 거의 100% 가까운 정확도로 신원을 가려낼 수 있는 검사법으로 알려졌다.

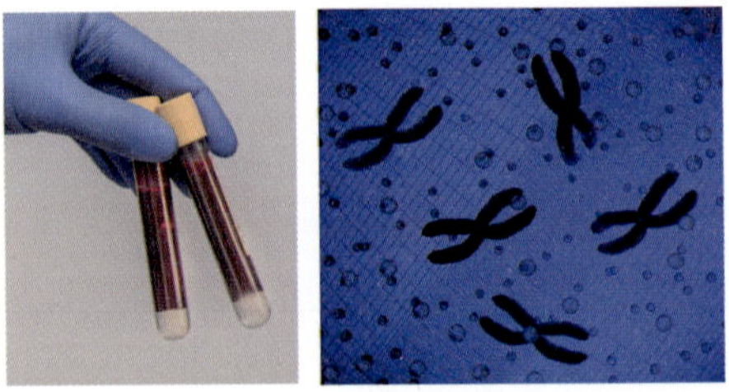

그림 4-5 혈액샘플 & 염색체

• 적용과 그 유용성

이처럼 유전자감식 실험기법은 가족관계 입증이나 친생자 확인 등 개인적인 수준에서의 감정뿐만 아니라 강력범죄, 범인 식별, 건물 화재 등 사회적인 이슈의 문제해결에도 매우 유용한 수단이 된다. 기술의 성공적 개발은 1985년 레스터대학/제프리스 교수 외 영국에서 알려 왔고, 이후 여러 나라에서 도입하여 전 세계에서 활용하는 유전공학 기술로 오늘에 이르고 있다. 우리나라는 1990년대부터 도입한 이래 많은 적용에서 큰 성과를 거두는 쾌거를 보였다.

유전자감식이 역사적으로 언제, 어떻게, 어떤 방식으로 우리에게 여러 문제를 해결해주었는지 한번 알아보자. 대략 70여 년 전 일어났던 1950년/한국전쟁 6·25전쟁에서 목숨 잃은 전사자들의 유해 신원확인 사업에서의 감식법 활용도 대표적 사례이다. 국방부 유해 발굴감식단에 의하면 2020년에만 해도 총 12,592구의 발굴된 유해 중 10,969구 아군전사자를 발굴하였고, 160명의 신원을 DNA 유전자 감식법으로 확인하여 대부분 유가족을 찾았다고 한다. 영구히 해결되지 않고 생사불명이나 행방을 알 수 없는 희생자로 남을 뻔한 슬픈 상황을 해결한 것이다. 이외에도 제주 4.3사건, 삼풍백화점 건물 붕괴사건 등 영구 미제로 남을 수 있는 희생자들의 신원을 확인하여 사후에라도 억울한 누명에서 벗어나거나 가족의 품으로 돌아가게끔 하였다. 가끔 일어나는 선박 침몰이나 비행기 추락 등의 사건 사고 외에도 일상생활 속에서는 어류, 버섯류 등 품종 식별이나 먹거리의 원산지 판별에도 이용될 수 있다.

DNA 유전자감식이 현대의 과학 수사기법에도 유용하게 쓰인다는 것은 모두가 아는 사실이다. 특히, 각 개인의 DNA 정보는 범죄 수사는 물론 인권 보호에도 활용된다. 1992년 법대 교수 2명이 설립 미국의 비영리 인권단체인 'The Innocent Project 이노센스 프로젝트'는 억울한 누명, 법정의 오판, 본인은 결백을 주장하나 유죄결정이 내려진 사람들을 도와 죄가 없음을 또는 판결 오류 등을 입증할 수 있도록 DNA 유전자감식 기법을 통한 재조사로 수백 명을 억울한 수감 상황에서 풀려나게 하였다. 수사의 실수로 그동안 사형선고를 받아 감옥에 있던 20명의 수형자가 무죄로 밝혀져 석방되었고, 유죄판결을 받은 351명의 결백도 무죄로 입증되었다고 한다.

21C 초 완료된 인간게놈지도 결과에서는 사람들의 DNA 염기서열이 무려 99.9% 수준으로 같으며, 개인-개인 혹은 인종이나 종족 간 그 차이는 아주 0.1~0.2% 미미한 것으로 나타났다. 이에 많은 연구는 개인 간 다른 바로 이 미미한 DNA 염기서열을 비교 분석함으로써 일반적이거나 희소한 유전병의 진단, 원인 규명, 치료 등의

활용에 정진하고 있다. 이뿐만 아니라 유전자감식용 DNA 프로파일링을 구축하거나 인류 조상의 기원 및 오늘에 이르는 진화 과정을 규명하고 밝히려는 연구에 많은 노력을 기울이고 있다.

사람의 몸은 외형상 비슷한 모습을 나타내도 일란성 쌍둥이를 제외하고는 유전적으로 저마다 다른 고유의 특징을 가지고 있다. 그들이 가지는 유전정보가 거의 유사하더라도 추정: ~0.1% 정도 아주 적은 부분이 서로 다른 정보를 가지고 있기 때문이다. 유전자감식은 사람마다 서로 다른 DNA 모양을 형상화하는 첨단기술로 제외: 일란성 쌍둥이 모든 사람이 자신만의 유일한 DNA 염기서열을 갖기 때문에 신원을 확실히 구별할 수 있다. 하지만 DNA 유전자감식은 지극히 개인적인 DNA 정보를 토대로 하므로 기 언급된 많은 장점뿐만 아니라 잘못 쓰면 인권 침해의 위험 가능성도 있다. 첨단의 DNA 유전자감식 기술이 모든 것을 해결한다는 의존적 활용은 우리가 조심해야 할 점이다.

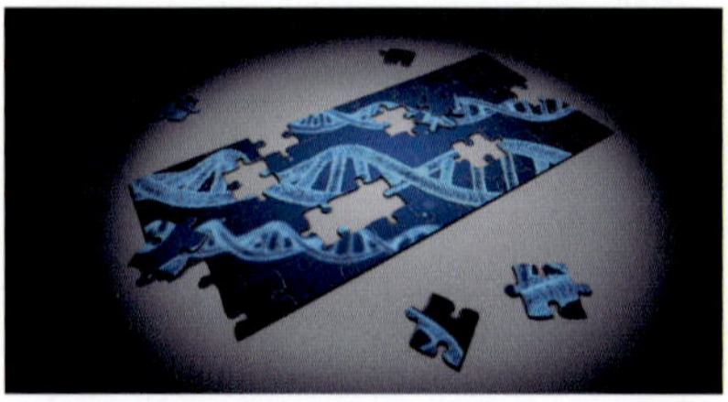

그림 4-6 DNA 연구

우리는 인체를 비롯한 많은 종류의 생명체 DNA 염기서열 정보가 하루가 멀게 밝혀지는 급속히 발전하는 생명공학의 시대에 살고 있다. 특히, DNA 유전자감식 기술의 발전은 BT, NT 발전과 함께 빠르게 앞을 향해 가고 있다. 현재 수준보다 분석의 시간과 비용, 정보 보호의 안전장치 등이 개선되어 실용화되면 미래에는 이 기술 또한 우리의 스마트폰 속으로 들어 올 수 있을 것이다!

3. 유전자치료 2.0

• 유전자를 치료한다!

본 절의 주제인 유전자치료를 논의하기에 앞서 그 대상이 되는 유전병에 대해 간단하게 알아보자. 유전병은 인체 유전에 관여하는 인자들이 원인이 되어 일어나는 질환으로 말 그대로 '유전자 이상으로 발생하는 질병'이다. 이때 유전자 이상이 발생한 세포에 따라 나타나는 결과는 달라 일반 체세포에서 일어나면 그 개체에 국한된 표현형으로 나타나고, 같은 유전자 이상이 정자/난자 생식 세포에 생기면 그 표현형은 다음 세대, 즉 자손들에서 발현되는 특징을 보인다. 유전자 이상 현상에는 여러 유발원이 있으나, 크게 둘로 나누어 볼 수 있다. 하나는 DNA 복제 시 생기는 오류로 이는 자연적인 현상이고, 이 외엔 유발원이 되는 화학물질이나 유해 환경요인들에 노출되었을 때 일어날 수 있다. 이런 원인에 의해 체세포에서만 이상이 생길 경우엔 자손에게 그 질환이 유전되지 않지만, 생식 세포 혹은 배 발생에서의 이상은 다음 세대에 유전된다. 이로 인해 유전자치료 방법은 다시 somatic cell gene therapy 체세포 유전자치료와 germline gene therapy 생식 세포 유전자치료로 구분된다. 인체의 세포에는 인간게놈프로젝트 분석결과 약 19,950개의 유전자가 있어 실제 유전병은 우리가 생각하는 것보다 훨씬 많은 종류가 있을 것으로 추정할 수 있다.

유전자치료의 대상이 되는 질병은 거의 모든 종류라고 할 수 있다. 임상 실험이 대표적으로 이루어지는 경우는 선천적으로 유전자 결함이 알려진 질병, 에이즈나 암에서처럼 아직 난치병으로 취급되는 질병들이 대부분이 된다. 이들 가운데 유전자치료의 임상시험이 가장 많이 수행된 질환은 암으로 전체의 60% 정도를 차지하는 것으로 조사되어 있다. 유전자를 치료할 수 있다는 생각은 그 당시 시대를 앞서는 아이디어이었을 1970년대 초반부터 움트기 시작하였다. 하지만 정작 유전자치료가 승인되어 실행된 것은 1990년에 들어서이다.

최초의 유전자치료는 1990년 미국 국립의료원/severe combined immune deficiency, SCID 중증복합면역결핍증에 걸린 여자아이를 치료한 사례이다. 환자 혈액 중 백혈구 채취 → ADA 치료 유전자 주입 → 정상이 된 백혈구 → 체내 주입 → 질병 치료의 과정을 2년간 거쳤다. 하지만 유전자치료 종료 후에도 T세포 백혈구에서 벡터+ADA 유전자 유전자발현은 계속 되었고, SCID 환자 중 다른 유형의 치료를 받았을 때 백혈병에 걸리는 사례가 나타나기도 하였다. 이 최초의 유전자치료 임상 실험의 결과로부터 사람들은 유전자치료 방법이 완벽하지 않다는 것을 알게 되었다. 이후 1992년~1994년까지 손에 꼽을 정도로 적은 사례에서 조심스럽게 임상에 치료법이 적용되었다. 하지만 유전자치료는 초창기 많은 실패를 거듭하였고, 1999년 임상에서 유전자치료를 받던 18세/청년 젊은 환자가 사망하면서 치료법에 대한 회의적 시각이 생기고 부정적인 논쟁거리가 되며 본의 아니게 잠시 위축되는 정체기에 들어갔다. 그래도 보고에 의하면 2000년 당시, 전 세계적으로는 3,476명의 환자 대상 425건 유전자치료의 임상 시도가 있었고, 수백 건의 관련 연구가 진행되고 있었다고 한다. 이처럼 유전자치료는 유전병 치료 및 예방 분야에서의 높은 활용 가능성으로 인해 계속 연구되었고, 미국 FDA 재평가 및 기술력 개선을 거쳐 2002년부터 인체나 쥐 실험을 통한 유전자치료가 다시 궤도에 오르게 되었다.

유전병 치료를 위해서는 기능이 개선된 유전자를 생체 내 target 표적 부위의 정확한 위치로 전달하는 운반체가 필요하다. 이에 이상이 생긴 세포에 새로운 DNA를 제대로 전달하여 발현하도록 다양한 운반체를 사용하는 방법과 전략이 개발되었다. 여러 형태의 운반체들이 이용되는데, 가장 많이 ~80% 이용되는 대표적 운반체는 바이러스! 이하 벡터 운반체는 바이러스 이용 여부에 따라 바이러스성 혹은 비 바이러스성 vector 벡터로 구분하고, 많은 유전자치료에서는 바이러스를 이용하고 있다. 그 과정은 다음과 같다. BT 기술 이용 → 바이러스 유전체 내 치료용 유전자삽입 → 재조합 유전체 바이러스 제조 후 → 환자의 혈관/조직 이식 → 세포 감염 → 유전자 발현되게 하는 것이다. 바이러스 이용의 장점으로는 사람 세포 내로의 높은 감염효율, 고농도 생산 가능, 높은 수준으로 많은 세포에 유전자발현 가능성 등을 내세울 수 있다. 특히 2002년/쥐 동물실험에서는 이전에 하였던 치료법보다 효율적인 바이러스 벡터를 이용하여 sickle cell disease 겸상적혈구빈혈증이라는 유전적 질병의 치료가 가능하였다.

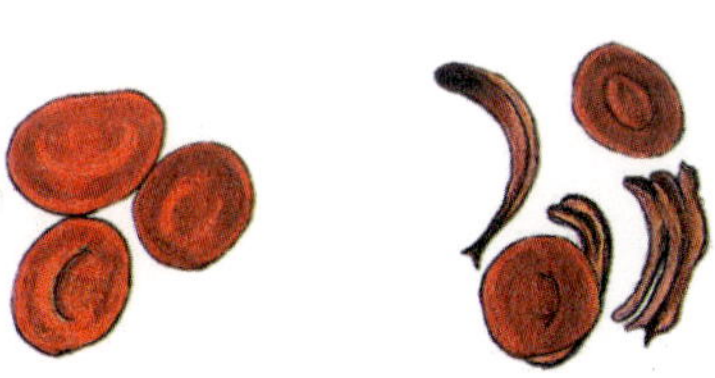

그림 4-7 적혈구(좌: 정상, 우: 겸상)

비 바이러스성 벡터로는 부착된 단백질이 전혀 없는 DNA형태/Naked DNA 플라스미드 DNA와 리포솜 등이 대표적이고, 그 연구 또한 활발하게 이루어지고 있다. 2000년대 초반 이 시기 다른 연구들은 치료에 사용할 DNA를 둘러싸는 2003년/25nm/liposome 나노 크기의 리포솜을 만들어 핵 안으로 들어갈 수 있도록 새로운 전달기법을 개발하여 뇌, 골수의 면역체계에서 유전자치료의 새로운 방향을 제시하였다. 리포솜을 응용한 치료는 가장 성공적인 비 바이러스성 유전자 전달 방법으로 바이러스 벡터 이용 유전자 도입 치료에서는 가능하지 않았던 개선된 치료법이다.

또 다른 연구에서는 이식 유전자의 거부 반응을 면역계가 일으키지 않도록 하는 2006년/micro RNA 이용 외래 유전자 거부 반응 방지법을 시도하여 치료 효율을 한층 높여주었다. 같은 해 다른 연구에서는 많은 사람의 생명을 빼앗는 에이즈 병원체 HIV 바이러스에 감염된 환자에게 *렌티바이러스 이용 → 치료 유전자 → 면역계 도입 → HIV 제거할 수 있는 면역치료제를 개발한 치료법도 발표되어 에이즈 치료에 한 줄기의 희망을 주었다. 이후 이 렌티바이러스를 이용한 유전자치료는 선천적 망막 이상 등 눈에 문제가 생기는 질환에도 큰 도움을 주었다.

※ 렌티바이러스 lentivirus : 역전사효소가 있는 레트로바이러스로 암 유발 유전자가 없어서 숙주세포에 암이 발생하지 않는다. 핵막공을 통해 핵 안으로 자유로이 들어갈 수 있어 모든 세포에서 증식할 수 있는 특징이 있으며, 자신의 유전자를 숙주세포 염색체에 삽입하여 증식한다. 세포분열로 생성된 딸세포에서도 치유 유전자가 발현되기를 원할 때 사용한다. 대표적인 것은 에이즈 병원체인 HIV!

※ 아데노바이러스 adenovirus : 레트로바이러스 일종으로 암 유발 유전자가 존재하여 암이 발생할 수 있다. 핵막을 통과할 수 없어 숙주 핵 안으로의 바이러스의 DNA 유입은 세포분열 시 핵막이 일시적으로 사라질 때 노출되는 숙주세포 유전자에 삽입하여 증식한다. 치료 유전자가 딸세포에 전달되지 않게 할 때 이용하는 바이러스 벡터이다.

2010년 이후 렌티바이러스 또는 *아데노바이러스를 이용한 유전자치료법이 오늘에 이르기까지 실행되어 다음과 같은 다양한 질병에서 증상의 개선에서부터 목숨을 구하는 절체절명의 방법에 이르는 필수적인 도구가 되었다; 개 실험 색맹, 맥락막 결여, 베타-지중해성 적혈구 빈혈증, 만성 림프구성 백혈병, 심근 이상증, 말초동맥질환, 적혈구성 빈혈증, 다발성 골수종, 급성 림프성 백혈병, 혈우병, 낭포성 섬유증, 비호치킨 림프종 등등.

이외 유전자치료에 이용되는 다른 연구 방법들로는 다음과 같은 종류들이 있다.

- 유전자 총 기술법: 유전자 총을 통해 세포 속으로 DNA를 물리적인 힘으로 쏘아 삽입하는 방법
- DNA Electroporation: 플라스미드 DNA를 전기장 사용 전기적인 충격을 이용하여 세포 내로 운반하는 방법
- 나노입자 이용법: DNA+화합물질 합성 → nanosphere 나노입자 주입 → 세포 내로의 유전자 전달 방법. 최근 집중적으로 개발되는 이상적인 벡터로 많은 기대를 걸고 있다.

이상에서 보았듯이 유전자치료란 gene expression system 유전자가 발현되는 체제를 이용해 치료 유전자를 질병 부위에 전달하고 이

상이 생긴 유전자를 대체하거나 해당 부위에 치료용 단백질/효소.. 고분자를 만들게 하여 질병을 치료하는 새로운 치료법이다. 유전자치료의 원리를 간단히 말하면 '생명체 내에 치료용 유전자를 정확하게 발현시켜 유전병을 치료하는 것'이다. 유전자치료는 분자적 나노 수준에서 시행되는 희귀한 난치성 질환에 대한 신개념 치료 기술로 다양한 질환을 대상으로 계속 연구 개발되고 있다. 하지만 거의 체세포 유전자치료가 주를 이루는데, 그 이유는 생식 세포에 대한 유전자치료를 통해 형성된 유전적인 변화는 이후 자손 세대에 전달되어 심각한 사회적, 윤리적 문제를 일으킬 수 있어서 논란이 되고 있다.

- 미래 전망

MIT는 2001년 이후 매해 발간하는 (2002년 제외) MIT Technology Review 테크놀로지 리뷰를 통해 향후 10년 또는 그 이상의 기간에 인간 삶에 큰 영향을 줄 것이라 전망되는 기술 또는 기술 모음 10가지를 선정하여 '10 Breakthrough Technologies 10대 혁신기술'로 발표한다. 물론 세계적인 연구들로 IT, BT, NT, ET 등 첨단기술 가운데 파급효과 클 것으로 전망되는 10대 유망한 기술들이다. 발표된 기술들 가운데 바로 Gene Therapy 2.0 유전자치료 2.0이 2017년 10대 혁신기술 중 하나로 포함되어 있다. 지금까지 설명한 유전자치료와 유전자치료 2.0은 무엇이 다를까? 그 차이점은 기존의 유전자치료 기술에 비교해 유전자치료 2.0은 유전자의 전달 메커니즘을 크게 개선하였다는 점이다. 기존의 유전자치료에서는 치료 유전자를 운반하는 바이러스가 때론 목표로 하는 부위가 아닌 잘못된 위치에 전달하기도 하였고, 때로는 암 유발 유전자를 활성화하기도 하였다. 1999년 젊은 청년이 사망한 경우가 이에 해당하는 사례로 치료 유전자를 지닌 바이러스 벡터가 체내 면역체계의 균형을 깨뜨려 여러 장기 손상 및 뇌사로 이어졌다.

기술 개발 초기엔 주로 치료용 단백질 발현 유전자 투여가 중점적이었다. 이런 기존의 유전자치료는 계속 연구는 되었지만 이렇다 할 발전이 없었던 반면, 유전자치료 2.0은 특정 바이러스를 이용하여 더 효율적으로 치료 유전자를 전달한다. 여러 시행착오를 거치며 많은 유전자 치료법이 개발되며 현재에 이른 것이다. 기술이 발전함에 따라 유전자가위 등을 사용하여 직접적인 유전체 편집을 시도하는 방향으로 연구가 진행되었다. 바이러스 벡터는 숙주세포 유전체에 유전자를 직접 주입하여 필요한 단백질 또는 CRISPR.. 핵산분해효소 발현 → 치료 효과를 불러온다. 유전자치료 2.0은 mini-intronic plasmid/CRISPR 등 새로운 기술을 포함하며, 이를 통해 전달되는 새로운 유전자의 효율성을 증가시킨다. 이 기술에서 바이러스는 기본적으로 목표 DNA를 발견하면 특정 조직을 가로질러 세포에 자기의 DNA를 주입하게 된다. 이를 받은 인체 내 해당 세포는 그 DNA에 대한 단백질합성 → 치료용 단백질 → 잘못된 유전자 대체 또는 이상 유전자의 발현을 차단한다. 실제로 이 치료 방법을 이용하여 면역체계를 파괴하는 비정상적인 유전자를 정상적인 유전자로 바꾸었고 보스턴 아동병원/SCID 중증복합면역결핍증을 치료한 바 있다. 선천적으로 SCID를 가지고 세상에 나온 아기들은 예전엔 보통 2년을 넘기지 못했지만, 이제는 유전자치료 2.0에 의한 치료로 환자를 살릴 수 있게 되었다.

유전자치료의 발전을 꾀하는 연구자들은 오랫동안 높은 치료비용이 드는 유전자치료의 효율성을 높이고자 큰 노력을 기울여왔다. 유전자 에러에 의한 장애나 질병 치료 외에도, 연구원들은 암/당뇨병/심부전/치매.. 더 흔한 질병에 대한 이러한 치료법을 적용할 수 있도록 지금도 기술 개발에 노력하고 하고 있다. 전문가들은 유전자치료법에 의한 암의 치료가 임상시험 3기 완료 후 10년 정도 있으면 본격적으로 시작될 것으로 전망하기도 하나, 전반적으로 아직은 개발단계 수준에 있다고 보는 것이 옳을 것이다. 어느 글에서 외국의 하버드대학/George Church 유전학자가 "사람들이 언젠가는 노화의 영향에 대처하기 위해 유전자치료를 받을 수 있을 것"이라고 말한 것을 읽은 적이 있다. 후일 유전자치료의 대중화나 보편화가 이루어지는 날이 올 수도 있다고 생각해보는 계기가 되었다.

유전자 치료제의 치료 분야는 암이 ~65% 2/3 정도로 항암제 관련 연구가 가장 활발하며, 다음으로 ~9.3% 심혈관계, ~8.2% 단일 유전체 질환, ~7.6% 감염성 질환 순으로 진행되고 있다. 우리나라에서의 유전자치료 임상시험은 2004년까지 세계적 통계 DB에 공식적으로는 4건 보고돼 있었으나 이후 발달한 유전자치료 기술의 적용으로 해마다 매우 증가하는 추세에 있다.

그러나 지금까지 개발된 유전자치료법은 아직 성공의 확률이 낮고 모든 유전병에 적용할 수 없다는 한계에 부딪혀 있다. 설상가상으로 정상 유전자를 정확한 위치가 아닌 다른 부위에 삽입하였을 때 백혈병.. 심각한 질병을 일으킬 수 있다는 문제점도 해결해야 할 문제이다. 또한 유전자치료에 사용된 기술이 치료용 외에 다른 목적으로 사람 형질을 바꾸는 데 이용하면 사회적 윤리적으로 이슈가 발생할 수 있다. 배아줄기세포는 뼈/혈액/근육/심장.. 모든 인체 내 어떤 기관의 세포로도 분화 발달할 수 있으므로 체세포 핵 이용 핵치환 기술로 배아를 만들어 면역 거부 반응 없는 맞춤형 줄기세포를 만들려는 연구가 시도되고 있다. 하지만 이러한 연구에는 많은 난자가 필요해 이 또한 생명 윤리상 사회적 문제가 제기되고 있다. 이런 점들을 피해갈 수 있는 방향으로 최근에는 성체줄기세포나 역분화 줄기세포 이용을 목적으로 하는 연구가 활발히 진행되고 있다. 이에 대해서는 이후 자세히 다룰 예정이므로 6장을 참고하기를 바란다.

결론적으로 볼 때 성공적인 유전자치료를 위해서는 무엇보다도 먼저 인체의 생리적 작용기작과 치료 대상 유전질환을 잘 파악하고 이해하여야 한다. 또한, 원하는 DNA를 전달할 유전자의 구조와 기능도 잘 알고 있어야 하며, 유전자치료의 부작용과 문제점이 무엇인지도 질병의 치료 사례에서 조사할 필요가 있다. 이전에 사용했던 유전자치료의 부작용과 문제점을 보완하기 위한 노력으로 찾아낸 방법이 있는데, 그것은 바이러스를 나노물질로 취급 및 이용하는 것이다. 바로 단백질 외막으로 싸인 20~500nm DNA/RNA 나노 크기의 유전물질 천연물질이라는 것! 최근, 연구자들 사이에서는 바이러스 나노기술 분야가 큰 관심을 끌고 있는데, 특히 의료, 생명공학/의료/에너지.. 다양한 응용을 위한 나노물질로서의 바이러스 이용이 그 핵심이다. 앞서 최근 집중적으로 개발되는 이상적인 벡터로 많은 기대를 걸고 있다고 말한 나노입자 이용법도 그 맥락에서 언급된 것이다. DNA+화합물질 → nanosphere 나노입자 → 세포 내로의 유전자 전달

유전자치료에서 가장 많이 언급되는 것은 유전자가위 기술로 이 분야는 계속 발전하고 있다. 특히, 그중 가장 많이 쓰이는 것은 RNA 부분 + 절단효소 부분으로 구성/CRISPR-Cas9 크리스퍼 유전자가위! 전 세계적으로는 물론 국내에서도 유전자가위와 관련한 기술은 꾸준히 연구되고 있다. 유전자치료는 다양한 질병을 치료하고 개선할 가능성이 커 전문가들은 향후 유전자치료가 더 발전하면 먼저 불임의

문제를 해결할 수 있을 것으로 내다본다. 최근, 크리스퍼 유전자가위를 이용한 유전자치료의 미래로 그 활용이 주목받는 영역은 불임 분야이다. 이미 쥐 실험에서는 정자 형성 줄기세포 추출 → 불임 ♂ 쥐 → 정자 생성 불임이 해결되었다는 연구 보고도 있다.

인간의 평균 수명은 증가하고 건강에 관한 관심이 커지고 있는 것 이상으로 첨단의 의료기술도 매우 빠르게 발달하고 있다. 잘 알려진 선천성 유전적 질병에서부터 아직 명확한 치료법이 없는 난치병까지 각 질병의 원인이 되는 유전자의 문제점을 해결하는 것이야말로 질병 치료에 있어 가장 선행되어야 할 것이다. 유전자 치료에 관한 연구는 그 어느 때보다도 활발히 진행되고 있다. 유전자 치료제에 대한 개발과 개발된 치료제를 인체에 도입하는 방법 등은 현재 연구가 되어 향후의 유전자치료 방법에 프레임을 제시한다. 또한 앞서 말했듯이 가장 많은 사람이 관심 두는 그리고 그만큼 가장 많은 연구와 임상 실험이 이루어지고 있는 암은 아주 빠르고 불규칙적으로 세포분열을 계속하는 암세포로 인해 발생하는 질병이다. 그 종류가 매우 다양하고, 종류별 증상/진행속도/치료법.. 특성이 모두 달라 약과 치료법을 맞추거나 빠른 분열 속도를 제어하기도 매우 어렵다. 이때, 그저 암세포 분열이 이제는 진행되지 않게 막기만 하는 방법이 아닌, 아예 애초의 암세포가 시작된 지점인 그 유전자를 정상 유전자로 바꾸어 치료를 할 수 있다면 그야말로 가장 확실하고 이상적인 치료법이 될 수 있을 것이다.

유전자치료에 대한 오랜 관심과 연구 덕분에 현재는 어느 정도의 프레임은 만들어져 있다. 언젠가 유전자치료로 인류를 괴롭히는 질병들이 정복된다면 그 어떠한 질병도 치료가 가능한 날이 올지도 모른다. 유전자치료는 환자의 새로운 삶이자, 모두의 꿈이고 이상일 것이다. 어떤 유전자가 문제가 되는지 정확히 밝혀져 SCID나 혈우병과 같은 유전자치료가 성공한 질병들뿐만 아니라, 흔히 발생하는 일반적인 고위험 질병들도 언젠가 유전자치료를 통해 해결되고 질병의 공포를 덜 수 있는 날이 이른 시일 내에 오길 바란다.

들어가며

만능가위인가요?

크리스퍼(CRISPR) 이야기

1. 크리스퍼 CRISPR 유전자가위
    - 탄생에서 노벨상까지
2. 새 시대를 열어줄 첨단기술..?
    - New concept gene scissor & 미래 전망

5장

노벨상 받은 크리스퍼(CRISPR): 새 시대를 열어줄 첨단기술..?

5장

노벨상 받은 크리스퍼(CRISPR): 새 시대를 열어줄 첨단기술..?

들어가며

만능가위인가요?

- 유전체 염기서열 분석이 포함된 바이오 기술의 급속한 발달에 힘입어 새로운 생명공학의 기술들을 생명현상 규명, 신약 개발, 질병 치료 등에 접목하여 기존의 패러다임을 바꾸려는 시도가 한창 진행되고 있다. 현재 가장 시선을 끄는 분야는 gene editing technology 유전자교정 기술로 그 핵심에는 gene scissor 유전자가위라고 알려진 일련의 효소 시스템을 이용한 기술이 자리 잡고 있다. 하지만 여전히 우리의 의료기술로는 해결하지 못하는 희소한 질병들이 아직 태어나지 않은 모체 내 태아에서부터 노년에 발병하여 투병하는 삶에 이르기까지 전 세계 수많은 인류를 괴롭히고 있다.

그림 5-1 gene editing technology

앞의 DNA 이야기에서 다루었던 유전자치료에서 잠시 언급만 했던 유전자가위를 희소병 치료법의 대안으로 지목하고 있다. 여기에 더해 사람들은 기능이 개선된 유전자가위를 유전적 질병을 치료하는 데 쓸 수 있는 만능가위에 빗대어 말한다. 정말 만능가위가 될 수 있기는 한 것일까? 만약 될 수 있다면 그 만능가위는 불치병 치료뿐만 아니라 더 나아가 어드벤처 영화에 나오는 주인공도 완벽한 근육량과 힘을 지닌 이상적인 신체의 주인공으로 재탄생시킬 수 있을 것이다.

전문가들이 말하는 그 만능가위가 바로 3세대 유전자가위로 이 기술에 대해서는 벌써 2015년 몇 년 전에 국제적인 전문학술지 사이언스가 '최고의 혁신기술'이라고 말한 바 있다. 유전자가위는 이미 생명공학 연구 중에서도 핫한 핵심 연구주제로 또 다른 유명 국제전문학술지 Nature, Nature Methods 등도 중요 실험기법으로 소개한 바 있다. 바로 몇 개월 전에는 유전자교정에 도구로 쓰이는 유전자가위를 찾은 과학자들이 2020년 노벨화학상 수상의 영예를 누리는 그야말로 최첨단의 생명공학기법으로 정상에 우뚝 선 기술이 되었다. 아래에서는 이 기술의 탄생에서 노벨상 수상에 이르기까지의 여정과 새 시대를 열어 줄 첨단기술이라고 소개되고 있는 CRISPR-Cas9/이하 크리스퍼 또는 크리스퍼 기술 크리스퍼 유전자가위에 대해 자세히 알아보기로 하자.

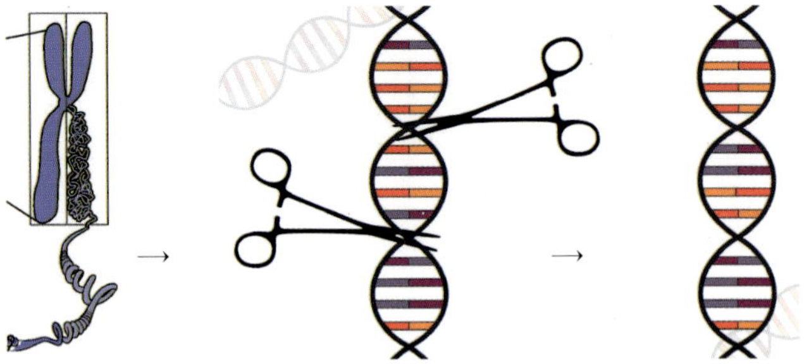

그림 5-2 유전자가위

크리스퍼(CRISPR) 이야기

크리스퍼에 대한 설명에 들어가기 전에 단어 'CRISPR'에 대해 먼저 알아보면, 'CRISPR'은 Clusters of Regularly Interspaced Short Palindromic Repeats의 약자로 '일정한 간격으로 분포하는 짧은 회문구조가 반복해서 있는 서열'이라는 의미를 지닌다.

1. 크리스퍼 CRISPR 유전자가위

• 탄생에서 노벨상까지

크리스퍼는 2012년 개발되어 현재 가장 주목받는 유전자치료 방법으로 유전자치료의 혁명이라고 평가되기도 한다. 몇 년 동안의 시행착오 끝에 얻어낸 가장 질병 치료의 가능성이 큰 유전자치료 방법으로 세균이 바이러스로부터 자신을 보호하는 DNA상의 시스템 발견 → 난치병 치료 기술로 개발한 것!

CRISPR-Cas9 크리스퍼는 *Streptococcus pyogenes*/화농연쇄구균 세균을 감염시키는 바이러스인 '이하 파지 박테리오파지'에 대한 연구에서 2012년 처음 발견되었다. 파지가 세균을 감염시키려 자신의 DNA를 세균에 삽입하면 세균은 이를 막기 위해 파지 DNA를 찾아내 공격과 분해를 한다. 이때 파지의 DNA를 찾아내 없애는데 사용하는 세균의 시스템이 바로 CRISPR-Cas9이다. 크리스퍼에서는 소량의 RNA가 만들어지고 여기에 단백질의 일종인 Cas9을 삽입해 DNA를 절단하거나 교정을 한다. 그 과정은 먼저 세균의 single guide RNA/가이드 역할 sgRNA 라는 한 가닥의 RNA 서열이 그에 complementary 상보적인 파지의 DNA 부분을 찾아간다. 주변의 Cas9 효소가 helicase activity DNA 이중나선 푸는 활성으로 sgRNA와 상보적인 DNA 서열을 풀면서 DNA와 sgRNA가 결합하고, Cas9 효소의 endonuclease activity DNA 가수분해 활성을 통해서 그 부분의 DNA를 파괴하면 파지 DNA에 의한 감염이 멈추게 된다. 연구자들은 이 시스템을 잘 이해하고 분석하여 필수 요소들을 원하는 형식으로 바꾼 후 원하는 서열의 DNA를 찾아 파괴 또는 변형시키고 있다.

유전자가위는 동물/식물/미생물.. 생체 내 유전자에 결합해 특정 DNA 절단에 사용하는 인공 효소 시스템으로 오작동 유전자 부분을 제거해 문제를 해결하는 gene editing 유전자편집 기술이다. 쉽게 말해, 에러 있는 DNA를 잘라내고 정상적인 DNA로 바꾸는 기술이다. 유전자가위는 1, 2, 3세대로 구분되는데, 최근 개발된 것이 크리스퍼이다. DNA의 특정 부위를 잘라내는 방식으로 진행되는 크리스퍼는 세균의 면역반응 현상에서 착안하여 만든 기술이다. 더 나아가 2019년에는 4세대 Prime Editing이 발견되어 향후 새로운 국면으로 들어갈 수 있음을 암시하고 있다.

유전자치료를 처음 사용했던 1990년대는 혁신적인 유전질환 치료법으로 주목을 받았으나 1999년 특정 효소결핍증 유전질환 치료에서 정상의 유전자를 주입 받은 18세 환자가 며칠 후 사망하여 문제가 제기되었다. 최근, 생명공학의 눈부신 발전으로 새로운 유전자 치료법이 주목받고 있다. 기존의 치료에서는 잘못된 유전자 제거 없이 정상 유전자 추가 방법으로 바이러스를 이용 → 유전자를 전달하였으나 유전자가위로 잘못된 유전자를 정상으로 교정해 주는 유전자 교정은 효과성/정확도.. 여러 측면에서 기존 치료법을 능가한다. 유전자가위는 생명의 가장 기본 단위인 유전자 염기서열을 잘라내거나 붙일 수 있는 비교적 최근에 개발된 기법으로 세 가지가 알려져 있다. 1세대 징크핑거, 2세대 탈렌을 거쳐 현재는 3세대 크리스퍼가 주로 활용되고 있고, 2019년 Prime Editing 발견 4세대까지 나와 있다. 그리고 크리스퍼 유전자가위 기술은 과학자에게는 업적을 세계가 인정해주는 영광 그 자체라고 할 수 있는 2020년 노벨화학상 수상의 영예를 앉게 한 핵심적인 연구주제이다! 지금부터 이들에 대해 자세히 알아보기로 하자.

- 참고: https://weekly.chosun.com/client/news/viw.asp?nNewsNumb=002355100015
- 참고: http://www.lgeri.com/uploadFiles/ko/pdf/busi/LGERI_Report_20170124_20173824173815143.pdf

√ 1세대: 징크핑거 뉴클레이즈 Zinc Finger Nuclease/ZFN, 이하 징크핑거

1세대 유전자가위는 징크핑거로 여기엔 3~4개의 징크핑거와 1개의 뉴클레이즈가 있다. DNA를 자르는 통상의 유전자가위를 제한효소라 한다면 징크핑거는 성능이 좋은 유전자가위라 할 수 있다. 징크핑거라는 명칭은 1985년/가장 많이 사용하는 실험용 개구리/아프리카 발톱

개구리 *Xenopus laevis* 에 관해 연구하던 중 특이한 손가락 형태의 단백질이 DNA에 부착된 3-D 구조 특징에서 비롯되었고, 그 중심에는 Zn++ 아연 이온이 있었기 때문이다.

10년 정도 후 스린바산 찬드라세가란 연구자는 징크핑거 단백질을 실제로 응용할 방법을 부단히 모색하던 중 구조에서 그 해답을 찾아냈다. 징크핑거 이용 → DNA 특정 부분을 표적 부위로 하려면 더 긴 단백질이 필요했는데, 징크핑거 단백질 하나가 3개 정도의 DNA의 일부분 염기만 인식하기 때문에 징크핑거 6개를 엮어 18개의 염기를 인식하게 한 것! 유전자의 한 부분을 충분히 인식할 수 있을 길이였다. 그리고 여기에 DNA 결합과 변형을 유도하기 위해 단백질 절단에 세균들이 이용하는 restriction endonuclease/DNA를 깨끗이 잘라내는 효소 FokI 사용 제한효소를 결합하여 1세대 유전자가위를 만들어냈다. 마침내 징크핑거 DNA 인식능력 + 제한효소 DNA 절단능력 결합에 성공하여 징크핑거 뉴클레이즈라는 유전자가위가 세상 밖으로 나오게 된 것이다. 징크핑거는 미국/Sangamo BioSciences 바이오업체에 의해 상용화되어 알츠하이머/HIV/암/혈우병.. 다양한 질병의 치료를 위해 임상시험이 수행되었고 일부 병에 대해서는 지금도 진행되고 있는 것 같다. 단점은 낮은 정확도와 높은 설계 비용이라고..

√ 2세대: 탈렌 Transcriptor Activator-Like Effector Nucleases/TALENs

2세대 유전자가위는 탈렌으로 기원은 양배추/콜리플라워/토마토/고추.. 식물성 병원체인 그람음성/호기성/간균/2009년 발견/*Xanthomonas campestris* 잔토모나스에서 유래하였다. 2010년 1세대 징크핑거의 DNA 결합 부위를 ZFN 단백질 → TALE 단백질로 바꿔 TALEN이 개발되었는데, TALE 단백질 1개 → 염기 1개 인식하므로 1세대에 비해 더 정교해지는 방향으로 향상되었다. 하나의 TALE 단백질은 33~35개

반복되는 아미노산 서열로 구성되므로 DNA에 결합할 때 각각의 모듈은 각각의 염기를 인식하여 연속적으로 연결돼도 간섭이 야기되지 않는다는 장점이 있다. 이에 실험 시 17개 모듈을 쌍으로 연결해 34개 염기를 배열하는 라이브러리를 만든다.

유전자가위에서 가장 중요한 것은 유전자 인식능력 부위이므로 유전자의 정확한 인지를 위해 미리 유전자조합이 쉽도록 라이브러리를 만들어 두어야 한다. 33~35개 단위의 아미노산을 순서대로 여럿을 정확히 연결 → 34개 TALE 단위 생성 → 12개 유전자인지 영역 제조 → 34X12=408 400개↑ 아미노산 연결이 필요하다! 매 실험할 때마다 새로이 이들을 처음부터 합성하는 작업이 쉽지 않으므로 실험에 앞서 필요한 라이브러리를 만들어 놓으면 실험이 훨씬 효율적으로 진행될 것이다. 탈렌을 구성하는 아미노산은 절단 대상의 염기서열과 부합돼야 하며, 만약 변경되면 결합한 대상의 염기서열 또한 변해서 단백질 변화가 더 쉽게 일어난다. 탈렌은 더 많은 A 염기를 인식하므로 사람의 DNA 역시 충분히 인식될 수 있다. 이 특징과 설계 비용이 비교적 낮고 단순한 것이 징크핑거를 누를 수 있었던 이유다. 원치 않는 유전자에 유전자가위가 잘못 작동하는 것을 비표적 또는 오프타깃 off-target이라고 하는데 TALEN은 off-target 확률이 징크핑거에 비해 매우 낮은 것으로 알려져 있다. 이외 의도하지 않은 재조합 가능성이 커 방지를 위한 다양한 합성 방법이 개발되기도 하였으나 크기가 커 세포로의 유입이 어렵다는 단점이 있다.

√ 3세대: 크리스퍼(CRISPR-Cas9)

세균은 외부 유전자로부터 자신을 보호하는 면역시스템을 지녀 외부 침입 유전자를 짧은 서열로 기억 → 동일 서열 DNA 재침입

시 → DNA 절단 단백질 제한효소 작동 → 침입 DNA를 절단한다. 3세대 유전자가위인 크리스퍼는 세균이 바이러스 침입을 막기 위해 관련 DNA를 잘게 잘라 기억했다가 재침입 시 방어하는 이러한 세균의 면역체계를 이용해 개발한 것이다. 기본원리는 RNA가 DNA 염기의 목표한 위치에 부착하면 세균 단백질이 바이러스의 DNA를 잘라내고 그 부위에 원하는 유전자를 붙이는 것이다.

좀 더 자세히 설명하자면 크리스퍼 유전자가위 기술은 RNA에 크리스퍼가 표적 유전자를 찾아가 'Cas9'이라는 효소를 이용하여 DNA 염기서열을 잘라내는 방식으로 작동한다. RNA는 특이한 palindrome/염기서열 앞·뒤가 상보적으로 일치하는 경우-예: 5'--ATTAGC--3' & 3'--CGATTA--5' 회문구조를 인식하는데 제한효소가 인식하는 유전자 염기서열도 회문구조이다. 그러므로 CRISPR-Cas9 크리스퍼 유전자가위는 편집해야 할 DNA를 찾아주는 RNA 부분과 표적 부위인 DNA를 실제 자르는 절단 효소 부분으로 구성된 구조이다. 즉, 유전자가위는 절단할 위치를 찾아가는 가이드 RNA(gRNA)와 유전자를 잘라주는 Cas9 효소로 구성되고 원하는 곳에 유전자를 처리한다. 이렇게 유전자가위가 준비되면 유전자치료에서 벡터로 많이 사용되는 렌티바이러스의 독성 유전자도 잘라내고 원하는 기능 유전자도 넣을 수 있다. 크리스퍼는 비교적 단순한 구조로 짧은 염기서열과 DNA가 합친 후 원하는 서열을 마음대로 찾아서 바꿀 수 있게 된다, 1, 2세대와 달리 오작동에 대한 보호 장치가 없어 엉뚱한 부분을 잘라낼 경우, 돌연변이를 일으킬 수 있다.

유전체 편집의 기본적인 작동 방식에 대해 혹 필요할 수 있어 전문적으로 들어가 한번 설명하고자 한다. 먼저, nuclease 핵산분해효소가 선택적으로 DNA를 손상하게 하는 DNA damage response/DDR

DNA 손상 반응으로 이어진다. 이에 의해 여러 가지 복구의 기전이 활성화되는데 위 효소에 의해 발생한 double stranded break/DSB 이중가닥손상은 크게 2가지 방식으로 회복된다. 상동성 있는 염기서열의 재조합을 토대로 하는 homology directed repair/HDR 상동성 기반 복구와 염기서열의 상동성과는 무관하게 두 말단을 연결하는 non-homologous end joining/NHEJ 비 상동성 말단 결합으로 나누어진다. 즉, gRNA가 미리 타겟으로 표적해 둔 DNA 염기서열을 찾아가 Cas9 단백질로 절단하고 NHEJ 다시 연결하거나, 절단 부위를 다른 염기서열로 HDR 교체하는 형태로 유전자를 변형시킬 수 있다. 이러한 복구 기전들을 잘 이용하면 유전자편집을 원하는 방향으로 성공적인 결과를 얻으며 수행할 수 있는 것이다.

CRISPR-Cas 시스템은 현재 RNA 및 유전학적 편집을 넘어, DNA에 손상을 입히지 않고도 유전체를 편집할 수 있는 기술들이 등장하고 있다. CRISPR-Cas 시스템은 처음 발견된 이후로 상당한 수준의 다양성을 가진다는 것이 보고되었으며, 기초 생명과학 및 의학 분야에 적용 가능한 것에 관한 탐색이 빠르게 진행되고 있다. 그 가운데에서 가장 널리 사용되는 Cas9 단백질을 비롯한 일부 다른 유형에 대한 설명을 잠시 해보고자 한다.

- Cas9 - 현재까지 가장 널리 사용되고 있는 크리스퍼 시스템! 특히, *Streptococcus pyogenes* 박테리아에서 발견된 SpCas9이 원핵세포 밖에서도 사용되고, 여러 포유동물의 세포에서도 빠르게 적용되었다. Cas9 단백질은 RNA의 가이드에 의해 타겟에 대한 선택성을 가진다. gRNA 가이드 RNA의 spacer 스페이서 부분 → 타겟 DNA의 Protospacer Adjacent Motif PAM에 결합 → Cas9에 의해 평평한 끝부분의 double strand break/DSB 이

중가닥의 손상이 생성된다. Cas9의 특정 부분에 돌연변이 → 타겟 특이성↑ → 오프-타겟 효과가 줄어든다. gRNA 2차 구조 변형 등을 시도하여 초기 Cas9보다 좋은 효율로 개선된 바 있다.

- Cascade & Cas3 - 자연계에 가장 널리 존재하는 CRISPR-Cas 시스템이며, 기본적으로 Cas9과 비슷하게 표적을 인식하지만, 어긋난 말단의 이중가닥손상 DSB를 생성한다. Cascade는 다양한 단백질 복합체로 타겟 DNA 인식 → Cas3 동행 → 단일 가닥에 nick 패인 홈 생성 → 이후 3'에서 5' 방향으로 타겟 DNA 분해를 추가로 진행한다. 활성 조절 후 특정 세균에 넣을 경우, 세균을 선택 사멸시킬 수 있어 항세균성 기능을 가질 수 있다고 한다. 이런 방식으로 원하는 박테리아만 선택적으로 죽이는 것은 이전 항생제에서는 불가능하였기에 향후 스마트 항생제로의 가능성이 점쳐지고 있다.

- Cas13 - CRISPR-Cas 시스템은 DNA 조절에는 기능이 뛰어났지만, RNA 조절엔 어려움이 있어 그 해결이 쉽지 않았다. 그러나 최근에는 CRISPR-Cas 기술이 발전하며 특정한 RNA 또한 세포 내에서 조절하기에 이르렀다. CRISPR-Cas 시스템 중에 자연적으로 RNA를 인지하여 자를 수 있는 것이 최근 세균에서 발견되었는데, Cas13 단백질이 바로 RNA를 조절하는 CRISPR-Cas 시스템인 것이다.

이전에는 1개 유전자를 잘라 새롭게 바꾸는 데 수개월~수년 오래 걸리던 것이 1일 단축되고, 여러 위치에서 유전자를 동시에 편집 및 교정할 수 있어 더 획기적으로 발전하는 계기가 되었다. 만약 크리스퍼를 통해 수정란의 유전자를 직접 편집하면 새로운 기능의 유전자를 지닌 생명체를 쉽게 만들 수 있다. 1, 2세대와 달리 이 과정은 세포 내 DNA의 극히 일부만을 교체하는 것이기에 생체 면역 반응을 걱정할 필요가 없는 것도 장점이다. 또한, 크리스퍼의 원리는 세균의 면역계에 근간을 둔 것이므로 실험에 드는 비용도 1, 2세대에 비해 비교가 안 될 정도로 훨씬 작다.

크리스퍼 유전자가위를 이용하여 오작동 유전자 부위를 잘라내고 유전자편집에 성공하거나 시도한 몇몇 사례들을 살펴보면 다음과 같다.

- 실험용 쥐에 적용 성공 & 인체 세포에 적용 2013년
- 인간 배아에 적용 중국 2015년
- 3.5세대 유전자가위 분자크기↓+효용성↑ Cpf1 발견: 크리스퍼보다 정확도↑ 2015년
- PRRS 바이러스에 감염되지 않는 돼지 개발 2016년
- 돼지 배아에서 췌장을 만들다 2016년
- 크리스퍼보다 정확한 변형된 유전자가위, 줄기세포 치료에 활용 2017년
- 크리스퍼 기술로 항암제 개발 2019년
- 알츠하이머 치료에 활용 가능한 nanaocomplex 나노복합체 개발 2019년
- 개량 로봇 박테리오파지 개발 2020년

2020년, 세계 최초로 크리스퍼를 인간 몸속으로 직접 넣는 획기적인 수술이 마침내 시행되었다. CRISPR-Cas9 유전자가위가 선천적인 시각장애 환자의 눈에 RPE65 결함 유전자를 교정할 목적

으로 시행한 임상의 시험이었다. 미국의 에디타스 메디신 유전자편집 전문회사는 크리스퍼 주입 수술을 통해 수정된 유전자를 인체에 직접 주입하는 데 성공했다고 발표하였다. 안과 수술로 체내에 들어간 크리스퍼는 돌연변이 편집과 잘못된 DNA 양쪽 말단연결 과정을 거쳐 편집된 유전자가 정상적인 기능을 수행케 하는 것이다. 이처럼 미국에서는 2020년 크리스퍼 유전자가위의 인체 내 시술이 이미 임상에서 다수 진행되고 있음이 보고되고 있다.

이처럼 크리스퍼 유전자가위와 2020년은 서로 매우 뜻깊은 전기를 맞게 되는데, 이유는 세계 최초로 크리스퍼를 인체 내로 직접 주입하는 시술을 한 것과 2020년 노벨화학상을 받게 되어 전 세계적으로 그 이름을 날린 것이다. 잘 알다시피 노벨상이란 인류를 위해 혁혁한 공적을 세운 경우에 수여되는데, 바로 새로운 유전자편집 기술인 크리스퍼 유전자가위 개발로 유전물질을 정확히 절단에 사용할 수 있는 분자 도구를 발견한 공로를 인정받은 것이다. 수상자는 2명의 여성과학자로 프랑스의 E. Charpentier/독일-막스플랑크연구소/1968년생 엠마뉴엘 샤르팡티에 박사와 미국의 J.A. Doudna/미국-버클리대학/1964년생 제니퍼 다우드나 교수이다.

유전자가위 세대 비교

	1세대 ZFN	2세대 TALEN	3세대 CRISPR
유전자 인식 부위	Zinc Finger 단백질	TALE 단백질	가이드 RNA
기술 개발 시기	2003년	2011년	2012년
유전자 인식 정밀도	3 bp 단위로 인식 가능	1 bp 단위로 인식 가능	
절단 효소	Fokl	Fokl	Cas9
작동 요구 염기서열	5'-GNN GNN GNN	5'-T 시작의 염기서열	
유전자 절단 성공률	낮음 (0~24%)	매우 높음 (0~99%)	높음 (0~90%)
Off-target 가능성	높음	낮음	낮음
실험 설계 관련	복잡 (수년~수개월)	복잡 (수개월)	간단 (1일)
설계 비용	높음(5,000$)	중간	낮음(30$)

출처: http://eorsin.tistory.com/8

http://www.lgeri.com/uploadFiles/ko/pdf/busi/LGERI_Report_20170124_20173824173815143.pdf

• New concept gene scissor & 미래 전망

복잡한 실험 설계와 과정, 높은 비용의 1, 2세대 유전자가위에 비해 3세대 크리스퍼 기술은 저렴하고 실험 관련 설계가 쉬워 훨씬 많이 이용되고 있다. 유전자편집이 가능해지면 유전자 이상의 희소병 치료를 비롯해 각종 요인에 내성 강한 가축 및 농작물 등을 만들어낼 수 있다. 유전자가위를 적용해 인류의 삶을 윤택하게 할 수 있는 분야는 실생활 속에서 많이 찾아볼 수 있다. 거론할 수 있는 대상 가운데 대표적인 영역을 들라면 식물, 동물, 유전자치료, 미생물 분야 등을 손꼽을 수 있다. 특히 미생물의 경우, 한국의 연구진 유전자가위를 통해 목질계 바이오매스에서 고농도의 바이오연료를 생산할 수 있는 미생물을 만들어내는 데 성공했다. 크리스퍼 가위를 통해 미생물 유전자를 편집하여 바이오연료를 생산할 수도 있다. 동식물 및 유전자치료 분야에서는 이들이 앞으로 우리의 생활에 어떠한 영향을 미칠 수 있는지 간단하게 살펴보도록 하자.

√ 식물 분야

크리스퍼 유전자가위를 활용하여 DNA가 교정된 식물은 외부에서 유전물질이 주입된 바 없고, 유전자가 인위적으로 조작된 유전자변형 식물과도 구분돼 GMO 식물의 대안으로 주목받고 있다. 세포 내 유전자 교정의 정확도와 효율성을 크게 향상한 크리스퍼 기술 이용 주요 개량 농작물에는 밀, 옥수수, 대두 등이 있다. 2016년 몬산토는 농작물에 크리스퍼 기술을 이용한 농작물 개발 적용을 허용했고, 2018년에는 Calyxt사/TALEN 크리스퍼로 개발한 올레산

함량 높은 대두의 재배에 들어갔다. 그리고 2019년에는 드디어 고올레산 식용유와 고올레산 콩깻묵 대두박으로 개발된 상품들이 시장에 나타나기에 이른다. 이것은 유전자교정 작물을 세계 최초로 상업화한 아주 의미 있는 사례로 향후 이들 크리스퍼 기술의 역할이 농업 분야에서 더 큰 영향을 미칠 것을 암시하는 것이다. 오늘날 지구가 직면하고 있어 해결해야 하는 천연자원의 고갈/인구증가/기후변화.. 문제에 대비할 수 있고 열악한 환경에서도 잘 자랄 수 있는 식물을 개발하여 다가올 식량난 해결에 도움을 받을 수 있을 것으로 보인다. 첨단기술을 접목한 육종으로 주요 농작물 생산성 향상이 그 어느 때보다도 요구되고 있는 시기이므로 유용성분과 기능성, 그리고 병충해에 내성이 강한 품종개발에 중요한 도구가 될 것이다. 크리스퍼 기술의 적용은 농업 분야에 새로운 전기를 마련할 것이고 그 성과에 큰 기대를 걸고 있다.

√ 동물 분야

유전자가위 기술은 다양한 동물 종류에도 적용되어 기존의 동물 육종분야에서 보이던 단점을 보완 및 개선할 수 있다. 동물에서는 최초로 2세대 탈렌 기술을 통해 돼지/소 가축 유전자의 편집과 교정할 수 있었다. 돼지의 경우, 1세대 징크핑거 기술로 유전자를 교정하여 불포화지방산 함량을 증가시킨 고품질로 개량하기도 하였다. 소의 경우, 소의 젖에서 사람의 리소자임을 생성하는 품종을 개발하여 관심을 이끌었다. 여기에서 끝나지 않고 한발 더 나아가 3세대 크리스퍼 기술은 생태계에서 멸종 위기에 처한 동물들을 복원할 가능성을 열어주고 있다. 발표된 바로는 멸종된 메머드의 유전자를 인위적으로 합성하여 크리스퍼 기술로 코끼리 유전자에 삽입하는 방식이라고 한다. 이처럼 3세대 크리스퍼 유전자가위 기술은 이미 멸종되었거나 멸종될 위기에 놓인 동물들을 복원하는 과정에서 획기적으로 작용할 탁월한 기술로 여겨지고 있다.

√ 유전자치료

유전자치료는 유전자간섭, 유전자가위, CAR-T세포 치료제의 3종류로 크게 나눌 수 있는데, 이 중 크리스퍼 유전자가위는 불치병/난치병.. 희소병이나 암 등의 질병을 고치는 데에도 맞춤형 기술로 이용할 수 있다. 유전자 결함에 의해 발생하는 hemophilia 혈우병은 X 염색체상의 유전자 돌연변이로 혈액 내 F8 유전자 응고인자 부족으로 발생하는 출혈성 유전질환이다. 혈우병 환자 소변 → 세포 채취 → 역분화 줄기세포 제조 → 크리스퍼 기술 적용 → 세포 정상화에 한국 성공한 바 있고, 생쥐 동물실험 결과 출혈 증상이 개선되었음이 확인되어 향후 혈우병 치료에도 쓰일 것이라 한다. 이외에도 비후성 심근증에서는 병 유발 유전자를 제거할 수 있었고, 사람의 배아에서는 HBB 빈혈 야기 유전자 절단 & 제거 → 정상 유전자로의 회복에 28개/71개(39.4%) 성공하였다. 그리고 이론적으로는 이렇게 크리스퍼 기술로 교정된 수정란 → 자궁 착상 → 빈혈 無/정상적인 아기가 탄생할 수 있다. 기술 자체로 보았을 때는 실험의 성공은 아주 의미 있는 일이나 이는 곧 인위적인 맞춤형 아기의 탄생을 의미하기에 사회적으로 엄청난 파문을 불러올 이유가 된다!

과학자들은 크리스퍼 유전자가위를 희소병 치료에 적용하고자 부단히 노력해왔으나, 여러 이슈로 인해 각국 정부는 크리스퍼 기술의 이용을 철저히 규제하고 있다. 하지만 일부 특정 암/겸상적혈구 빈혈증/베타지중해빈혈.. 난치병 치료에 대한 제한적 허용으로 부분적인 적용을 받아들이며 오늘에 이르고 있다. 크리스퍼 기술에 의한 유전자편집은 교정이 일어나는 위치에 따라 크게 'in vivo 체내 교정'과 'ex vivo 체외 교정'으로 구분된다. 체내 교정은 바이러스 등을 벡터로 이용해 체내에 직접 유전자가위를 넣어 유전자 교정이 몸에 일어나게 하지만, 체외 교정은 세포를 외부로 꺼내 수정한 후 그 세포를 다시 주입하는 방법이다. 인체가 유전자가위에 대해 면역 거부 반응을 일으킬 위험성이 있어 그동안에는 유전자편집의 임상과 시술은 체외 교정을 위주로 하여 진행되었다. 시술 역시 인체 밖에서 진행해야 했다. 환자의 세포를 채취하여 크리스퍼 유전자편집 후 몸에 다시 주입하고 그 치료의 효과를 관찰하는 간접적인 방법이었다. 그러므로 2020년 시술된 선천성 눈의 유전질환을 앓는 환자의 몸에서 직접 이루어진 세계 최초의 사례는 그 의미가 상당한 것으로 의료계를 비롯한 세계의 많은 사람의 이목을 끄는 이유이다.

최근 활발한 연구를 통해 그동안 알려진 것 외에 2015년 Cpf1, 2016년 CasX, 2016년 CasY 등의 새로운 형태의 유전자가위도 발견되었다. Cas9는 배양된 세균에서 찾아낸 시스템이지만 CasX와 CasY는 자연의 미생물에서 발견하여 더 의미가 있다. 이들은 *크기가 작아 세포 내로의 이동이 쉬워 유전자편집에서 그 활용도가 더 기대되는 바이다. 아직은 *E. coli* 대장균 정도에 적용하고 있으나 활용도는 더욱 높아질 것이다. 이와 같은 새로운 형태의 CRISP-Cas 시스템 발견은 DNA 유전자를 크리스퍼 기술로 실용화할 수 있는 범위도 확대될 수 있다는 것을 암시한다.

※ 분자 크기(구성 아미노산 수) : Cas9(1,368개), CasX(980개), CasY(1,200개)

크리스퍼 기술을 개발한 연구자들 중심의 전 세계적인 글로벌 제약회사와 크리스퍼 기술을 보유한 벤처기업 간의 상호협업이 활발하게 이루어지면서 기술 개발을 주도하고 있다. 이와 함께 막대한 연구비가 2011년부터 투입되며 유전자가위 기술이 앞으로 나가기 시작하여 2012년부터는 본격적인 궤도에 올라가 3세대 유전자가위의 시대가 열리게 되었다. 현재는 크리스퍼 유전자가위에 대한 원천 특허를 근간으로 하여 미국/EU/중국.. 여러 나라에서 유전질환/암/치매/에이즈.. 질병 치료제, 병충해에 강한 동물이나 식물 개발, 장기이식에 적합한 돼지, 가축/농작물.. 육종 분야 등에서 연구는 물론 실용화를 위한 사업들을 진행하고 있다. 여러 유전자편집 전문 벤처회사들의 활약이 눈부시게 두드러지며 기술의 개발 및 확산에 박차를 가하고 있는데, 우리나라의 생명공학 툴젠 벤처도 포함되어 있다. 최근, 우리나라 연구단은 DNA를 자르지 않는 DNA가 많이 잘리면 세포 독성을 초래하거나 원하지 않는 변이 발생 가능성 있음 유전자변이 도입의 새로운 유전체교정 기법 연구에 중점을 두고 있다고 한다.

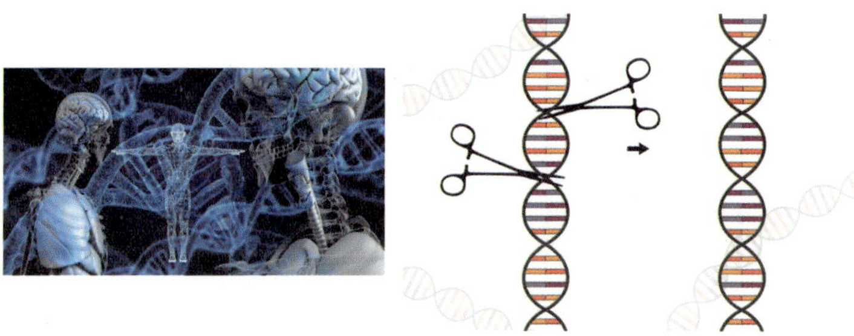

그림 5-3 인체 DNA 연구(좌), 크리스퍼 유전자가위(우)

끝맺으며

Restriction enzyme/endonuclease 제한효소로 특이적인 DNA 서열을 절단한 사례가 알려진 1971년 이후 다양한 영역에서 제한효소는 폭넓게 사용되고 있다. 특히, DNA 구조를 변경하는 여러 효소 발견 이후에는 유전체 내에서 원하는 DNA를 임의로 조작하는 기술은 혁신적으로 발전하였다. 특히, 징크핑거 ZFN, 탈렌 TALEN, 크리스퍼 CRISPR-Cas 시스템 등의 발견은 DNA 조작 기술 분야에 상상 이상의 엄청난 영향을 미쳤다. 특히 최근의 CRISPR-Cas9 기술은 학문적으로 깊은 지식이나 기술을 거의 필요로 하지 않기 때문에 유전체의 공학적 기법 실용화에 막대한 영향을 끼치고 있다. 단백질과 DNA 간의 작용과 상관없이 염기 쌍에 의해 CRISPR-Cas9의 대상이 특이적으로 결정된다는 특징이 중요하기 때문이다.

CRISPR-Cas 시스템 변형으로 동식물 등의 진핵세포에 적용한 것은 바이오테크놀로지 전반에 걸쳐 일대의 커다란 혁명이라 할 수 있다. 이미 가장 많이 그리고 널리 사용되는 Cas9 시스템을 넘어 차세대 항생제 후보물질이나 다양한 편집기술 모색 과정에서 RNA 분자까지도 조절할 수 있는 시스템도 찾아낸 단계에 와있다. CRISPR-Cas 시스템을 토대로 한 유전적 질병의 치료법이 임상 시험을 거치고 있는 만큼 유전병을 고치고 세포 치료를 업그레이드 시킬 잠재력이 상당하다고 할 수 있다. 하지만 유의미한 연구 결과들이 많다고 하더라도 적용 크리스퍼 기술의 안정성과 효율에 있어서 의료진들은 물론 관련 연구자들의 더욱 세심한 관찰과 개선이 필요하다. 전문가들은 핵심적으로 다음을 유의해야 한다고 조언한다. 즉 유전체에 가해질 오프-타겟 효과의 변형 검출 기술의 발전과 이를 control 관리할 수 있어야 실제의 적용이 가능할 것으로 전망한다. 현재 알려진 유전자가위 기술을 넘는 유례없는 잠재력의 기술 발견이 개발로 이어지는 그 날을 기다리며, 실질적인 유전자치료 시대의 도래를 조심스러운 마음으로 기대해본다.

들어가며

줄기세포와 인공 배아의 만남

생명복제

1. 줄기세포
    - 줄기세포에 대하여
    - 줄기세포 치료제
2. '엄마 없는 아기' 인공 배아
    - 인공 배아 탄생
    - 적용: 오가노이드 & 인공 자궁
    - 인공 배아의 미래

6장

생명복제: 줄기세포, 인공 배아

'엄마 없는 아기'

6장

생명복제: 줄기세포, '엄마 없는 아기' 인공 배아

들어가며

줄기세포와 인공 배아의 만남

- 5장에서는 크리스퍼 유전자가위를 만능가위에 빗댄 설명을 통해 크리스퍼 기술의 잠재성을 비교적 쉽게 이해한 바 있다. 6장에서는 줄기세포를 일명 '만능 씨앗', '불사조', '세포공장' 등 다양하게 잠재력을 비유한 표현에서부터 시작해볼까 한다. 이들 단어는 모두 무엇인가를 계속 만들어내든가 사라지지 않고 영생할 것 같은 느낌을 준다. 그렇다! 줄기세포는 미분화된 세포로 계속 분열하여 새로운 세포나 조직으로 분화할 수 있는 totipotency 전분화성 100%의 능력을 지닌다. 전분화성을 지니면 우리 몸을 구성하는 300여 종류의 세포들로 분화 발달할 수 있는 만능의 줄기세포

가 된다. 이런 줄기세포의 능력을 이용하여 만들어낸 것이 바로 인공 배아! 자연 상태에서는 유성생식의 결과인 수정란이 배 발생 과정을 거쳐 인체의 다양한 기능을 담당하는 모든 종류의 세포로 발달하므로 줄기세포의 제1 대명사는 수정란이라 할 수 있다. 하지만 난자/정자 생식 세포가 관여하지 않고 줄기세포로만 만든 인공 배아는 우리에게 어떤 의미를 부여하며 다가올까? 라는 질문을 던지지 않을 수 없다. 다음에서는 지금까지 밝혀진 줄기세포와 인공 배아에 대한 것을 어렵지 않은 수준의 이해하기 쉬운 버전으로 알아보도록 하겠다.

▶

생명복제

1. 줄기세포 stem cell

• 줄기세포에 대하여

줄기세포를 세포공장에 비유한다면 세포를 계속 만들기 위해서 분열을 하게 하는 장치가 있고, 그 장치에 해당하는 것이 바로 세포주기를 조절하고 있는 유전물질, 즉 유전자의 발현이다. 세포주기를 통해 수정란으로부터 수많은 분열을 거쳐 필요한 줄기세포를 생성하는 것은 어렵지 않아 수정란 → 세포분열 → 세포 증식+분화 배 발생 → 혈액/신경/뼈/근육/지방/뇌 세포.. 다양한 기능의 세포들 → 조직+기관형성 → 태아로 발달한다. 이렇듯 줄기세포는 수정란 난할 → 배아 → 태아 → 생명체 탄생의 정상적 발생을 조절하는 과정에서 생성되는데, 이미 다 자란 성인의 몸에서도 꼭 필요하다.

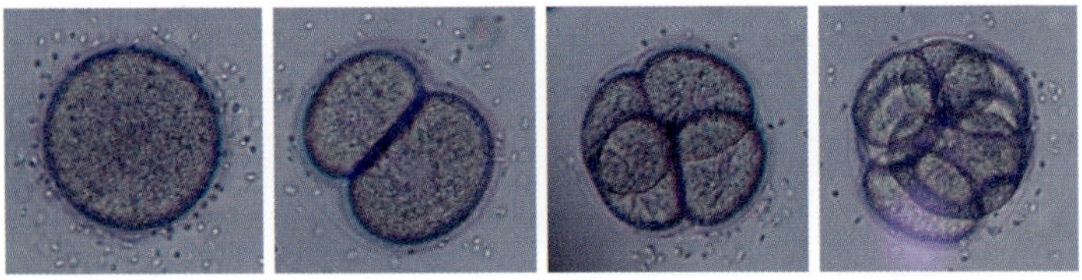

그림 6-1 세포의 분열

줄기세포가 성체에서 필수적인 이유는 무엇인가?

미분화상태로 존재하는 줄기세포는 끝없이 반복 분열하여 생성되는데, 인체는 노화로 죽은 세포들을 대체하고 상처 재생 등에 새로운 딸세포들을 공급하여 조직과 기관의 항상성 유지에 중요한 역할을 하기 때문이다. 분열 결과로 생기는 딸세포 2개 가운데 하나는 모세포와 같은 특성을 갖고, 다른 하나는 예정된 세포학적 기능을 수행하기 위해 분화 및 특수화라는 운명의 길을 향해 걸어간다. 줄기세포의 특성은 관련 줄기세포 마커인 Oct-4/Nanog.. 유전자들이 그 활성을 계속 가지고 있어야 유지된다. 줄기세포의 유전자 활성은 줄기세포들이 있는 부위의 환경이나 발생상 유전자발현에서의 네트워크 형성 등에 의해 안정화되는 것으로 알려져 있다. 또한, 염색체의 구조를 유지하는 특성도 영향을 주는 요인으로 생각되고 있다.

성체 내 모든 장기가 줄기세포를 갖지는 않으며, 신경, 척수, 심근 등은 일단 손상되면 재생되지 않는다. 성체에서의 줄기세포는 일종의 제한된 분화 능력을 지녀 그 기원이 어디에 있는가에 따라 분화할 수 있는 세포가 제한적이다. 그러나 골수나 피부는 비 제한적인 줄기세포를 지니는 성체의 대표적 기관이다. 골수의 조혈모세포를 예로 들어보자. 골수에 있는 조혈모세포는 혈액에 있는 적혈구/백혈구/혈소판 혈구들을 보충 공급하기 위해 끊임없이 분열하여 새로운 혈구 세포를 만든다. 그렇다면 조혈모세포와 수정란은 계속 분열할 수 있으므로 똑같은 수준의 능력을 지닌 줄기세포라 할 수 있을까? 답은 NO!! 조혈모세포는 혈구 세포들 외에는 다른 세포 종류로 분화할 수 없다. 성체의 조혈모세포는 그동안 분화가 꽤 진행되어 그 잠재력이 수정란에 훨씬 못 미치는 것은 물론이고 제한적이다. 반면, 수정란은 분열 초기 단계에 있어 전분화능이 100% 수준이라 얼마든지 다른 유형의 세포로 분화할 수 있게 끊임없이 세포분열을 할 수 있다. 분열 결과로 생성되는 딸세포들도 분화 능력을 지녀 줄기세포 기능을 수행하는 소위 말하는 배아줄기세포가 된다.

줄기세포의 종류에는 3종류가 있다!: 배아줄기세포, 성체줄기세포, 역분화줄기세포

줄기세포를 기원한 발생 시기에 따라 구분하면 embryonic stem cell 배아줄기세포, adult stem cell 성체줄기세포, 유도만능줄기세포/induced pluripotent stem cell 역분화줄기세포의 3종류로 나뉜다. 먼저, 배아줄기세포는 수정란의 세포분열에서 형성되는 만능줄기세포를 뜻하고, 성숙한 조직과 기관 속에 존재하면 성체줄기세포, 이미 분화된 세포를 인위적으로 다시 원래 상태로 되돌려 만능성을 지니게 하면 역분화줄기세포가 된다.

※ 참고 : 줄기세포를 발생의 능력에 기준을 둔다면 pluripotent stem cell 만능분화줄기세포, multipotent stem cell 다분화능줄기세포, unipotent stem cell 단분화능줄기세포로 나뉠 수 있다.

√ 배아줄기세포

배아의 발생 과정에서 추출한 세포로서 모든 조직의 세포로

분화할 수 있는 능력을 지녔으나 아직 분화되지 않은 세포이다. 정자와 난자가 결합하여 수정란이 된 후, 하나의 세포로 시작한 수정란은 세포분열을 통해 여러 개의 세포로 이루어진 blastocyst 배반포가 된다. 배반포의 안쪽에는 inner cell mass/ICM *내세포괴라는 세포 덩어리가 있는데, 이 세포들은 세포의 계통분화 → embryo 배아 형성 → 임신기간 → 개체 발생을 거친다. 이 과정에서 ICM 세포들이 개체 내 모든 조직의 세포로 분화하는데, ICM 세포를 배반포에서 분리하여 특별한 조건에서 배양하면, 분화 능력은 있으나 분화는 일어나지 않는 세포, 즉 배아줄기세포를 만들 수 있다. 생체를 구성하는 그 어떤 조직의 세포로도 분화할 수 있다는 것은 장점이 되나, 만약 배아를 계속 자라게 한 후 대리모 자궁에 착상시키면 인간 복제의 가능성이 있어 우리나라는 물론 각 나라는 엄격히 생명윤리법 규제하고 있다. 이런 사회적·윤리적 문제를 비롯하여 유도된 세포들이 암세포로 될 확률이 높다는 것 등은 단점이 된다. 이에 과학자들이 배아줄기세포를 이용할 수 있는 대안으로 생각한 것은 바로 태반에 붙어있는 remnant 나머지 배아줄기세포들! 수적으로는 적지만 지속적인 분열이 가능하여 줄기세포를 control 제어할 수 있는 기술을 찾아내거나 개발한다면 그 안에 들어 있을 조혈모세포 등도 얻을 수 있어 후에 큰 도움이 될 수 있다고 생각하는 것이다.

※ 내세포괴 inner cell mass/일명, 내세포집단 : 수정 후 자궁의 내막에 착상하기 전 배 발생 초기에 형성되는 미분화된 세포들 덩어리. 즉, 배아 embryoblast blastocyst cavity 포배강 내에 형성되는 동물극 쪽의 30~40개 세포 집단을 말한다. 한 층의 trophoblast 세포영양막에 둘러싸인 이들 세포 군집은 계속 분열 증식하여 백만여 개의 세포로 발달하여 태아의 몸을 구성한다.

※ 참고 : 2007년, 배아줄기세포로 knock-out 녹아웃 마우스를 만들고 연구한 과학자들에게 노벨 생리의학상이 수여됐다. 업적은 배아줄기세포를 이용해 하나의 유전자를 빼내는 gene targeting 기술을 개발한 것! 3명의 생물학자가 미국/M.R. Capecchi+O.Smithies교수 → 녹아웃 마우스 제작 & 영국/M.J. Evans교수 → 배아줄기세포 이용 배아줄기세포와 유전공학을 접목한 공동 연구를 통해 관련 분야의 기술 발전을 한 단계 업그레이드시켰다는 평가를 받는다.

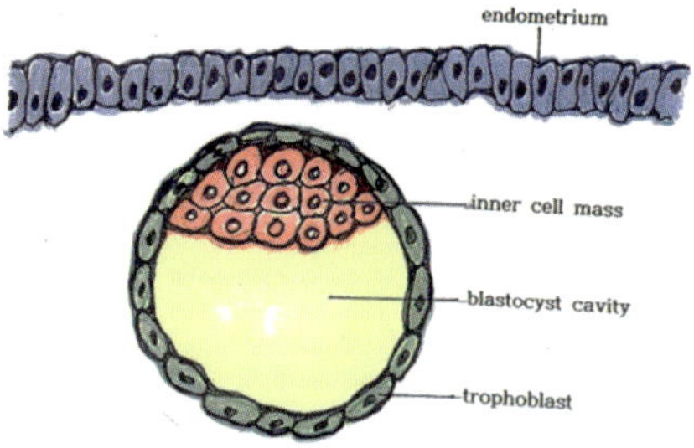

그림 6-2 내세포괴(inner cell mass)

• 참고: https://ko.wikipedia.org/wiki/%EB%82%B4%EC%84%B8%ED%8F%AC%EC%A7%91%EB%8B%A8

√ 성체줄기세포

성체줄기세포는 필요할 때 특정 조직의 세포로 분화하게 되는 미분화상태의 세포로 대표적으로 골수나 피부에서 볼 수 있다. 골수에 있는 조혈모세포는 평생 적혈구, 백혈구, 혈소판 등을 생산하고, 피부에 있는 성체줄기세포는 주기적으로 피부세포를 만들어 몸에서 떨어져 나가는 부분을 계속 공급 보충한다. 피부 성체줄기세포는 때로 신경/근육/지방세포.. 다른 세포들로도 분화할 수 있다는 보고도 있으나 설령 그렇게 되더라도 배아줄기세포와 같이 전분화능을 갖지는 못한다.

√ 역분화줄기세포

Induced Pluripotent Stem Cell, 이하 iPS세포 역분화줄기세포의 작용 원리는 배아줄기세포가 발현하는 특정 전사인자를 이미 분화되어 특수 기능을 수행하고 있는 체세포에 넣어 새로이 다시 분화하게끔 설계하는 것이다. iPS세포는 성체 세포에서 직접 유도하여 만들어낸 전분화능을 지닌 분화 만능의 줄기세포로 이들이 분화를 거치면 향후 인공장기 등의 개발에 활용될 수 있음이 점 쳐지고 있다. 전문가들은 iPS세포는 어떠한 세포로도 분화 발달할 수 있어 유전자교정을 위한 세포치료제 개발에서도 이상적인 *플랫폼이 된다고 말한다.

※ 플랫폼 platform : 원래의 개념보다 확대된 의미로 쓰이며, 특정 장치나 시스템 구성에서 기초가 되는 틀이나 골격을 가리켜 일컫는다. 오늘날에는 인문/사회/경제/산업/과학/공학/컴퓨터시스템/기술.. 거의 전 분야에서 적용 가능한 보편적인 개념으로 확대되어 널리 사용되고 있다.

줄기세포 관련 연구는 사람-사람 간 이식, 즉 인체 골수세포 → 백혈병 환자에게 투여한 1957년/Thomson 골수이식 수술이 성공하며 주목을 받았고, 전문적으로는 1998년/미국/위스콘신대/Thomson팀 배아줄기세포를 확립하면서 시작되었다고 할 수 있다. 하지만 난자를 이용한 배아줄기세포 생성은 사회적·윤리적인 문제를 내포하고 있어 배아를 사용하지 않고 줄기세포를 연구하고자 하는 노력이 가속화되었다. 배아를 사용하지 않고 성체의 상피 체세포로 만든 줄기세포로 배아줄기세포 연구의 문제를 피해갈 수 있는 역분화줄기세포 개발에 성공한 사람은 일본의 발생학자 2006년/쿄토대/Yamanaka 야마나카 교수이다. 난자를 이용한 배아줄기세포 생성이 많은 문제점과 응용 시 제한점이 있다는 것을 파악한 그는 일찍이 2006년 쥐의 창자세포와 2007년 사람 피부세포로부터 iPS세포를 개발하였다. 바로 체세포 Oct3/4 (Pou5f1), Sox2, c-myc, Klf4 유전자를 이용해 유도만능줄기세포를 생산한 것이다. 이러한 결과는 그 후 몇 년이 지나 iPS세포의 가능성을 발견한 영국 존 거든 교수와 실제 개발의 성과를 이루어낸 그가 줄기세포 분야에서의 업적으로 2012년 노벨 생리의학상을 수상의 영광을 차지하였다.

iPS세포 개발을 계기로 많은 연구팀이 유전적으로 100% 같은 배아줄기세포를 만들어낼 수 있는 역으로 분화를 유도한 줄기세포의 만능성을 재현하고자 이 분야에 뛰어들었다. iPS세포를 이용하는 실험기법은 DNA가 똑같아 자가 면역의 위험성도 매우 낮고 하나의 생명체로 발달할 수 있는 배아를 손대지 않기 때문에 윤리적인 문제도 빗겨 갈 수 있다. 이런 이점으로 인해 전 세계적으로 줄기세포 관련 연구는 거의 모두 이 방향으로 진행되고 있다. 그렇다고 iPS세포 연구에 장미빛 측면만 있는 것은 아니다. 연구에 필요한 iPS세포 제작 시 일반 체세포 → 줄기세포화의 역분화 과정에서 세포분화 유도용 유전물질이 투입되어야 하는데, 유전자의 변형을 유도하는 이 단계에서 배아줄기세포에서처럼 암이 발생할 가능성이 있기 때문이다. 그러나 이 문제도 많은 연구를 통해 유전자변형 과정을 거치지 않아도 역으로 전분화능을 지닌 줄기세포를 만들 수 있는 기술들이 개발되고 있어 해결방안이 나올 것으로 기대하고 있다.

현재, iPS세포 연구는 전 세계에 걸쳐 다양한 종류의 체세포와 전사 인자, 그리고 여러 가지 세포 내로의 도입법을 시도하며 힘차게 진행되고 있다. 이 기술 분야는 비교적 유년의 단계라 할 정도로 몇 년이 지나지 않았지만 이미 성공적인 결과들이 성체줄기세포로의 분화에서 속속 보고되고 있고, 각종 바이러스를 비롯한 비 바이러스 벡터를 통한 세포 내 도입법에 이르기까지 수많은 연구가 활발히 이루어지고 있다. 우리나라에서도 활발히 연구되고 있는데, 몇 년 전 국내 2014년/동국대학교 대학의 연구팀이 기존 4가지 전사 인자 가운데 발암 위험에서 안전한 하나의 전사 유전자 사용 → 특정 전자기파 투여 → 유도된 만능줄기세포 생성에 성공했다는 내용을 알려왔고, 또 다른 2018년/차의과학대학 연구팀도 한국인 맞춤형 역분화 줄기세포주를 확립했다고 발표한 바 있다.

• 줄기세포 치료제

줄기세포 치료는 꿈의 치료법이라 불릴 정도로 획기적인데, 인위적으로 손상된 장기에 줄기세포를 주입해 치료코자 하는 것이다. 즉, 줄기세포 인체 주입 시 일단 손상되면 회복 불가능한 신경/심근/췌장/척수.. 세포나 조직이 재생될 수 있어 210여 개에 달하는 우리 몸의 기관과 장기가 다시 만들어지고, 다양한 파킨슨병/암/당뇨병/척수손상.. 질병까지 치료할 수 있다는 것! 줄기세포를 몸에 넣으면 다양한 조직으로 가서 손상 조직의 회복과 치유를 유도하는 능력을 발휘할 수 있다. 이들은 미분화된 상태나 손상된 조직을 치유할 수 있는 세포로 발달함과 동시에 필요에 따라 여러 조직으로 변화할 가능성을 지닌다. 이런 치유 능력으로 인해 생명과학 등 기초과학 분야와 의약학 분야 등에서 줄기세포 관련 연구주제가 매우 핫한 이유이다.

현재는 성체줄기세포로 만든 치료제가 활발한 임상시험의 단계에 있어 여러 의약품으로 포장되어 우리 앞에 다가올 것으로 보인다. 그러나 배아줄기세포 관련 연구가 본격적으로 주목받은 것은 약 25여 년 전인 1998년 말엽의 일이다. 미국의 Thomson & Gearhart 연구팀이 인체 배아로부터 줄기세포와 생식 세포를 성공적으로 배양하면서 시작된 연구를 시발점으로 볼 수 있다. 배아로부터의 줄기세포 추출이 상대적으로 쉽다는 것과 비교적 오랜 기간 시험관 내에서 미분화상태를 유지한다는 특징이 장점으로 여겨진다.

줄기세포 이용 기술의 상용화는 의료계의 혁신으로 이어질 것이라 할 정도로 이전에는 할 수 없던 것들이 가능해질 수 있다. 예로 척수손상으로 장애가 일어난 경우, 한번 손상된 신경세포는 다시 재생되지 않기 때문에 원래 상태로의 회복은 불가능하다. 하지만 줄기세포 치료법을 시도하면 이론적으로 줄기세포 → 환자에 주입 → 신경세포 재생 → 척추 치료에 이를 수 있게 된다. 2003년/마리아생명공학연구소 우리나라 연구진이 인간 배아줄기세포 → 쥐 파킨슨병 치료, 다른 연구진도 척수 손상된 개의 치료에 성공하였다. 물론 앞서 언급한 방법들이 실행되면 꿈 같은 치료가 가능해지지만, 그 전에 해결해야 할 문제들이 있다. 지금의 기술로는 여전히 줄기세포의 분화를 제대로 통제할 수 없어 의도치 않은 세포나 지난 친 분열로 암세포가 될 위험성이 있다. 만약 수정란을 이용한다면 그에 더해 사회적, 윤리적인 문제도 제기된다.

전분화능의 줄기세포는 성체줄기세포와 달리 세포분열 능력과 분화 능력이 제한적이지 않고 인체를 구성하는 그 어떤 세포로도 분화할 수 있다. 일반적으로 만능줄기세포 이용 세포치료 진행 시, 미분화 만능의 줄기세포를 조작해 원하는 세포로 분화를 유도하나 분화가 원하는 대로 100% 이뤄지지 않아 정상적으로 분화한 세포, 분화되지 않은 세포, 미분화 만능줄기세포가 혼재하게 된다. 분화 후 잔류하는 미분화 줄기세포는 세포치료 과정에서 인체에 들어가면 무한정 분열할 수 있다. 만약 미분화된 만능의 줄기세포가 세포치료 과정에 혼재돼 이식되면, 무한 증식으로 특유의 기형종 양성 종양을 형성할 수 있다. 기형종 형성은 줄기세포의 임상에서 가장 큰 위험 요소가 된다.

배아줄기세포는 환자 본인의 체세포를 난자에 이식해 면역거부 문제가 전혀 없는 맞춤형 줄기세포를 생성할 수 있다는 데 기대되나 여전히 생명이 될 수 있는 배아를 파괴해야 하는 생명윤리 상의 문제를 뛰어넘어야 할 숙제를 안고 있다. 그에 대한 해결책으로 제시된 것이 바로 면역거부반응이 없는 맞춤치료용 배아줄기세포로 통상 '체세포복제배아줄기세포'로 불리기도 한다. 이 방법은 수정란을 사용하지 않고 난자에서 탈핵 → 체세포 핵 주입 → 분열유도 → 세포분열 반복 → 쓰이지 않는 유전자 생성 & 난자는 유전자를 초기화시켜 모든 세포로 분열할 수 있게 만든다. 난자를 채취해 진행한다는 점에서 우리나라에서 엄청난 사회적 파문을 일으킨 2005년 사건이 있고 난 뒤 터부시되고 있고 정체된 양상을 보인다. 지금까지 실현 가능성이 2013년/미국/성공사례-1회 지극히 낮은 기술로 알려져 있고, 다행인지 불행인지 몰라도 큰 진전을 이뤄내지 못하고 있다.

반면, 성체줄기세포 연구는 비교적 긴 50년↑ 수십 년에 걸친 역사가 있다. 1960년대 골수를 만드는 줄기세포인 조혈모세포 1961년/Till & Mculloch 연구를 기점으로 이후 골수이식 분야로 발전해 오늘날 전 세계에서 백혈병 치료 등에 사용되고 있다. 이 성체줄기세포로부터 다양한 기관으로의 분화 가능성 사실이 밝혀지면서 당시 새롭게 관심을 끌었다. 조혈모 및 상피 줄기세포에서 얻은 자료들을 질병 치료나 완화에 이용하고, 재현 가능한 치료법으로 쓰기 위해 오랫동안 기초와 임상 관련 연구가 이루어졌다. 현재 시행되는 조혈모세포이식은 이전에 하던 bone marrow transplantation 골수이식을 뛰어넘어 제대혈에 들어있는 조혈모세포를 이용한다. 과거엔 조직적합성 항원이 일치해야만 가능했으나 지금은 혈연이 아니더라도 가능하고 위 항원이 일치하지 않는 상황에서도 이루어진다. 또한, 자신의 말초혈액 조혈모세포를 이용한다고 한다. 이와 같은 획기적인 발전은 골수이식의 범위를 확장해 백혈병은 물론 재생불량성빈혈/악성림프종/암.. 여러 영역에서 효율적인 치료법이 되고 있다.

이에 더해 태반과 탯줄에서 얻을 수 있는 성체줄기세포 일종/cord blood stem cell 제대혈줄기세포 연구도 활발히 진행되고 있다. 1990년대부터 연구되기 시작한 제대혈줄기세포는 골수이식의 어려움 극복 기법으로 안착하여 제대혈 → 조혈모세포 채취 → 배양하여 치료에 활용되고 있다. 성체줄기세포는 생명 윤리적 문제에 직면할 필요가 없고 세포 채취가 쉽다는 장점이 있다. 또 ~40년↑ 수십 년 동안 골수 및 제대혈 이식에 많은 경험이 축적돼 있고 성공적 연구결과도 많아 참고될 수 있는 자료들도 쉽게 구할 수 있다.

성체줄기세포 치료법은 사실상 접근성/의료적/경제적/윤리적.. 다양한 측면에서 배아줄기세포보다 나은 조건에 있어 활발한 연구가 진행되고 있는 분야다. 성체줄기세포를 치료에 이용할 경우, 환자 성체줄기세포를 직접 채취하므로 배아줄기세포에 비해 윤리적 문제나 면역거부반응도 아주 적게 일어난다. 정작 문제는 조직 내 그 양이 매우 적어 분리해 내기가 쉽지 않다는 것과 세포의 분화나 증식 능력이 높지 않다는 것은 아쉬운 단점으로 남아 있다.

최근에는 역분화줄기세포가 미래 세포치료제로 주목받고 있다. 배아줄기세포처럼 인체의 다양한 세포로 자랄 수 있으면서도, 기존 배아줄기세포와 달리 난자나 수정란을 파괴하지 않고도 얻을 수 있기 때문이며, 윤리 관련해서도 논란이 없다. 또한, 국내 연구팀 연구 결과에 따르면 줄기세포에 있는 느슨한 상태의 chromatin 염색질이 다양한 세포로 분화될 수 있어 이를 이용하여 완전히 분화된 세포핵 속의 염색질로 풀어주면 역분화줄기세포를 생성할 수 있다는 보고가 있다. 최근의 줄기세포 연구는 바로 이 역으로 분화를 유도한 다양한 줄기세포들 연구에 쏠리는 추세이다. 하지만 줄기세포를 실제 치료에 이용하기까지의 실용화 단계까지는 검증 등의 거쳐야 할 단계가 산재해 있다. 줄기세포 치료의 가능성 및 잠재성은 매우 큰 것은 사실로 무궁무진하다고까지 할 수 있다. 세계 각국의 많은 실험실에서 생명윤리 상의 큰 논란 없이 줄기세포 이용 새로운 결과를 도출하려는 다양한 연구가 진행 중이다.

현재 진행 중인 줄기세포 치료법에는 다양한 질환들이 대상이 되고 있는데, 일부의 사례들을 열거해보면 다음과 같다. 입증된 줄기세포 치료로는 각막/망막 조혈 줄기세포, 골수이식 뼈/피부, 임상 또는 전임상 단계 치료법, 근육영양장애/뼈질환/관절손상 면역조절 근골격계 질환, 경색/심부전/말초동맥질환 심혈관 질환, 눈 질환, 파킨슨병/근위축성 측색경화증/뇌졸중/다발성 경화증/척수손상.. 신경계 질환, 당뇨병 등이 알려져 있다.

전문가들은 줄기세포를 이용한 재생/인공장기/세포치료.. 의학적 적용과 그 활용의 가능성은 무궁무진하나 현재까지 연구와 응용은 생각하는 것만큼 진전되지 않고 있다고 말한다. 성체에서 줄기세포가 있는 부위의 형성과 기능 유지에 대해서도 더 많은 연구가 필요한데, 이에 대해 일부 과학자들은 역분화줄기세포+유전자교정 기술 접목 → 생물공학적 엔지니어링 시스템화 → 세포 개발 & 활용방안 구체화의 필요성을 주창한다. 이를 실현하면 세포치료제 등 첨단의 바이오의약품 분야에서 고부가의 시너지 효과를 창출할 수 있을 것으로 전망되고 있다.

줄기세포 연구 동향을 살펴보면, 줄기세포를 원하는 세포로 분화시켜 에러가 생기거나 노화된 세포나 조직을 재생시킬 가능성으로 인해 그에 거는 기대가 상당하였다. 요즈음의 4차 산업혁명 시대에 부합하는 3D Bioprinting 바이오프린팅 기술과 만나 현재 문제없이 기능을 수행하는 세포나 장기처럼 만들어 낼 가능성이 커 그 중요성 또한 강조되고 있다. 사용될 줄기세포는 자신의 몸에서 추출돼 만들어지므로 이식 시 문제시되는 여러 가지 문제점을 해결할 수 있을 것으로 예측하여 이후 망막/심장/간/위/신장.. 자기 맞춤형 장기를 만들 수 있을 것이란 점에서 기대가 크다.

줄기세포 치료제는 현재 전 세계적으로 수천 건 이상이 진행되고 있다. 우리나라에서 승인된 제품을 포함하여 상용화된 줄기세포 제품은 전 세계 7종의 줄기세포 치료제가 시판 허가를 받았다. 특히, 일본은 야마나카교수의 노벨 생리의학상 수상에 힘입어 역분화줄기세포 임상시험이 많이 시행되고 있다. 최근 2019년/후생성 세계 최초로 타인의 역분화줄기세포 이용한 척수손상 치료에 세포 임상시험을 허가하기도 하였다. 글로벌 줄기세포 시장은 2019년 1,559억$, 2020년 2,080억$, 2023년 3,380억$ 급성장하는 분야로 치료제에는 *우리나라 줄기세포 치료제품도 포함되어 있어 상당히 희망적이다. 그러나 치료 효과가 만족할만한 수준에 도달하지 못하고 있다는 문제가 있기도 하고, 이들 줄기세포 치료제는 아직 개별 국가에 의한 승인이란 점도 개선되어야 할 점이다. 세계적으로 엄격한 기준으로 국제적 허가에 지표가 되는 미국 식품의약국 UFDA의 판매 허가를 받은 것은 하나도 없다는 문제점은 유의하여야 할 사항이다.

※ 참고 : 우리나라에서는 다음 4종의 판매가 허가되었다. 2001년 하티젤그램/(주)파미셀 급성심근경색 치료제, 2012년 카티스템/(주)메디포스트 퇴행성 무릎연골 치료제, 쿠피스템/(주)안트로젠 크론성 누공치료제, 2014년 누로나타/(주)코아스템 루게릭병 치료제 등.

전문가들은 4차 산업혁명 시대의 융합기술을 활용하여 제3세대 줄기세포의 기술진화에 더 적극적으로 대처해야 한다고 강조하고 있다. 그 이유 중 하나는 줄기세포 분야의 관심 및 투자는 2015년 몇 년 전까지 급상승했다가 내려가 있는데, 이는 2018년 노벨상 수상으로 효능이 입증된 최첨단의 기술과 관련이 있다고 보는 것이다. 특히, Chimeric Antigen Receptor-T Cell CAR-T 등 면역세포 치료제 개발에 성공하여 의료계와 기업의 관심이 그쪽으로 옮겨가 일부 국제적 규모의 제약회사들이 투자를 줄이고 있다고 분석한다. 그리고 줄기세포 기술의 연구에 장애 요인들을 해결하고 4차 산업혁명의 핵심적인 융합기술을 적극적으로 활용해야 한다고 말한다. 이에 더해 첨단의 CRISPR/Cas9 유전자가위 기술 이용으로 특정 유전자 → 줄기세포 주입의 3세대 줄기세포 기술로 발전시켜야 함을 조언하고 있다. 다소 정체되어있는 줄기세포 분야에 새로운 방향은 고령화와 정밀 의료의 발전 흐름을 잘 읽고 부응하면 세포치료제, 신약 개발 등에서 더 큰 발전이 있을 것으로 전망한다.

줄기세포 치료법에서 최상의 세포로 취급되는 미분화상태 만능의 줄기세포가 세포치료 과정에 혼재돼 환자에 이식되면, 기형종

이란 특유의 양성 종양을 형성할 가능성이 있음은 앞서 언급한 바 있다. 기형종 형성은 세포치료의 임상 적용에서 가장 큰 위험 요소이기 때문에 이런 기형종 형성을 억제하기 위한 연구가 활발히 진행 중이다. 우리나라 연구진이 기형종 형성 가능성이 있는 줄기세포만 선택 사멸시키는 화합물을 찾아냈다는 희소식을 2013년 몇 년 전 전해온 적이 있다. 연구자들은 만능의 줄기세포를 체외 배양한다는 것이 매우 어렵다는 사실을 잘 알고 있다. 쉽게 체외 배양을 할 수 있는 일반 종양세포와 달리, 이들 줄기세포를 문제없이 체외 배양하기까지는 많은 시간이 소요된다. 이들 세포가 잘 죽기 때문인데, 체외 배양에서 발생할 수 있는 다양한 스트레스, pH, 온도, 진동 등으로 잘 죽는 것으로 알려져 있다. 특히, DNA에 손상 주는 자극에는 더 잘 죽어 이들을 사멸하도록 프로그램되었을 것으로 생각한 연구진이 답을 찾은 것이다. 이를 추적하여 선택적 세포사멸을 유도한 바 기형종 형성을 억제하는 세포사멸억제 유전자를 확인할 수 있었다고 한다. 연구에서는 세포분화 유도 시 유독 이들 줄기세포에서만 발현하는 BIRC5 세포사멸억제 유전자를 찾아내 이를 억제할 수 있는 쿠어세틴 & YM155 화합물을 발굴해 낸 것이다. 줄기세포 치료에서 위협이 되는 잔류 미분화 줄기세포를 제거할 수 있는 후보물질의 가능성 확인에 큰 의미가 있다고 할 수 있다.

2. '엄마 없는 아기' 인공 배아

• 인공 배아 탄생

인공 배아가 무엇인가요?

Artificial embryo 인공 배아란 말 그대로 난자와 정자 없이 인공적으로 줄기세포만으로 배아를 만드는 것으로, 2017년 영국의 케임브리지대 연구진들이 서로 다른 줄기세포를 이용해 인위적으로 만든 쥐 배아 관련 논문을 국제전문학술지 사이언스에 게재해 세계를 놀라게 했다. 줄기세포의 대명사로는 임신기간 태아의 발생 과정에서 절대적인 역할을 하는 embryonic stem cell 배아줄기세포, 태아의 발달을 돕는 trophoblast stem cell 영양막줄기세포가 있다. 참고로 정상의 수정란은 지속적인 세포분열을 통해 2, 4, 8, 16, 32세포... 등 배반포 안에서 영양막줄기세포층에 둘러싸인 ICM 내세포괴 줄기세포가 된다. 계속되는 배 발생으로 이들은 분열과 분화 → 배아 형성 → 태아 → 개체 발생 → 생명 탄생의 과정을 거친다. 사람의 경우, 배아는 수정란의 제1 세포분열에서 태아가 되기 전 임신 8주까지를 말한다. 영국에서의 쥐 인공배아 실험으로 과학자들은 인공 배아를 주목하기 시작하였고, 인공 배아 기술은 2018년 MIT Technology Reviews MIT가 선정한 인류의 삶에 커다란 영향을 줄 수 있는 혁신적인 10대 유망기술 목록에 포함될 정도로 큰 관심을 받고 있다.

배아는 수정 후 체세포분열의 일종 난할 → 약 일주일 후 포배 → 자궁 내부에 착상 → 임신이라고 지칭하는데, 쥐에서의 인공 배아 실험은 정자와 난자의 개입 없이 줄기세포로 실제 배아와 유사한 인공 배아를 만들어 소위 말하는 '엄마 없는 아기'가 태어날 수 있는 실마리를 제공하였다. 연구에서는 세 종류 줄기세포를 이용하여 발생 단계에서 중요한 내배엽-중배엽-외배엽 형성단계/gastrula 낭배 형성에 성공한 것인데, 이번 연구에서는 특히 배아 형성에 관여하는 이들 줄기세포의 상호작용, 한 종류의 세포의 생물학적 경로 변화가 다른 세포들에 미치는 영향, 초기 배아의 발전과정에 대해 정확히 알아낸 점 등에 큰 의의가 있다. 선임 연구자인 갈리체트는 2018년/Nature Cell Biology 논문에서 현재는 쥐 이용 실험이나 언젠가 초기 인간 배아 연구 및 인간의 초기 발달과정 연구에 충분히 적용될 수 있는 중요한 도구가 될 것임을 강조한 바 있다. 이것은 멀리 보았을 때, 바이오 인공장기를 위한 핵심기술에 도움이 되는 유익한 정보임에는 틀림이 없을 것이다.

과학자들은 줄기세포 실험으로부터 생존 가능한 인간 배아를 만드는 일이 점차 가까워지고 있다고 전망한다. 미국의 한 2019년/University of Michigan 대학에서 인공 배아를 실험한 연구원들은 줄기세포 → 인간 배아 실제 모델의 효율적인 제조법을 배웠다고 발표해 사람의 인공 배아에 대해서도 어딘가에서는 실험하고 있을지도 모른다는 생각이 들게 하였다. 물론, 과학자나 일반인 모두 실험되는 배아를 사람으로 발달하게 하는 것을 금지하는 법이 필요하다고 말한다. 하지만 위 실험에 의하면 줄기세포는 프로그래밍에 따라 배아로 변하는데 놀라울 정도로 잘하고 있다고 한다. 임신 초기, 약품/병원체감염/유해화학물질.. 다양한 유해 요인에 의한 노출로 일어나는 유전에 의하지는 않으나 인체 발생단계에서 나타나는 선천성 결함들이 바로 이 낭배 형성 시기에 발생한다. 연구진은 성과를 이후 약물 테스트 등 임신 초기 단계를 연구하는 데 이용할 것이라 하지만 그 또한 새로운 문제가 될 수 있다.

최근 유럽의 2020년/영국-케임브리지대학+네덜란드-허브레흐트 연구소 공동 연구팀이 사람의 배아줄기세포로 18~21일 동안 자란 'an embryo-like research model/gastruloids 유사 배아' 연구모델을 만드는 데 성공하여 전문학술지 Nature 네이처에 발표하였다. 연구 결과가 우리에게 전하는 의미는 줄기세포 실험의 단순한 성공을 넘어 인위적으로 유도한 인간 배아의 발달에서 중요한 단계를 구현해 선천적 유전 결함이나 질병 이해에 더 다가가는 계기가 된다. 연구팀은 수백 개의 배아줄기세포 그룹을 작은 3-D 입체구조로 된 '유사 배아'로 만들어 인간 배아의 14일 성장 이후 실험금지 규정을 피할 수 있었다. 이 배아들은 18일 된 실제 인간 배아가 성장을 멈추기 전 보이는 배아 발달의 많은 주요 특징을 표출했다고 한다. 하지만 연구진들은 이들 '유사 배아'는 인간 배아 발달의 일부 측면을 모방하는 단순화된 시스템이라 언급했고, 더 많이 만들어 약물 검사와 임산부의 선천적 문제에 대한 검사법 모색에 도움이 되기를 바란다고 덧붙였다. 연구 참여 교수는 이 문제에 대해 이미 일부 제약회사와 논의하고 있다고 향후 계획을 밝히기도 하였다.

인공 배아는 줄기세포가 초기의 amniotic sac 양막낭 구조와 배아 내부 세포들이 포함된 구형의 작은 구조를 스스로 형성케 여건을 조성해 인간 배아와 실제로 유사하게 만들어진다고 한다. 과학자들은 실제 배아가 아니어서 인간화할 수 있는 능력이 부족하다고는 하나 이런 연구들이 유럽/중국.. 여러 곳에서 진행되고 있기는 하다. 관건은 생존 가능한 인간 배아를 과연 만들 수 있는지에 관한 여부! 지금까지는 줄기세포가 어떤 조직이나 세포를 초기에 형성하는지, 또는 극성 관련 동물 신체 발달에서의 초기 결정 등을 모방할 수 있었다. 과학자들은 사람의 배아와 거의 같은 배아를 만들기까지는 그리 멀지 않았다고 믿고 있다. 쥐의 경우, 과학자들은 이미 인공 배아를 mouse 대리모 이식 → 동물화하려는 연구에 노력을 기울이고 있다.

• 인공 배아 적용: 오가노이드 & 인공 자궁

- Organoid 오가노이드 -

오가노이드란 쉽게 말해 세포 배양으로 만든 실험용 미니 장기! 전문적으로 말한다면, 줄기세포 또는 장기에서 기원한 세포를 분리하여 3-D 배양방법 배양 후 실제의 장기 구조 및 기능을 할 수 있는 작은 일명, 유사 장기 장기유사체로 만들어 낸 것으로 분리한 세포를 재조합하여 만든 장기 특이적 세포 집합체를 말한다. 오가노이드 제작은 맞춤형 임상 생체시료, 신약 개발 등의 분야에서 플랫폼 기술로 쓰일 수 있어 지대한 관심이 쏠리고 있다. 이를 증명이나 하듯 Brain Organoids 뇌 오가노이드는 벌써 2015년 몇 년 전 MIT 선정 10대 유망기술로 선정되어 그 유명세를 날리고 있다. 얼마 전에는 세계적인 2019년/사이언스 과학 전문학술지에서 이 주제를 특집으로 편성하여 포유류 배아 발달 연구, 암 연구에서의 활용, 자기조직화 능력, organoids-on-a-chip 오가노이드 칩에 대해 상세히 다룬 바 있다.

오가노이드 연구 초기에는 단순 상피조직의 오가노이드 형태로 제작되었으나 최근에는 다층으로 된 차원 높은 조직의 기능을 가지는 기술로 발전하고 있다. 특히, 여러 종류의 오가노이드 칩은 서로 다른 오가노이드 간 상호작용 연구에 필요한 플랫폼으로 활용될 수 있어 이를 통한 인체 장기 간의 상호작용을 체외에서 연구하여 인체 내 기능 수행을 더 잘 이해할 수 있다. 하지만 전문가들은 이 기술이 여전히 세포 구성/조직 유사도/성장/기능.. 다양한 면에서 생물학적 그리고 합성 환경조성 등의 기술적 발전이 필요한 상황이라 분석한다. 오가노이드 연구는 질병이나 노화된 장기를 대체할 수 있는 기술개발이 주요 목표지만, 발전된 오가노이드 기술은 배아 관련 의문을 풀거나 손상된 장기를 대체할 수 있는 바이오 인공장기로의 발전 가능성을 내포한다. 많은 연구에서 축적된 오가노이드 장점으로는 모델 장기의 특이적 세포 구성, 해당 장기의 특수 기능재현, 실제 장기와 비슷한 공간의 조직화 실현 등을 들 수 있다. 비록 한계가 있지만 오가노이드가 지닌 self-organization 자가조직화를 근간으로 하여 복잡한 장기 모방도 가능해 장기의 초기 발달, 조직의 상호작용, 예-암 오가노이드/cancer organoids 질병 발생의 이해 측면에 있어 3-D 입체모델로 폭넓게 활용될 것이 기대된다.

- Artificial womb 인공 자궁 -

인공장기의 일종으로 자궁을 인공으로 만든다는 개념! 현재는 미숙아가 태어나면 인큐베이터의 도움을 받아 살려내지만, 태반 역할은 할 수 없어 호흡 기능이 완성되지 않은 경우엔 생존이 불가능하다. 인공 자궁의 원래 목적은 조산아 사망률을 낮추는 것이며, 완전한 인공 자궁이란 배아 착상 → 태아 발달 → 신생아 탄생으로 이어지는 자궁의 기능을 진정으로 대체하는 것이다. 인공 자궁이 개발되면 태아가 자라는 환경에 대한 개입이 쉬워 유전체를 편집하는 기술을 적극적으로 도입할 수 있다. 하지만 인공 자궁은 사람을 만들어내는 장치로 볼 수 있고, 기능 조절도 가능해져 생명 윤리적, 사회적으로 쟁점이 되는 새로운 문제가 생길 수 있다. 만약 인공 자궁 기술이 상용화된다면 초미숙아/난임/불임.. 산부인과 문제에서는 반가운 소식이 될 수 있어 그리 부정적인 면만 있지는 않다. 사실은 인공 자궁이 미숙아의 낮은 생존률과 ~90% 매우 높은 합병증 확률로 신생아 치료법의 대안 중 하나로 의료 체계 속으로 들어오게 되었다.

23~28주 출산 초미숙아를 양수가 차 있는 모체의 자궁과 유사한 환경을 모방한 조건에서 키울 수 있는 '자궁 외 보조장치 인공 자궁' 시스템이 2017년/소아과 연구팀 몇 년 전 미국에서 개발돼 양의 태아에 적용한 전임상 결과가 세상에 전문학술지/Nature Communications 공표됐다. 따뜻한 물+소금 양수를 채운 자궁의 역할을 하는 비닐백은 일명 *바이오백이라고 불리는데, 이 시스템은 양수가 차 있는 여성의 자궁 환

경을 모방한 것이다. 이 비닐백은 태아의 폐와 다른 장기들이 발달할 수 있도록 적절한 양육 환경을 제공하고, 초미숙아의 사망률과 장애율을 크게 낮추는 것에 이바지하리라 전망된다.

※ 바이오백 biobag : 임신기간을 다 채우지 못하고 태어난 미숙 동물의 생명 유지에 필요한 vinyl bag 비닐백으로 특별한 액체가 들어 있다.

위 연구의 실험 결과, 태아 양의 폐 발달은 모체 자궁 안에서 태아의 폐가 발달하는 모습과 매우 유사한 양상을 보였다고 한다. 내부의 온도가 조절되는 이 시스템은 폐와 다른 기관들이 발달하는 몇 주 동안을 양육할 수 있는 것으로 확인되었다. 이 장치 내 태아 양들은 모체 자궁에서처럼 정상적인 양수 호흡을 했으며, 용기 바깥의 체외 순환시스템과 연결된 탯줄을 통해 산소와 영양분 공급받고 노폐물을 배출했다. 이 혁신적인 시스템은 자궁처럼 액체가 가득 차 있는 생리적 필수 요소를 공급하는 맞춤형 기계에 부착된 특수 용기를 사용하며, 자궁의 본래 환경을 모방해서 초미숙아를 키울 수 있도록 개발한 양수/양분/성장인자를 원활히 공급 장치로 태아 양이 28일까지 건강하게 자랄 수 있는 것으로 밝혀졌다. 현재의 '인공 자궁' 시스템은 이전의 신생아 연구에서 얻은 지식을 바탕으로 모체 자궁 안의 환경을 최대한 가깝게 모방하고 있다. 전문가들은 이러한 인공 자궁이 10년 정도 지나면 실용화될 수 있을 것으로 내다보고 있다. 생명 탄생을 인공적으로 재현할 수 있다니…. 정말 놀랄 일이다! 하지만 상용화가 되기 위해서는 아직 갈 길이 멀다. 모체의 자궁은 신축성을 지녀 늘어나거나 수축의 과정을 반복하며 태아가 잘 자라게 하지만, 인공 자궁은 그런 환경을 유지하기 어려운 단점이 있다.

2017년, 영국의 케임브리지대학 연구팀이 인공 자궁내막을 만드는 데 성공해 그 소식을 전문학술지/Nature Cell Biology 전했다. 초기엔 조산율을 낮추려는 목적으로 시작했던 인공 자궁의 개발은 이들로 인해 한 걸음 더 나아갈 수 있게 됐다. 인체의 자궁 내막조직에서 세포 채취 → 배양 → '인공 자궁내막 오가노이드' 개발에 이른 것이다. 이로 인해 여성의 몸에서 일어나는 생리의 주기, 임신 초기 자궁의 변화, 자궁내막증 관련 질병의 발병 과정을 추적 및 규명할 수 있는 길이 열리게 됐다고 한다. 단순 인큐베이터 역할의 바이오백을 넘어 진정한 인공 자궁 개발이 가능해져 정자와 난자를 받으면 체외 수정란 → 인공 자궁에 착상 유도 → 개체 탄생으로 이어져 사람의 의지와 상관없이 인간을 만들 수 있게 된다. 하지만, 인공 자궁 외에도 다른 문제가 또 있다. 앞서 설명했던 난자와 정자가 아닌 피부의 줄기세포로부터 생명이 태어날 수 있는 시대가 올 수도 있음을 이미 예고한 바 있기 때문! 이미 비슷한 포유류 척추동물 실험이 아래에서 열거한 대로 성공한 바 있어 인류가 어떤 문제를 마주하고 있는지가 더 잘 보이는 상황이다.

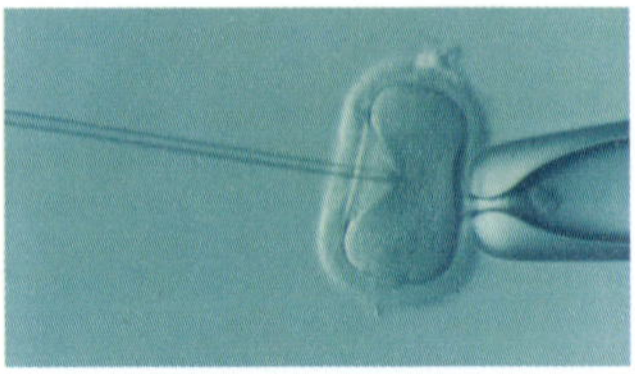

그림 6-3 인공수정

• 인공 배아의 미래

약 45년 전 1978년 영국에서 체외수정으로 세계 최초의 시험관 아기가 태어났을 때 생명윤리 관련해 논쟁이 벌어졌다고 한다. 지금은 이에 대한 거부 반응은커녕 일상에서의 응용이 다반사로 일어난다. 첨단 과학기술 발전에 힘입어 오늘날의 논쟁은 인공 배아나 인공자궁 등 완전히 다른 차원의 영역으로 전개되고 있다. 이 또한 격렬한 논쟁거리로 대두한 것이다. 엄마 없는 아기를 탄생시킬 수 있는 인공자궁 기술은 임신기간 24주↓/몸무게 1,000g↓ ultra-premature infant 초미숙아의 생존과 치료, 불임과 난임 부부 등에게는 손뼉 치며 반길 좋은 뉴스나 인간 복제에 대한 논란에 대한 걱정도 고려하지 않을 수 없다.

그에도 불구하고 과학자들은 난자와 정자 아닌 피부세포로부터 아기를 만들어 낼 수 있는 시대가 올 수 있다고 예측한다. 물론 그동안 축적된 자료에 근거하여 이런 예측을 한 것으로 동물 실험의 결과들은 이를 증명하고 있다. 대표적인 몇 가지 예를 들어보기로 하자.

- 2011년/일본/요코하마대학 실험용 생쥐 이용 → 수정 가능한 성숙한 정자를 시험관에서 만듦
- 2016년/중국과학원 인공 정자 → 난자 세포질에 주입 → 배아 → 건강한 새끼 쥐 출산함. 이 기술은 남성이 없어도 혹은 남성의 불임에도 여성들이 건강한 아기를 가질 수 있게 된다는 의미!
- 2016년/영국 정상적인 난자 사용 없이 쥐 번식에 성공을 발표해 파장 일으킴. 특수 화학물질 → 정자 → 배아로 발전시킴 → 대리모 자궁에 착상 → 쥐 탄생을 이루어낸 연구! 이 연구 결과가 갖는 의미는 충격적이어서 정자와 난자가 없어도 생식할 수 있다는 논리가 성립되는 것이다. 이처럼 시험관 내에서 정자와 난자를 만들어 수정시키는 In-Vitro Gametogenesis, IVG 시

험관 배우자형성 기술은 1970년대 사회적으로 크게 파문을 일으켰던 시험관 아기를 뛰어넘는 또 다른 과학적 혁명이라 할 수 있다. 물론, 상용화까지는 아직 생각조차도 못하나 가족의 개념을 흔드는 가히 혁명적인 기술이라고 할 수 있다.

팔이나 다리에서 채취한 피부세포 → 생식세포로 변환 → 인공 정자/인공 난자로 성장 → 정자+난자 수정 → 배아 형성 → 자궁 내 이식 → 태아 → 출산의 방식이다. 이 경우 정자와 난자를 모두 1명의 어머니(아버지)를 통해 아기가 탄생할 수 있음을 의미한다. 이 분야의 전문가들은 5년 이내에 성체줄기세포를 활용해 난자를 구성하는 세포를 만들 수 있고, 10~20년 후면 IVG 시술이 보급될 것이라고 예상한다. 더 나아가서는 부모가 배아를 디자인할 수 있어 맞춤형 아기가 탄생할 수 있다는 말이 되기도 한다.

끝맺으며

인공 배아 관련 연구는 이를 연구하는 방법과 어떻게 이용하는가에 따라 많은 것들이 변하고 다르게 되므로 그 어느 때보다 신중하게 그리고 조심스럽게 접근해야 한다. 인공 배아는 유익한 점을 가지고 있어 이에 관한 연구는 긍정적으로 불임 치료 등의 연구를 위해 쓰일 수 있어 좋게 볼 수도 있다. 긍정적인 측면에서는 인체의 초기 발생 과정 이해, 노화 방지, 질병 없는 삶 등 이상적인 세상으로 향해 갈 수 있다. 반면, 부정적으로 흐르면 그 끝이 어딜지 모를 방향으로 돌입할 수 있다. 인공 배아 활용이 최악으로 가는 예 중의 하나로 인간 복제를 들 수 있다. 인간 복제는 생명 윤리적, 종교적, 사회적인 차원에서 심각한 부작용을 초래하기 때문이다. 자연현상을 거스르는 최첨단의 과학기술이나 도구 등을 통해 전에 없던 영역을 연구하여 전에 없는 새로운 결과를 얻을 수 있는 경우, 시작과 결과에 이르는 모든 것을 윤리적 측면과 사회적인 문제점까지도 생각하며 진행하여야 한다. 오늘날 인류가 성취해내는 많은 혁신적인 과학적 결과는 윤리성도 고려해야 하는 뗄 수 없는 관계에 있다. 과학이 발전하면 할수록 인류를 위한 새로운 차원의 윤리적 기준이 더 충분히 마련되어야 할 것이다.

들어가며

정밀 맞춤형 의료, 무엇을 뜻하나요?

정밀 의료 Precision Medicine

1. 맞춤형 의료
    - 5대 혁신기술
2. 인체 장기 칩
    - 인체 장기 칩에 대하여
    - 미래 비전
3. 신약 개발
    - 분야별 성공사례: 미생물, 동물, 식물 분야
    - 최신 동향과 미래 전망

7장

정밀 의료: 맞춤형 의료, 인체 장기 칩, 신약 개발

7장
정밀 의료: 맞춤형 의료, 인체 장기 칩, 신약 개발

들어가며

정밀 맞춤형 의료, 무엇을 뜻하나요?

- 첨단과학의 발전과 생활수준 향상으로 사람들의 평균 수명이 높아지고 건강에 관한 관심이 그 어느 때보다도 커져 건강과 의료에 관한 연구가 예전에 비해 정밀한 맞춤형으로 진행되고 있다. 과학자들이 영어로 표현한 맞춤형 의료를 보면 비교적 쉽게 이해할 수 있을 것 같아 적어보는 것도 나쁘지는 않을 것 같다; order-made medical treatment, order-made medicine, tailored medicine 등. 예를 들어 개인적으로 부티크에서 옷을 맞춘다면 이미 만들어진 기성복과는 완전히 다른 내 몸에 딱 맞게 디자인하고 바느질을 한 나만의 옷이 완성된다. 맞춤형 의료도 말 그대로 치료

시스템이나 약물을 개인별, 질병 또는 그 시기 등에 따라 설계하고 실행하여 최상의 결과를 얻고자 하는 목표를 가진다.

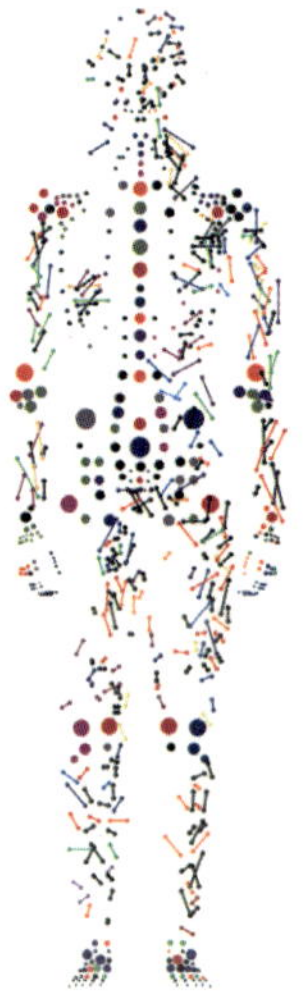

그림 7-1 맞춤형 의료

본 장에서는 먼저 몇 년 전부터 바이오·의료분야에서 새로운 기술로 알려진 1 CRISPR-Cas9, 2 CAR-T 항암제, 3 C형 간염치료제, 4 에볼라백신, 5 에이즈치료제 5대 혁신기술에 관한 설명으로 관련 주제에 대해 지식의 폭을 넓혀보고자 한다. 이어서 질병 발생 시 치료 및 인류 삶의 질 개선 연구에 큰 영향을 미칠 인체 장기 칩과 신약 개발에서의 후보 물질 및 성공사례 등을 다루어 정밀 의료의 현주소를 부분적으로 살펴보고자 한다.

정밀 의료 Precision Medicine

1. 맞춤형 의료

맞춤형 의료란 4차 산업혁명을 이끄는 의료분야에서의 혁신적 핵심기술을 개개인의 지극히 사적인 유전체/임상/생활습관.. 정보의 분석에 활용 → 개인별 맞춤형화 → 의료 & 헬스케어 건강관리 분야에서의 최적화된 서비스 제공을 의미한다. 맞춤형 의료는 一面 일면, 정밀 의료의 한 부분이라고 할 수 있으며, 구체화하여 현실에서 활용하는 데 있어 가장 중요한 것은 빅데이터를 구축하는 일이다. 개인이 지니는 대표적 정밀 의료용 빅데이터에는 각 인체 고유의 게놈 유전체, 임상 관련 정보, 그리고 각자의 생활 방식이나 습관 등이 포함되며, 이들로부터 수집된 많은 데이터를 분석하면 직면한 문제나 질병의 원인 등을 알아낼 수 있다. 만약, 사회적 차원의 큰 규모로 진행한다면 미래의 공중보건 분야에서 특히 도움이 되는 질병의 진단/치료/예측/예방+관리 의료 및 헬스케어 관련 정보와 서비스 제공도 가능해져 국민건강 증진에 이바지할 수 있다.

국민의 건강과 직결된 정밀 의료 맞춤형 의료기술은 특히 바이오, NT, IT 등의 발전에 힘입어 빠르게 성장하고 있다. 이에 발맞추어 미국/경제매체 Consumer News and Business Channel CNBC에서는 다음과 같은 향후 10년 바이오 분야를 혁신적으로 이끌어나갈 5대 기술을 2019년 발표한 바 있다. 이 기술들은 10여 년 전부터 바이오·의료 분야에서 이루어낸 획기적인 신기술들이자 이후 더 큰 발전을 도모할 수 있는 근간으로 평가된 기술들이다. 이들이야말로 맞춤형 의료에 가장 잘 맞는 현재진행형이자 미래형 기술이 아닐 수 없다.

다음에서는 크리스퍼 유전자편집 기술에서부터 에이즈 치료제에 이르기까지 혁신적인 맞춤형 의료기술들 다섯 가지를 요약 정리하여 소개하고자 한다.

• 5대 혁신기술

√ 유전자편집가위(CRISPR-Cas9)

이미 5장에서 설명하였듯이 크리스퍼 기술은 CRISPR-Cas9으로 알려진 유전자가위를 활용한 유전자편집 기술로 표적 DNA에서 특정 유전자를 절단하고 교정해 유전자치료 등에 적용할 수 있다. 크리스퍼는 목표 유전자를 찾아내는 유전물질 가이드 RNA와 DNA를 자르는 단백질 절단효소 Cas9으로 구성된 RNA 기반의 인공 제한효소! 최근 10여 년 동안 아주 빠르게 발전하고 있는 핫한 연구 분야로 이 기술에 의해 치료가 될 수 있었던 대표적인 유전적 질병은 오랜 기간 치명적이던 sickle cell anemia 겸상적혈구빈혈증이다. 크리스퍼 기술에 의해 겸상적혈구빈혈증이 어떻게 맞춤형으로 치료될 수 있었는지 간단히 살펴보자.

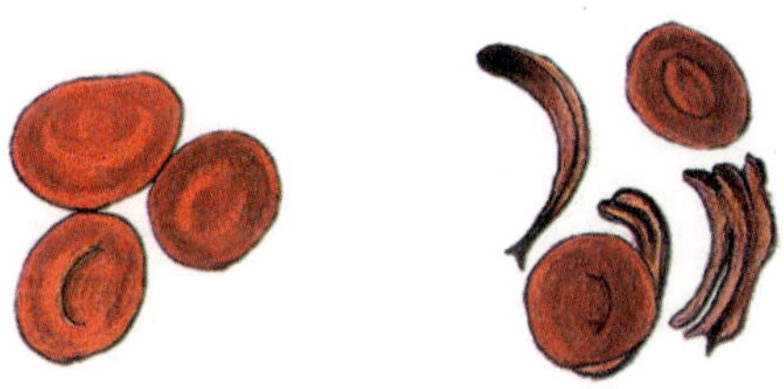

그림 7-2 겸상적혈구빈혈증(우)

겸상적혈구빈혈증은 헤모글로빈 혈색소 이상에 의한 질병으로 11번 염색체에 있는 베타글로빈 유전자의 변이로 발생한다. 특히 여섯 번째 아미노산 치환인 유전자상으로는 17번째 염기의 치환 즉, 염기 A → T로 바뀌었을 때 발병한다. 이 병은 Hbs 헤모글로빈 이상으로 겸상 낫세포 형태의 Hbs가 증가하고, O_2 양이 낮아지면 적혈구 → 겸상 낫세포 형태로 변해 혈관을 막히게 한다. 치료 방법으로는 골수이식이나 필요할 때마다 수혈이 대안이었으나 최근 CRISPR-Cas9 크리스퍼 기술을 활용하여 개발한 CTX001 유전자 치료제를 통해 치료의 길이 열리게 되었다. 특히 크리스퍼 테라퓨틱스사/Crispr therapeutics 크리스퍼 유전자가위 기술의 대표기업에서는 유전자변이가 일어난 베타글로빈을 조정해 시도하였다. 특히, HbA → HbF로 바꿔주는 방식이 효과가 있을 것이라는 점에 착안하여 해당 BCL11A 유전자를 통제하여 질병 발현을 크게 개선한 보고서를 최근 2020년 12월 중간데이터 보고 발표하였다. 치료제를 적용한 1상/2상 임상기간 태아의 경우, HbF 수치가 증가하여 수혈이 필요치 않았고, 성인의 경우엔 혈관 폐색의 위험에서 벗어날 수 있었다고 한다. 하지만 기술 적용과 관련 찬반의 논쟁거리는 계속 쟁점화되고 있어 찬성의 측면에서는 환자들에게 새로운 삶의 기회를 줄 수 있다고 유전자편집 기술에 대한 미국/국립보건원(NIH) 원장 지지 성명이 있는가 하면, 크리스퍼 기술에 대한 위험성을 걱정하는 의견도 있다. 2018년 중국에서는 남방과기대 연구팀 크리스퍼 유전자가위를 통해 AIDS에 걸리지 않는 쌍둥이 탄생을 성공시켜 인간 배아 연구에 대한 논란을 다시 일으켰다. 연구를 주관한 책임교수는 최근 중국 법원으로부터 징역-3년+벌금-300만위안(한화~5억원) 중벌을 선고받았다. 이전에 유전자조작으로 생물들이 변형되기 시작하였을 때 일어난 GMO 논쟁과 마찬가지로 전 세계적으로 이 기술에 대한 윤리성 관련 찬반의 논쟁은 계속될 것으로 보인다. 가능성을 넘어서 현실로 들어온 크리스퍼 기술에 관한 자세한 내용은 5장을 참고하기를 바란다.

√ **CAR-T 항암 치료기술** 일명, 키메라항원수용체 T세포

Chimeric antigen receptor T cell 약자로 차세대 면역항암제로 많은 주목을 받고 있다. 암이 진행되고 있는 사람의 암세포 공격하거나 다른 면역세포 돕는 면역세포 T세포 채취 → 유전자조작 → 세포 표면에 Chimeric antigen receptor, CAR 키메라항원수용체 발현 → 인체 재투입 → CD19 항원 인식 면역반응 유발 → 치료의 길을 찾는 기전이다. 즉, 특정 암세포 인식기능과 T세포 활성화 기능이 합쳐지게 만든 수용체로 암을 앓는 사람의 몸에서 면역세포 채취해 암세포를 인지 및 공격할 수 있게 세포 표면에 발현시킨 후 다시 몸에 주입하여 암세포를 인식하고 공격하는 치료제이다.

과거, 이런 치료제를 언급했다면 상상 속의 SF 소설에나 나오는 뜬금없는 소리처럼 들릴 수 있었으나 의료기술의 발달로 오늘날에는 혁신적인 차세대 항암제로 인정받고 있다. 개발에 성공하여 의료 시장에 CAR-T 항암제로 등장한 것은 환자 맞춤형 치료제인 일명, 기적의 항암제/노바티스사/Kymriah 킴리아와 길리아드사/Yescarta 예스카타! 이들은 암 환자의 T세포가 몸속에 있는 암세포들만을 인식하여 공격하도록 유전자를 재프로그래밍 바꾼 전형적인 맞춤형 혈액암 치료제로 미국 식품의약국 FDA가 2017년 승인했다.

최초의 CAR-T 치료제인 킴리아는 B세포 전구체 급성림프구성 백혈병/Refractory B cell precursor acute lymphoblastic leukemia 난치성 백혈병 치료용으로 승인되었다. 킴리아는 B세포 표면에 발현되는 CD19 항원을 표적으로 설계된 세포 치료제로 어린이나 어른의 B세포 혈액암에 대하여 ~83% 효과를 보인 것으로 알려져 있다. 그다음으로 허가된 2018년 매출액/~3천억원 예스카타도 CD19 항원을 표적으로 하는 Diffuse large B-cell lymphoma 거대 B세포 림프종 치료용으로 승인된 바 있다.

이들 치료제는 모두 환자의 T세포를 채취해 유전자조작을 거쳐 다시 투여하므로 거부 반응이 일어나지 않는다. 하지만 1 각 환자로부터 출발 물질의 상태가 다른 세포를 채취하기 때문에 대량으로 생산 및 대량접종할 수 없고, 2 제작에 걸리는 시간이 ~1개월 너무 길고, 3 약제 가격이 ~40만$/~5억 엄청나게 비싸다는 것이 단점으로 작용한다. 직면한 이런 문제들을 해결해야 하는 상황이나 소식통에 의하면 지난 10년간 기증된 건강한 세포로부터 만들어진 항암제를 표준화시키려 노력하는 회사들이 있어 향후 높은 발전 가능성이 점쳐지고 있다.

√ C형 간염 치료제

C형 간염은 Hepatitis C virus/HCV C형 간염 바이러스에 의해 간에 발생하는 염증성 질환으로 병원체는 혈액/수혈/섹스/문신/오염 주사기.. 여러 경로를 통해 몸으로 들어온다. 3,011개 아미노산의 HCV 유전체는 바이러스 구조를 만드는데 핵심적인 단백질 3개와 바이러스 증식에 필요한 비구조단백질 7개로 이루어져 있다. 몸은 유입된 HCV 제거를 위해 면역반응을 일으키는데, 바로 이 인체 면역반응의 과정에서 간세포가 파괴되어 염증이 생기는 것이다. 일단 감염되면 대개 6개월↑지속되는 경우 만성 C형 간염으로 진행되고, 통계에 의하면 간경변이나 암으로의 진행이 감염자 중 10~15% 정도에서 발생한다. HCV에 의한 C형 감염은 세계인구의 2~3% 1억3천만~1억7천만 명에서 발생하여 치료치 않으면 매년 35만 명이 넘는 사람들이 사망하는 질환이다. 20여 년 전만 해도 치료약이 없어 치료가 어렵다고 알려진 대개 생명을 위협하는 무서운 병이었다. 감염 발생원인 HCV는 single-stranded SSRNA 바이러스로 genotype 유전형은 7개 형태로 나뉜다. 검사는 C형 간염 바이러스에 대한 항체나 HCV의 RNA 검출용 혈액 검사를 통해 감염 여부를 확인할 수 있다. 오늘날은 그

치료에 HCV genotyping 유전자형 검사로 결정된 항바이러스제 → 바이러스 완전 제거 → 완치 가능하다고 한다.

현재는 바이러스에 직접 작용하는 간염 치료제 개발로 C형 간염 바이러스를 95%↑완치율 정복한 상태! Sovaldi, Harvoni 항바이러스 약제로 치료를 받으면 C형 간염 그 자체로 목숨을 잃는 경우는 거의 없어졌다고 할 수 있다. C형 간염 치료제를 최초로 선보인 시기는 2013년, *길리어드사에 의해 개발되었다. 이후 다른 제약회사에 의해서도 MSD/머크 자회사 → 제타피어/에브비사 → 마비렛 치료제들이 개발되어 현재는 인류의 건강을 위협하는 HCV 바이러스 걱정에서 상당히 벗어나게 해준 상태이다. 물론 아예 처음부터 감염되지 않게 개인 위생에 조심해야 하겠지만!

※ 길리어드 Gilead Sciences Inc. : 1987년, 미국 캘리포니아에서 바이오 벤처로 시작한 35년의 비교적 짧은 역사를 지닌 바이오 제약회사. 항바이러스 전문의 세계적인 바이오 제약회사로 성장하여 C형 간염 치료제, HIV 치료제, 항암제 등에 중점을 두고 있고, 타미플루, 소발디, 투루바다 등 혁신적인 신약 개발로 글로벌 제약회사로 자리매김하는 엄청난 성장을 이룬 곳이다. 2020년 매출액 243억$, 시가 총액 2002년에는 불과 2억$ 1,000억$ 규모로 증가하며 글로벌 10대 제약회사 중 하나가 되었다. 신생 스타트업 또는 바이오 벤처회사들의 성공적인 본보기가 되는 회사!

√ 에볼라 백신

2014년 서아프리카 기니/라이베리아/시에라리온 3개국에서의 거의 통제 불가능의 상태까지 가던 에볼라 대유행이 어느 정도 잠잠해지는 듯했으나 2018년 콩고의 우간다, 르완다와 인접한 지역에서 다시 에볼라 발병 3,300여 건 감염 사례가 보고되었고, 그 가운데 2,000여 명 이상의 사망자가 나왔다고 한다. Ebola virus disease, EVD 에볼라 질병의 병원체는 에볼라 바이러스로 이들에 노출되면 인체는 치명적인 상태에 돌입한다. 감염 이후 증상 발현의 잠복기는 2~14일 정도이며, 가장 치명적인 Zaire ebola virus 자이르 에볼라 바이러스는 치사율이 90%에 육박한다. 에볼라는 감염된 환자나 동물의 혈액, 체액, 조직 등이 닿으면 전염되고, 대부분 심각한 간/콩팥.. 장기 손상, 출혈 등이 나타난다.

이러한 상황에서 European medicines agency, EMA 유럽의약청은 2019년 11월, 에볼라 바이러스의 치명적 대발생 통제에 이미 사용한 바 있는 백신 Ervebo 어베보를 미국/제약회사-Merck 머크사에게 판매 승인하였다. 어베보는 2019년 세계 최초로 승인된 에볼라 백신으로, 인체의 면역반응을 이용한 Ebola virus, EBOV 에볼라 바이러스 감염을 예방하는 약제로 WHO 기준을 충족하여 유럽과 미국 FDA의 승인을 받은 것이다. 백신 1회 투여 → 14일 이내 면역반응 → EBOV 질환 예방 → 효과를 보인다. 어베보는 유전자재조합의 *약독화 생백신으로 EBOV 유전자 → 수포성 구내염 바이러스에 삽입하여 만든 것이다. 어베보는 2003년 첫 특허를 등록했고, 과학자들 사이에선 rVSV-ZEBOV-GP로 알려져 있었다. 이미 콩고에서는 수십만 명의 사람들이 투여받았던 rVSV-ZEBOV-GP 약물로 에볼라에 대항하는 면역물질이 승인된 것은 이번이 처음이다. 서아프리카에서의 에볼라 대확산을 저지하기 위해 2014~2016년 임상적으로 사용된 바 있고 현장시험 결과, 에볼라 감염 예방에 탁월한 효과를 발휘하는 것으로 나타났다.

※ 약독화 생백신 Live attenuated vaccines : 살아있는 바이러스의 감염 전파력과 인체에 대한 독성의 정도를 낮춘 백신으로 접종받은 사람의 몸에서 증식해야만 면역반응을 유발한다. 생백신 투여 시 바이러스는 증식하더라도 감염증을 일으키지 않거나 인체에는 훨씬 가벼운 증상을 일으킨다.

에볼라 바이러스 감염으로 진행된 EVD를 치료할 수 있는 검증된 특별한 방법은 아직 없고, 백신 개발에 성공하여 2019년부터는 에볼라 백신 어베보 접종으로 예방이 가능한 정도이다. 사망의 주된 원인은 대개 다발성 장기 손상, 저혈압, 혈액 응고, 조직 괴사 등이다. 그런데도 효과가 있는 것으로 알려진 치료제로는 대표적으로 Zmapp Z맵이 있지만, 그 효능은 아직 완전히 입증되지 않았다. Z맵은 혈청과 비슷한 원리로 에볼라 바이러스에 대한 항체를 몸에 투여해 바이러스를 중화시킨다. Z맵 개발에는 미국과 캐나다의 제약회사들이 관여하고 있다. Z맵은 일종의 혈청 칵테일로 두 종류의 미국/Mapp Biopharmaceutical사 MB-003 + 캐나다/디피루스사 ZMAb 항체 치료제를 혼합해 높은 효능을 갖게 한 치료 후보물질로 임상의 실험단계에 착수한 TMK-에볼라와 함께 실험단계에 있지만 향후 에볼라 치료제로 가장 유력하다고 그 물망에 오른 것이다. Mapp biopharmaceutical 제약회사는 유전자조작으로 사람의 항체 생성 유전자 → 담배 식물에 이식 → 담배 잎에서 인간 단일클론항체 3종류 항체 제조 → 혼합 → 주성분으로 만든 약으로 알려져 있다. 원숭이 동물실험에서는 100% 치료 효과를 보이기는 하였으나 아직 인간에 대한 정식의 임상 시험이 없어 인체 대상의 효과와 안전성은 미결로 남아 있다.

√ 에이즈 예방약

후천성 면역결핍증후군/acquired immune deficiency syndrome AIDS는 human

immunodeficiency virus, HIV 인간 면역결핍 바이러스에 감염되어 몸의 면역력을 점차 잃는 난치성 내지는 만성질환으로 병원체는 HIV-1과 HIV-2의 두 종류로 나뉜다. 발병 속도가 빠르고 광범위하게 퍼져 있는 HIV-1에 비해 HIV-2는 주로 서아프리카 일부 지역에 국한되어 발생한다. HIV는 단백질과 유전자가 RNA인 레트로바이러스로 HIV를 많이 생산한 숙주의 면역세포는 서서히 죽게 된다.

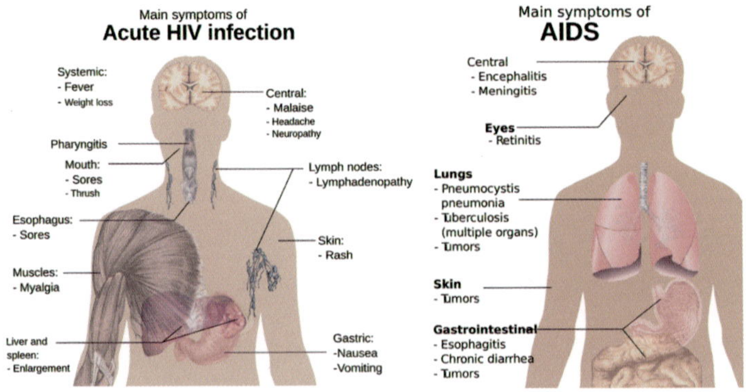

그림 7-3 에이즈 증상들

치료제는 HIV 증식을 억제하여 본격적인 AIDS로의 진행을 지연시키는 약물로 역전사효소/단백분해효소.. 효소 억제제를 사용한다. 아직 완치에 이르는 약제는 없고, 3가지 약제 동시 복용 칵테일 요법을 주로 사용한다. 약제를 혼합하는 이유는 약을 하나만 쓸 때 발생하는 내성 방지용이며, 그에 따른 치료 효과도 높이는 것으로 알려져 있다. HIV는 돌연변이가 잘 생겨 치료 시 한 종류의 약제만 사용할 경우, 몇 주 후 약제에 내성 지닌 변종이 생겨 치료에 실패할 확률이 높아지기 때문이다. 치료제 복용법에 따라 복용하면 병 진행을 막고 생존의 기간을 연장해 줄 수 있다. 치료제는 주로 HIV 증식에 필요한 역전사효소/HIV가 감염성 바이러스 제조에 사용 단백질 방해 → HIV 증식 방지 → 몸속 HIV 양↓ 유도한다.

지난 수년 동안 연구자들은 에이즈 병원체인 HIV를 통제할 연구를 지속해서 수행하여 실마리를 찾아냈는데, 최초로 에이즈 예방약의 허가를 받아 환자들에게 처방할 수 있게 된 것이다. 드디어 에이즈 질병 발견 30여 년이 지난 시점인 2012년에 미국 FDA는 길리어드사 트루바다를 승인하기에 이르렀다. 이 약을 매일 먹으면 HIV 감염의 위험을 99% 수준으로 낮출 수 있고, 약은 단가가 계속 내려가면서 감염된 사람들에게 더 널리 적용할 수 있게 되었다. 하지만 여기서 끝나지 않고 더 큰 진전이 있어 2021년 1월 미국 FDA는 최초로 주사제로 에이즈 치료를 할 수 있는 약의 사용 허가를 내주게 되었다. 매달 1회 주사로 맞는 에이즈를 치료할 수 있는 주사제는 바로 Cabenuva 카베누바! 케베누바의 승인으로 에이즈 환자는 매일 여러 개의 알약을 여러 차례 경구 복용해야 하는 번거로움에서 벗어날 수 있게 됐다고 전했다.

HIV 전문기업인 ViiV Healthcare 비브헬스케어가 승인받은 1회/월 장기 지속형 HIV 주사제 카베누바는 개발된 신약 카보테그라비르를 병용하는 것으로 성인용 HIV-1 감염 치료제로 승인을 받은 것이다. 한 달에 한 번 정해진 시간에 이들 약을 따로 근육 주사로 맞는데, 특히 카베누바는 긴 시간을 두고 천천히 방출되는 extended-release 서방형 주사제로 알려져 있다. 카베누바 치료 시작 전에 약 1개월간 카보테그라비르와 릴피비란를 경구 투여하고 그 내약성 평가가 선행되어야 한다고 전해진다.

위에 언급한 5대 혁신기술의 예만 보더라도 개인 및 국민의 건강과 직결된 정밀 의료 맞춤형 의료기술은 특히 BT, NT, IT 등의 발전에 힘입어 빠르게 성장하고 있다. 가히 향후 10년 바이오·의료 분야를 혁신적으로 이끌어나갈 5대 기술임에는 틀림이 없어 보인다. 이 기술들 이들이야말로 맞춤형 의료에 잘 부합되는 신기술들이 아닐 수 없다. 앞으로 그 성장에 큰 관심을 두고 눈여겨보아야 할 기술들이다.

2. 인체 장기 칩 chip

• 인체 장기 칩에 대하여

인체 장기 칩은 몇 cm 내외의 작은 크기로 유연하고 투명한 재질로 만들어진다. 칩 안에는 직경 1mm↓ 초소형 유체를 담은 튜브가 인체 특정 기관이나 조직에서 분리해 낸 세포와 함께 복잡한 패턴을 형성한다. 영양분/혈액/화학물질/약물.. 실험용 화합물을 튜브에 넣으면, 세포들이 살아 있는 장기의 핵심 기능의 일부를 모사하며 기관 내에서 작동하듯이 제 기능을 수행한다. 이런 인체 장기 칩은 세포 배양으로 인체 표적이 되는 장기의 기능을 구현하므로 신약 개발 과정에서 필수적인 데이터 검증이나 독성분 평가에서 임상의 동물 실험 등을 대체할 수 있다.

Organ-on-a-chip 또는 organs-on-chips 인체 장기 칩은 ① 전자회로가 놓인 소형의 투명한 플라스틱 칩 위에 인체 내 특정 장기를 구성하는 세포들을 배양하고, ② 배양된 세포들로 구성된 해당 장기가 갖는 기능과 특성을 나타내며, ③ 그 세포들이 수행하는 생리·생화학적인 반응을 구현해내는 생체모방의 특징을 지닌다. 인체 장기 칩 기술은 미세한 공학적 마이크로 기술과 생물학적 지식과 데이터의 융합을 통해 발전하고 있다.

공학적인 칩 제조 기술을 이용해서 인체 장기 칩 구조가 조직 내 세포와 세포의 실제를 묘사한 환경에 상호작용 할 수 있도록 디자인한다. 일반적으로 칩의 구성은 몇 개의 유체 통로, 중앙의 다공성 유연한 막 위에는 인체 장기에서 채취한 표적세포 배치, 그리고 아래에는 혈관 세포들이 위치한다. 최초로 만든 폐 장기 칩을 통해서는 인체가 세균 감염과 면역반응에 대하여 일으키는 기전을 연구할 수 있었다. 연구자들은 이와 같은 칩 기술을 통해 전과는 다르게 장기 실험 없이 생물학적 현상을 관찰할 기회를 얻게 되었다. 얼마 전에는 장기 칩 이용 내분비 세포가 혈류로 호르몬 분비 방법 모방 → 당뇨약 관련 결정적 실험을 수행할 수 있었다고 한다. 이에 더해 맞춤형 약물 분야에서는 환자에서 추출한 줄기세포 이용 → 마이크로칩 제조 → 칩 활용 방법 탐색이 가능한 상태이다. 이런 마이크로칩 활용으로 개인화된 치료법을 알아내는 것이 이론적으로 가능하다는 것이 연구진들의 견해!

지금까지도 대부분, 의·약학을 비롯한 생물학적 기초 및 응용 연구와 신약 개발에서 인체 적용 전 임상실험, 그리고 실제의 약물 시험 등은 기능 수행 중의 작동하는 장기에서 확인해야 정확하므로 계속 실험동물을 대상으로 진행하고 있다. 가장 많이 실험에 사용된 동물은 마우스, 랫드, 기니피그 등 설치류, 토끼, 개, 돼지, 햄스터, 원숭이 등 순으로 나타났다. 약물 특성에 따라 토끼나 인간과 비슷한 영장류인 원숭이를 이용하기도 한다. 신약 개발은 크게 3단계로 진행되는데, 1단계 → 신약후보물질을 찾는 탐색 과정, 2단계 → 발굴된 후보물질의 효능을 밝히는 동물실험 전 임상 과정, 3단계 → 사람 몸에 적용 인체 임상 과정으로 나뉜다. 약의 독성 여부나 부작용 유무를 확인하기 전에는 인체에 적용할 수 없어 필수적으로 거치는 과정이 동물 실험이다.

일명 '칩 위의 장기' 인체 장기 칩은 첨단의 신기술이 칩 위에 인체 장기의 기능적 특징을 아주 작은 크기로 재구축해서 이를 충족시키고 있다. 인체 장기 칩은 비교적 신생 영역으로 2010년 폐 칩 개발에 성공하면서 본격적인 궤도에 들어갔다. 폐에 이어 간, 뇌, 신장, 심장, 척수, 혈관, 기도, 골수, 눈, 각막, 태반, 장, 여성생식기, 피부 등 15개의 인체 장기 칩이 개발된 것으로 알려졌다. 현재, 인체 장기 칩 기술은 국내는 물론 해외 과학자들이 큰 관심을 보이는 연구주제로 다른 장기들도 축소된 모형으로의 개발이 이어지고 있다. 이렇게 장기 칩 기술개발이 본격화되면서 미국 National Institutes of Health, NIH 국립보건원은 2012년부터 일찍이 프로젝트 계획하에 인체 장기 칩 관련 연구를 적극적으로 지원하는 것으로 알려져 있다. 전문가들은 인체 장기 칩은 이제 본격적인 상용화 단계에 들어섰다고 보고 있다. 이 기술은 끊임없이 다른 기관, 조직, 세포 등과 소통, 협력, 상호작용 등을 통해 인체의 기능 및 특성을 재구현하려고 실험적으로 시도한 결과임에 틀림이 없다.

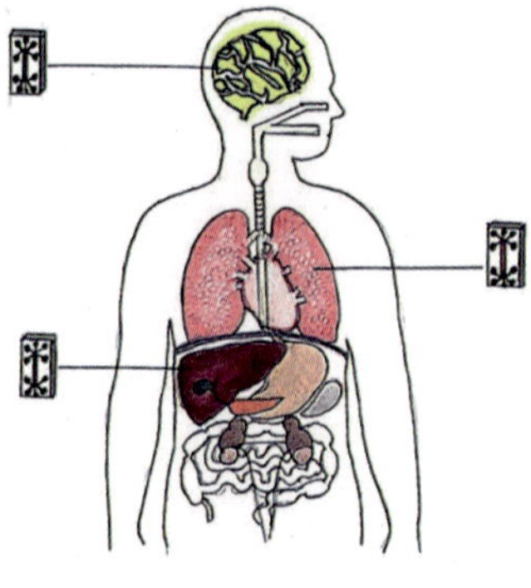

그림 7-4 인체장기 칩(예: 뇌, 폐, 간)

• 참고: 이승준(2016), Huh et al.(2011)

각각의 인체 장기 칩은 신약 개발과정에서 약물의 흡수와 효능을 알아보는 데 이용되고 있다. 그동안 장기 칩 세포 배양에 쓰인 세포 유형은 사람의 폐포, 눈, 심장, 혈관, 간, 신장, 장, 암, Hela 세포 등이고, 토끼의 심근세포, 그리고 쥐의 경우에는 간, 장, 내피, 피부세포 등이 다양하게 사용되었다. 아래에서는 그동안 발표된 장기 칩 연구에서 표적 시험이 무엇인가를 알려준 성과들을 모아 살펴보고자 하였다. 참고: https://blog.daum.net/morningcalm/15854821 이들 결과를 보면 확실히 장기 마이크로칩은 신약 개발업계에 활력을 불어넣을 것만은 틀림이 없어 보인다. 인체 내 다양한 장기를 생체모방하는 기술력 덕분에 신약후보물질에 대한 보다 실용적이고 정밀한 실험이 가능해지기 때문이다.

- 눈 - 눈물 분비 시험
- 뇌 - 혈관 → 뇌 약물 흡수 시험
- 기도 - 약물 흡수 시험
- 척수 - 면역반응 시험
- 혈관 - 혈관 내피세포를 바른 고분자 재질의 통로가 혈관을 모방
- 심장 - 심근 수축과 전도 시험(심근세포가 전기/화학 신호에 따라 규칙적으로 수축과 이완을 반복)
- 폐 - 약물 흡수 시험(천식과 호흡기 감염증 치료제 실험 포함)
- 간 - 약물 대사 과정 시험(이외 식품 보조제 & 화장품 독성실험)
- 장 - 약물 흡수 시험
- 신장 - 노폐물 분비 시험
- 태반 - 태아로 약물 흡수 시험
- 피부 - 암세포로의 피부 연결 시험
- 여성생식기 - 생리주기 시험

특히, 2~4개 장기 칩을 연결한 복합 장기 칩의 경우에는 독성 시험에 주로 이용된다. 이러한 인체 장기 칩 연구는 마이크로 기술의 발전에 힘입어 더 복잡한 구조까지 묘사하는 방향으로 나아가고 있다. 특히, 여러 장기 결합형으로 발전시키고자 하는 모델 연구에서는 2016년/MIT/린다 그리피스교수 10종류의 장기 칩을 하나로 결합하는 데 성공하여 인간의 모든 장기와 조직을 구현하고자 하는 최종 목표에 한 걸음 한 걸음 다가가고 있다. 이런 최종 목표가 달성된다면 더는 동물이 희생되는 동물실험 없이 모든 장기에 미치는 약물의 영향을 동시에 또는 한 번에 알아볼 수 있게 될 것이다. 최근엔 단순하게 형성된 조직시스템 → 여러 조직이 합쳐진 'Human-on-a-chip, 칩 위의 인간' 통합된 개념의 시스템으로 발전하고 있다. 개발된 통합시스템에서는 다양한 조직의 구조 및 이들 조직이 처한 미세한 환경을 모사하는 시스템으로 되는 것이다. 다시 말해, 이는 인체 내 모든 장기의 기능을 칩 하나에 넣는 통합시스템으로 대표적인 예는 human breathing lung-on-a-chip 인체 폐 모사 칩에서 볼 수 있다. 인체 장기, 독성/효능시험/기능연구 시험유형, 기술개요, 배양세포의 종류 등과 관련된 현황 및 적용 등에 대한 자세한 내용은 이승준, BRIC VIEW 2016 '랩온어칩(Lab-on-a-chip) 기반 기술 동향' 보고서를 참고하기를 바란다.

현시점에도 크든 작든 제약회사들은 생산시스템에서 신약이 될 수 있는 후보물질로 합성되는 화학성분의 생체에 미치는 효과와 부작용 등 일련의 문제를 확인하거나 해결하고자 대부분 경우, 그에 대한 임상 시험을 동물실험에 의존하고 있다. 이로 인해 전 세계에서는 해마다 수천만~1억여 마리의 다양한 동물이 인체를 대신하여 실험에 쓰이며 희생되고 있다. 근래 들어, 동물복지 관련한 사회의 인식이 높아져 많은 사람이 동물실험이 생명·윤리적인 문제가 있다고 생각한다. 당연히 이에 대한 논쟁은 끊임없이 수면 위로 올라와 생명윤리에 대한 찬반 의견이 설왕설래한다. 놀랍게도 동물실험에서 얻은 결과가 같은 약물에 대한 인체 반응의 결과와 다르거나 비슷하다고 하더라도 유의미한 경우가 드물다고 한다. 이런 사실로 비추어보아 실제 동물실험의 결과를 인체에 적용하는 것은 효율적이지 않고 위험할 수 있음을 쥐를 이용한 실험들이 증명하고 있다. 가장 많이 사용되는 쥐 이용 연구에서 의미 있는 결과가 나와도 실제 인체에 적용하면 그 결과가 그대로 재현되지 않는 일이 흔하기 때문이다. 실제의 동물실험에서는 부작용 없이 효능을 보였던 약이 인체에서는 부작용이나 효과가 없었던 사례가 아주 많았다고 한다. 이에 대해 우리의 정곡을 찌르는 누군가가 한 말이 생각이 나는데, 다름이 아닌 "Human body is not a big mouse."라는 표현!

인체 장기 칩의 필요성을 논하며 장황한 말들이 전개되었으나 다시 본론으로 돌아가 보자. 그렇다! 동물실험에 대한 대안으로 축소되었기는 하지만 인체 장기를 모사한 장기 칩에서 수행된 실험은 어느 동물실험보다 효과적이고 믿을 수 있는 데이터를 제공할 것이기에 이에 거는 기대가 크다. 인체 장기 칩은 특히, 약학 분야 및 동물실험 대체 분야에서의 큰 발전을 기대하게 만든다. 신약 개발에서 동물실험 대신 인체 장기 칩을 사용하게 된다면 전임상 시험 단계에서 어떤 독성이 나타날지를 알아낼 수 있고 더 신뢰할 수 있게 된다. 통계에 따르면 전임상 단계의 연구에는 신약개발 전 과정의 20~30%가 소요되고, 약이 성공하여 출시되기까지 평균 8,000여억 원과 10여 년의 시간이 든다고 한다. 신약 개발에서 마주치는 기존의 동물 모델이나 연구 과정에서의 문제점의 개선에 이바지할 수 있는 것이 바로 인체 장기 칩 분야다.

• 분야별 성공사례: 미생물, 동물, 식물 분야

√ 미생물 분야

신약 개발과정에서 인류의 역사를 바꾸어 놓은 것 중의 하나는 항생물질의 발견이다. 미생물이 생산한 저분자 물질로 다른 미생물 성장을 억제하는 항균 작용이 있고, 병원균에는 독성을 나타내 균 감염을 치료하나 인체엔 독성이 없는 것이라 알려졌다. 대표적으로 페니실린, 스트렙토마이신, 카나마이신, 테트라사이클린, 스피라마이신 등을 포함한 ~6,000종 수천 여종의 항생제도 바로 여러 가지 미생물에서 추출된 것이나, 산업적으로 시판되는 의약용은 약 100여 종류이다. 예전엔 곰팡이 등을 이용 생산하였으나, 근래에는 미생물 원형질체 융합기술 BT 기술로 페니실린을 생성하는 원래 *Penicillium* 균 세균보다 100배 정도 향상된 생성 능력을 지닌 변이 균주를 개발해 대체하고 있다. 또한, 세파계 항생제.. 세균의 세포막 형성 억제 → 인체에 부작용 없는 제4 세대 항생제 개발 → 의약품 외 작물생장/식품보존/사료/농약.. 여러 분야에서 적극적으로 활용되고 있다. 최근에는 신종 해양미생물에서 고부가 가치의 새로운 항생제 물질 탐색연구가 활발히 진행되고 있다.

바이러스/세균/곰팡이.. 이물질 침입에 대항하기 위해 몸에서 생성되는 interferon 인터페론은 항바이러스성 단백질 바이러스 억제인자로 감염이 시작되면 면역조절 작용 → 면역세포 활성화 → 항 종양작용을 수행한다. 인체 건강에 중요한 인터페론은 얻기 어려운 물질로 지금까지는 백혈구 채취 → 유도물질 적용 → 생산했으나 소량에 질도 좋지 않은 단점이 있었다. 이를 개선하기 위해 시도한 유전자재조합 기술로 인터페론 생성 유전자 → 대장균에 삽입 → 질적 향상 → 개선된 물질로 생산되고 있다. 미생물을 이용한 신약 개발에 관한 자료는 방대하여 일상생활 속으로 들어와 누구라도 이용할 수 있는 대표적인 비교적 최근의 성공사례 하나를 택하여 설명하고자 한다. 그 예는 바로 보툴리누스균으로 이와 관련된 내용을 살펴보도록 하겠다.

식중독의 원인균인 보툴리누스균은 혐기성 간균 *Clostridium botulinum*으로 치명적인 신경독을 만들어 현존하는 생물독 중 가장 강력한 독소로 알려져 있다. 혐기성 환경에서 균이 생성하는 외독소가 음식에 들어 있었다면 식중독을 일으킨다. 이외에도 상처에 세균 감염이나 통조림 식중독 등으로 보툴리눔 독소중독이 일어나면 목숨을 잃을 수 있지만 열에는 약해 끓이거나 가열하면 독성의 활성이 사라지면서 독이 없어지는 특징을 지닌다.

보툴리눔 독소는 독성이 강한 만큼 치사율도 높아 극소량으로도 대량학살이 가능한 성분이다. 약 200g으로도 전 인류를 살상할 수 있을 정도로 맹독성이다. 쥐 실험에서 독성분 1g으로 약 10억 마리, 사람으로 환산하면 2백 만여 명을 죽일 수 있음이 추정되기도 하였다. 체중 ~60kg 성인에 있어서도 0.6~0.7㎍으로 죽음에 이르게 할 맹독 순위 1위의 독이다. Botulism 보툴리즘은 이들 균의 신경독에 의해 발생하는 신경마비성 식중독으로 그 사망률이 무려 30% 이상이나 된다. 강력한 신경전달 차단의 저해제 역할로 근육 움직임에 이상을 가져오며, 섭취 → 12~72시간 잠복기 → 구토/복통/설사.. 증상 발현 → 신경전달물질 아세틸콜린 분비 억제 → 근육 이완과 마비 → 호흡기 근육마비 시 → 중독 사망에 이른다. 중독 극복에는 보툴리즘 면역글로불린 해독제 주입 및 설사제 투여로 체외로의 독소 배출을 신속히 진행하여야 한다. 해독제가 개발되어 중독에 의한 치사율은 무려 60% 수준 → 10% 이하로 크게 개선되었다.

보툴리눔 톡신은 분자량이 큰 단백질($C_{676}0H_{10447}N_{1743}O_{2010}S_{32}$, 분자량 149,320)로 단백질이나 단백질분해효소에 의해 분해되지 않는다는 특성이 있고, 중독 유발 독소 가운데 A형이 분리 및 정제가 쉽고, 안정적이며, 독성이 다이옥신 독성의 100만배 가장 강해서 주로 임상적으로 이용된다. 여기서 짚고 넘어가야 할 것이 한 가지 있다. 다름 아닌 이들 독소는 독과 약은 근본적으로 같은 것이라는 사실을 보여주는 단적인 예로 지상 최강의 독성분도 유용한 약제로 쓸 수 있음을 보여준다. 신경 말단에서 아세틸콜린 분비를 억제 → 신경전달 저해제로 이용된 것으로 맹독 → 치료용 성분으로 전환한 것이다. 개발하게 된 계기는 독소의 전신 작용은 치명적이나 국소에 극미량 주입 → 신경이나 근육조직에서의 이상 증상 효과적 제어 가능성 예측 → 착안해서 온 것이라 한다.

인체 적용에 앞선 실험에서는 최우선으로 독소 단백질을 나노그램 수준으로 정제해야 하고 전신에 영향을 주지 않는 용량 이하로 만드는 과정을 거쳐야만 한다. 이런 과정을 거쳐 극미량의 희석된 독성분은 투입된 부위의 근육만 국소적으로 이완시키는 약리작용을 지니게 만든다. 아세틸콜린 분비 억제기능을 지닌 살균 처리 A형 보툴리눔 톡신은 적절한 근육 이완을 일어나게 하는데, 이를 상업적으로 활용한 것이 바로 보톡스의 원료인 것! 희석한 극미량을 잘 사용하면 치료제로 쓸 수 있어 근육 문제로 인해 생기는 질병이나 일반 주름 개선용으로 쓸 수 있는 것이다. 보툴리눔 톡신 희석 → 의료용/상품화 → Botox 보톡스 탄생으로 이어져 21C 들어서는 그 응용이 더욱 넓어져 오늘날에는 다한증/사각턱.. 다양한 치료에 사용되고 있다.

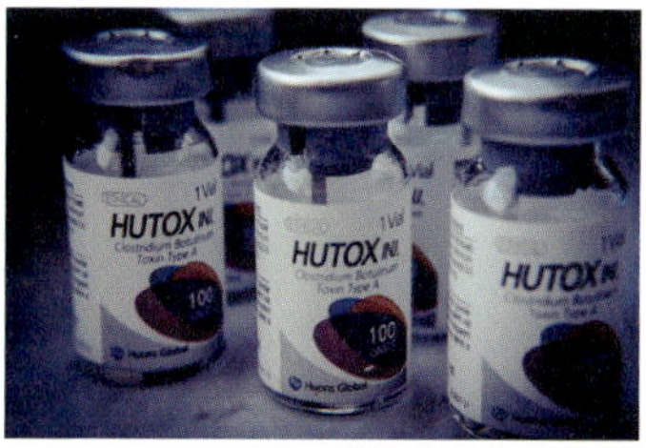

그림 7-5 보톡스

※ 보톡스 Botox : 미국/1991년/Allergan Inc. 엘러간사는 보툴리눔 A형 톡신을 정제해 만든 근육수축 주사제를 보톡스로 FDA 승인을 받았다. 이후 일반 명사 '보톡스'로 새로이 2002년/영국/Oxford Dictionary 사전에 등재되기에 이르며, 지금까지 누구나 쉽게 주름제거나 피부미용 목적으로 피부과 등에서 널리 사용되거나 의료용으로 다양한 질병에 치료를 위해 전문적으로 시술되고 있다. 보톡스는 수술 없이 주사로 주름 개선의 효과를 나타내어 일반에게 많은 환영을 받아 널리 보편화되고 있다. 보톡스의 세계 시장 규모가 2021년 한화 약 7조원 59억$에 이를 것으로 전망되고 있어 세균성 물질이 변신에 성공한 대표적 약 개발 사례라고 할 수 있다!

보툴리눔 독소 관련 연구 동향에서

• 독소 중화용 항체 개발 - 보툴리눔 독소의 강력한 살상 효과로 인해 20세기 초에 이 독소를 생물학적 무기로 개발하려는 시도가 있었다. 독소 이용 생물테러 대비 및 자연발생 보툴리즘 대비가 큰 이슈가 되어 그 대응책을 준비하기 위해 기반 연구, 백신 및 치

료제 개발 등의 연구는 활발히 진행되고 있다. 만약 이들 독소를 생물테러 무기로 사용할 경우, 독소 중화용 항체를 개발하면 그 공격에 대비한 보툴리즘 예방 및 치료용 항독소 생산과 비축을 할 수 있다. 미국에서 만든 단클론항체 3개 재조합의 올리고 클론항체 항체는 인체의 면역글로불린보다 이들 신경독 중화에 90배나 강력했고, 시너지효과도 커서 LD50 반수치사량 수치에 500배에 해당하는 보툴리눔 독소를 주입한 쥐도 생존시켰다는 것이다.

• 보툴리눔 독소를 해독제로 사용하다! - 식중독 유발 보툴리누스균은 극도로 위험한 세균으로 1g만으로도 수천만 명의 사람을 죽일 수 있는 타의 추종을 불허하는 세계 최강의 신경독을 생산한다. 독소가 신경세포에 침투하면 아세틸콜린 분비 억제로 심각한 신경 증상이 일어나며, 중증 시 근육마비, 호흡곤란 등으로 죽는다. 이렇게 맹독성의 공포 대상의 세균이지만 최근, 뇌졸중 후유증 치료에 이들 독소를 이용하는 방법이 알려졌다. 소량의 살균 처리된 A형 보툴리눔 독소의 아세틸콜린 분비 억제 → 적절한 근육 이완작용을 이용하는 것이다. 이를 이용해 뇌졸중으로 인한 근육의 과도한 긴장을 이완시키고, 안검경련, 사시 등에도 치료제로 이용하고 있다. 예방 목적으로 사용할 수 있는 백신은 아직 없으나 21C 초반부터 안정적이면서 다양한 기능을 갖는 여러 가지 형태의 백신 관련 연구 및 개발이 시도되고 있다. 그 가운데 유전자재조합 GM 백신이 개발되어 임상 2상에서 평가 중이고, 치료제 등 약제 개발에 관한 연구 또한 적극적으로 수행되고 있다. 그 결과, 치료용 항독소 미국/CDC 시험용으로 개발된 *Ephedra* 식물 마황의 독소가 있고, 국내에서도 마황 독소를 대체할 수 있는 치료제 개발에 부단히 노력하고 있다고 한다.

√ 동물 분야

최근, 동물 독의 인체에 미치는 영향을 밝히려는 연구가 활발하게 진행되고 있어 질병 치료에 또 다른 가능성을 기대하고 있다. 특히, 동물 독성분과 인체의 생리적 영향을 요약 정리한 미국/콜롬비아 의과대학 데이터과학 연구진/치료용 독 데이터베이스 '독 지식 베이스(Venom Knowledge Base, VenomKB)'를 만들어 43,000여 건의 방대한 정보를 기록해 놓았다. VenomKB는 당뇨, 비만, 암, 통증 등 각종 질병에 대한 치료제로서의 독과 그 사용에 관해 5,117건의 연구 결과들이 요약되어 있다. 출처: 인터넷 과학전문매체/EureKalert 현재는 VenomKB 내 극히 일부만 의학적으로 이용되고 있으나 이들 자료에서 언제든지 새로운 치료제 개발에 필요한 후보물질이 있을 것이란 기대는 기우가 아닐 것이다. 다음에서는 참고로 활발히 연구되고 있는 일부 동물의 생리활성 성분들의 활용을 열거해보고자 한다.

• 뱀독 - 심혈관계 질환 및 여러 질병의 치료제로 끊임없이 연구되고, 특히 난소암에서는 암세포 증식 관련 단백질 복합체 활성 억제, 특정 단백질의 신호 억제 등에 효과가 있는 것으로 알려져 있다. 세포사멸 과정에서 신호전달에 관여하는 cell death receptor 세포사 수용체 발현 증가와 세포사 유도물질의 내성 감소 효과가 있어 암세포만을 선택적으로 죽이는 차세대 항암제로 주목받고 있다.

또한, 독성단백질 β-아밀로이드가 알츠하이머병 원인 중 하나라는 것은 여러 연구에서 밝혀졌고, 이를 제거할 수 있는 열쇠가 뱀의 독에 있다는 것도 최근 알려졌다. β-아밀로이드 분해효소를 자극할 수 있는 분자를 살무사 독에서 발견하여 동일 분자를 합성 및 실험한 결과 뱀독의 분자와 같은 효과가 확인되었다. 이를 계기로 뱀의 독을 알츠하이머병 치료제로 개발하려는 가능성이 한층 더 가까워지고 있다. 또한, 뱀독을 혈전증 치료제 개발 → 뇌졸중, 심근경색, 뇌경색, 항암제 등의 치료제로 응용하는 연구가 진행되고 있다.

- 살모사 독 ancrod 단백질 → 항응혈제, 당뇨병 치료제, 고혈압 치료제, 진통제 등
- 까치살무사 Saxatilin 삭사틸린 단백질 → 암조직 내 신생혈관 생성 억제
- 러셀살무사 뱀독 → 혈액응고제
- 살무사 독 → β-아밀로이드 분해효소 자극 물질 → 치매 치료제 개발 가능성↑
- 코브라 뱀독 → 피부암 일종 흑색종 항암제
- 뱀독 효소 → 섬유성 점착제 → 구강/성형외과 외과수술 시 상처 봉합에 사용

• 독화살개구리 - 독소 바트라코톡신의 LD50=0.002㎎/㎏! 가장 맹독인 경우, 한 마리가 2㎎ 함유하는데, 이는 1마리 독이 성인 20여 명을 죽일 수 있는 양으로 이를 의약품으로 개발하려는 연구가 활발히 수행되고 있다. 특히, 독성분 epibatidine 에피바티딘은 이들의 피부 분비물에서 추출한 강력한 진통성분이나 초기엔 강력한 독성으로 임상 응용이 어려웠다. 그러나 지속적인 연구로 약물 중독성이나 금단증상 없는 물질로 합성에 성공하여 모르핀 대신으로 이용하고 있다. 모르핀 200배 정도의 강력한 통증 억제 작용을 지니나 습관성이 없어 모르핀 대체 가능 진통제로 임상에서도 적용을 시작하는 단계라고 한다. 또한, 에피바티딘에는 신경계의 아세틸콜린 수용체와 굳게 결합하는 성질이 있어 치매, 파킨슨병 등 치료제가 없는 난치병에 효과 있음이 밝혀져 이후 치료에 도움이

될 것으로 기대를 모으고 있다.

• 도마뱀 - 과학자들은 세균 자체를 독으로 이용하는 생물이 바로 덩치 큰 코모도왕도마뱀이라고 믿는다. 이들에게 물린 먹잇감은 도망가더라도 병원성 세균 감염으로 결국 죽는다. 입속 침에는 고병원성 세균 수십 종이 서식해 상대의 물린 상처 → 균 침입 → 급성 패혈증 → 죽게 된다. 특히, 갈라진 혀로 10㎞ 멀리 떨어진 곳의 썩은 고기 냄새도 맡을 수 있는 뛰어난 후각으로 죽은 먹잇감을 찾아내 먹는다. 입안의 피 섞인 침과 타액은 대장균, 포도상구균, 패혈증 원인균/*Pasteurella multocida* 파스튜렐라균 등 수많은 고병원성 세균들의 서식처가 된다. 이들에게 물리면 패혈증으로 진행된다는 속설을 받쳐준다. 부패한 먹이를 먹고 고병원성 세균들을 입에 갖고 어떻게 잘 사는 것일까? 여전한 의문점이지만 이런 놀라운 능력이 관심을 받아 피범벅의 타액이 항생제 개발의 연구주제가 되고 있다.

Gila monster 큰 도마뱀 침의 타액 성분인 exendin-4를 합성해 만든 Byetta 바이에타는 독성이 강한 물질로 제2형 당뇨병 치료제로 이용되고 있다. 개발 당시 차세대 당뇨병 치료제로 혈당조절 효과와 체중 감소에 주목을 받은 치료제 물질이다.

√ 식물 분야

식물은 위험에 대처하는 방법으로 포식자를 물리칠 수 있는 화학성분을 만들어낼 수 있다. 이런 물질들은 인체에 대해 강력한 생리활성을 나타내거나 독성이 있을 수 있어 인류는 이들을 독이나 약으로 이용해 왔다. 최근, 식물도 공격을 받으면 방어시스템 동물의 신경계처럼 작동 신호체계가 있음이 밝혀졌는데, 공격을 받으면 다른 부위에서 유독 성분을 만들어내도록 일종의 신경전달물질이 위험신호를 그곳까지 신속히 전달하는 메커니즘이라는 것! 식물은 자신이 만드는 독특한 성분을 자신을 보호하는 물질로 이용하는데 가장 대표적인 것이 바로 파이토케미칼이다.

Phytochemical 파이토케미칼이란 식물이 외부에서 오는 공격으로부터 자신을 보호하려고 만드는 천연의 물질로 가벼운 작용에서부터 강력한 생리활성의 유독 성분에 이르기까지 수많은 종류가 있다. 식물은 부위에 따라 다른 성분을 합성할 수 있어 알칼로이드/배당체/식물색소.. 파이토케미칼 성분이 약용식물 활용 및 상용화에서 핵심적인 열쇠가 된다. 식물 종류에 따라 합성되는 성분, 생성 부위, 작용 기작 등이 매우 달라 이를 식물을 활용하는 신약 개발을 목표로 하는 제약산업에서는 더 특별히 다룬다.

그림 7-6 양귀비, 대마초, 디기탈리스, 투구꽃

많은 종류의 파이토케미칼은 인체의 질병 치료나 예방에 도움을 주는 경우가 많다. 짙은 색깔의 식물 부위에 함유된 엽록소/플라보노이드/안토시아닌/베타카로틴.. 성분들은 유익한 항산화물질로 작용한다. 반면, 인체에 강력한 생리활성을 가져오는 성분들도 많아 이를 이용해 신약 개발에서 천연물 원료로 사용한다. 파이토케미칼에서 유래한 약의 성분 중 양귀비-모르핀, 대마초-THC, 코카나무-코카인은 법적인 제재가 있을 정도로 인체에 강력한 영향을 주는 생리활성 물질이다. 이외에도 담배-니코틴, 버드나무-아스피린, 마황-에피

드린, 키나나무-키닌, 커피나무-카페인, 디기탈리스-디기톡신, 옻나무-우루시올, 퍼시픽 주목나무-택솔, 투구꽃-아코니틴 등등 열거할 수 없을 만큼 많다. 특히 택솔은 이미 항암제로 개발되어 여러 유방암/폐암/난소암/위암/췌장암/뇌종양 등 암에 치료제로 사용되는 대표적인 천연의 화합물이다. 이렇게 식물이 만들어내는 천연물질들은 대부분의 경우, 식물이 자신이 위기 상황에 부닥쳤을 때 사용하려고 만든 방어용 화학 성분이므로 잘못 사용하면 우리의 생명을 앗아갈 정도로 치명적일 수 있다는 것을 명심해야 한다.

현재 사용되고 있는 수백 종류의 중요 약품들이 파이토케미칼에서 시작했다는 사실이 놀라운 일이기는 하지만, 90~95% 이상의 식물들이 연구되지 않은 채 미지로 남아 있다. 아직도 식물을 이용하여 신약 개발을 목표로 하는 분야는 전성기가 아니라고 할 수 있고, 식물을 기반으로 하는 제약 산업에서 가장 활발한 연구대상이 바로 파이토케미칼 분야라 할 수 있다.

Strychnos 스트리크노스(식물)-쿠라레/투보쿠라레(성분), *Strophanthus* 스트로판투스-스트로판틴, *Aconitum* 투구꽃-아코니틴 등은 모두 맹독성 파이토케미칼로 현재는 약이 되어 의학적으로 이용되고 있다. 쿠라레의 예를 들어보자. 쿠라레는 스트리크노스 식물의 독으로 인체에 유입되면 근육의 마비 → 호흡 기능↓ → 통증無 사망 → 조용한 살인자라고 비유된다. 하지만 이 쿠라레 독을 의료현장에서는 환자 수술할 때 마취제로 쓴다. 언급된 이들 식물독은 대개 alkaloid 알칼로이드 계열의 성분으로 잘 알려져 있다. 특히, 알칼로이드는 동물에 대해 특이하면서 강한 생리활성 작용을 하는 식물 염기성 화학물질로 화학구조에 따라 분류되고, 약 250종 이상이 보고되어 있다. 식물의 강력한 알칼로이드 성분은 수많은 열/발

진/지혈/통증/환각/환청/마비.. 생리적 활성을 가진 분자들로 구성되어 있으며 식물계에 널리 분포한다.

• 알칼로이드, 의약품의 원료가 되다! - 알칼로이드는 알칼리성 유기물로 분자에 질소를 함유하는 알칼리성 동식물 성분을 통틀어 일컫는다. 알칼로이드 중 활성이 강해 생체반응에 직접 작용하는 물질은 대부분 질소화합물로 신경전달 과정에 관여하는 성분들도 포함되어 있다. 약한 독성의 알칼로이드라 하더라도 일단 몸에 들어가면 단시간에 생체반응을 일으킨다. 식물 독성분 대부분은 알칼로이드로 미치광이풀-스코폴라민, 벨라도나-아트로핀, 감자-솔라닌 등은 모두 여기에 해당한다. 현재 밝혀진 알칼로이드 종류는 약 3만 종 이상이 되고, 강한 생물활성을 가져 사용법에 따라 의약품으로 유용한 것들이 많다. 식물 추출 의약품은 대부분 알칼로이드로 예를 들어, 양귀비에서 추출된 아편 성분은 벤질이소키놀린 알칼로이드로 진통제/진해제로 이용되고 있다. 또한 키나나무 수피에서 추출한 키놀린 알칼로이드로 키니네라는 말라리아 특효약으로 알려져 있으며, 코카 잎 추출 성분인 트로판 알칼로이드는 국소마취제로 사용되고 있다.

위와 같이 식물성 알칼로이드는 앞으로도 계속 신약 개발대상으로 의약품의 원료로 이용될 것이다. 근래 들어, 신약 개발의 핵심 주제가 특히 항암제 관련 연구라는 것은 모두가 동의하는 바일 것이다. 식물의 유효성분 이용 항암제 개발 관련해서는 뒤에 이어지는 최신 동향과 미래 전망에서 자세히 다루므로 다음에서는 보편적인 3가지 식물을 소개하려 한다. 흔히 듣는 사약의 원료-투구꽃, 응급실 상비약의 원료-미치광이풀, 약과 독의 원료-피마자를 예로 들어 약 개발의 필요성에 대한 이해를 돕고자 한다.

• 투구꽃 : 덩이뿌리를 건조하면 한방에서 쓰는 '부자'가 되는데, 이것은 강심제나 이뇨제의 원료가 된다. 함유 성분 aconitine 아코니틴은 강한 독으로 반수치사량 lethal dose LD50=0.12㎎에 이른다. 인체 내에서 강심, 진통, 흥분, 신진대사 증진을 가져오는 성분이다. 한방에서 부자 사용시 양 조절을 잘못하면, 아코니틴에 의한 마비로 사망을 부르는 무서운 독이 된다. 아코니틴은 신경세포 막에서 나트륨 통로를 열어 이온이 세포 안으로 대량 유입되게 만든다. 이는 신경전달물질인 아세틸콜린의 분비를 억제하고 신경회로가 제대로 작동하지 못해 신호전달이 방해받는다. 아코니틴이 다량 유입되면 통증 감각과 지각신경이 마비되고 호흡이 곤란해져 질식 사망하게 된다. 반면, 적은 양의 아코니틴은 진정, 강심작용 등의 효능을 가져 약으로 쓸 수 있다. 극도의 신경흥분 시, 적당량의 아코니틴 투여는 흥분을 가라앉히고 정상으로 돌아갈 수 있게 해준다. 하지만, 이 성분은 함부로 사용할 수 없고 전문가만이 취급할 수 있는 맹독성 알칼로이드이다!

• 미치광이풀 : 함유 성분인 아트로핀은 응급실/수술실/중환자실.. 병원에서 필수적으로 상비하고 있다. 심장박동이 정지된 긴급 상황시, 비상의 응급약으로 아트로핀과 에피네프린을 투여하는 인명구조에 쓰이는 중요한 약의 성분이다. 최루가스에 노출되어 눈이 따갑고 눈물 및 콧물 분비 또는 부교감신경이 흥분되었을 때 아트로핀 주사를 맞으면 이런 증상은 곧바로 사라진다. 또한, 기관지 분비물을 줄이고 기관지 확장에도 도움을 준다. 이것이 신경독 가스에 대응하는 화생방 제독 상자에 아트로핀 주사제가 들어있는 이유이다. 이처럼 아트로핀은 타액 분비 억제기능 → 콧물 억제용 감기약, 신경흥분 방해기능 → 사린 신경독가스 중독의 해독제로 활용한다.

그림 7-7 피마자

• 피마자 : 오래전부터 민가에서 기르던 약용식물이지만 종자에는 맹독성 리신이 있어 특히 조심해야 한다. 리신은 독성 순위 3위에 해당하는 맹독이나 매우 안정된 물질로 쉽게 손에 넣을 수 있다. 피마자는 생활 속에서는 유용한 식물자원이나 동시에 독이 위험하여 최근, 독 없는 피마자를 만들려는 연구가 진행되고 있다. BT 기술을 토대로 무독성 피마자 생산 연구에서는 리신단백질 생성 유전자의 발현 억제나 관련 유전자제거, 안티센스 DNA 이용 등의 유전공학적 방법이 접목된다.

신약 개발에서는 세포막 물질수송에 관여하는 작용물질을 치료제로 개발하려는 연구가 활발하게 진행되고 있는데, 바로 리신이 그 연구대상이 되고 있다. 그것은 리신이 세포 내 탄수화물과의 결합에서 경쟁적 억제 작용으로 단백질합성을 방해하기 때문! 또한, 리신에는 항종양의 기능도 있어 최근 면역독소라는 항암치료제 개발을 위해 연구되고 있다. 이와 함께 리신을 이용한 항암제 개발이 최신의 연구 동향이다. 리신의 항종양의 기능은 사실 수십 년 전에 발견되었지만 활용되지 못했고 최근, 면역요법이 발전하며 immunotoxin 면역독소 항암치료제로의 개발을 위해 연구되고 있다. 현재는 종양세포에 특이하게 반응하는 항체에 리신을 접합시켜 얻은 여러 물질의 항암효과에 대한 임상 시험이 진행 중이다. 리신 구성 아미노산 사슬 → 단백질합성 저해 → 세포사 시작 → 암세포에 적용 → 세포 증식 억제 기전을 찾아내는 것이다. 따라서 리신의 독성을 잘 조절하면 난치병 해결 가능성이 보인다고 할 수 있다. 현재 치료제로의 가능성 탐색을 위한 동물실험이 진행되고 있지만, 아직 의미 있는 효과는 나오고 있지 않다. 아직 문제점들을 해결해야 하지만 이들 독성을 잘 조절하면 난치병 해결에 큰 가능성이 있다고 예측한다.

• 최신 동향과 미래 전망

의·약학 분야는 물론 생명과학, 공중보건학 등 오늘날 과학기술 분야에서, 전문가는 물론 일반인 포함하여 많은 사람의 관심은 건강 유지, 질병 치료 등에 초점이 맞춰져 있다. 통계에 의하면 인체가 암에 노출될 확률은 인구의 ¼~⅓가 될 것으로 예측된 바 있다. 이들 분야 중에서 암 관련분야는 매우 빠른 속도로 발전하고 있으며, 전 세계에 걸쳐 이 분야에 많은 연구비가 집중되고 있다. 이런 연구에 힘입어 각종 암으로부터 그 생존율도 예전보다 눈에 띄게 향상되었다. 당연히 암과 관련된 연구뿐만 아니라 암을 치료하는 항암제의 개발 및 상용화의 세계 시장은 엄청난 규모를 이루고 나날이 더 성장하는 추세이다. 물론 인체에 나타나는 질병은 암 외에도 수백여 가지의 다른 종류가 있으나 본 절에서는 암과 관련된 약 개발에 관해 너무 어렵지 않은 수준으로 살펴보고자 하였다.

• 암세포만 공격하는 지능형 항암제, 미사일약 - 신약 개발에 있어 가장 핫한 연구주제 가운데 하나는 인체를 위협하는 암세포 증식을 억제하거나 제거하는 최첨단 기법의 항암제 개발이다. 항암제란 이상 증식되고 있는 암세포의 성장 또는 증식 억제 약물로 암

의 종류나 상태에 따라 그 치료법은 매우 다르다. 항암효과가 높은 약물일수록 암세포와 정상세포를 공격하여 그 부작용도 상당히 심각하다는 것이 현실 항암 치료의 문제점이다. 해결책으로 제시된 것이 정상세포에는 해를 끼치지 않고 암세포만 공격하는 지능형 미사일약, 즉 목표 지향적 항암제 개발이다.

나노-바이오기술의 융합 분야는 유용한 약 성분이나 정확한 유전자를 달고 target 표적을 찾아가 파괴 대상을 정확하게 없앨 수 있다는 미사일약 개발에 열중하고 있다. 앞에서 설명한 크리스퍼 유전자가위 기술로 암 발현 유전자를 억제하거나 암 억제 유전자의 기능을 유지하도록 유전자를 편집할 수 있다. 반면, DDS *약물전달시스템에서는 약제가 필요할 때 방출되도록 생체에 부작용이 적은 고분자물질을 이용하여 지능형으로 작동하게 한다. 피부로 약 성분의 흡수를 유도하는 멀미약패치/협심증치료제/금연보조제.. 패치형이 과거 초기의 DDS 형태이나 현재는 유전자나 특수 기능의 세포를 질환 부위에 정확히 보내 공격하는 지능형 미사일약 개발이 핵심이다. 암 조직 부위를 오차 없이 식별 및 추적하는 항암요법 분야가 연구의 대세가 되고 있다.

※ 약물전달시스템 Drug Delivery System, DDS : 약의 반출 속도 조절 혹은 표적 부위에 이동으로 해당 세포나 조직에 정확히 전달되도록 하는 기술로 약물의 부작용을 최소화하고 효능을 극대화하는 것이 주안점이다. 일정한 양의 약 성분을 필요한 시기만큼 투여하는 방법으로 장기간 그리고 주기적으로 약 복용이 필요한 경우를 위해 그 연구가 계속 수행되고 있다.

지능형 항암제는 암세포를 찾아내는 일종의 GPS 항법장치 항체를 수

송을 담당하는 특수 고분자에 붙여 암세포만 공격하는 DDS이다. 지능형 DDS는 약 성분이 필요하면 작동하여 필요량만을 방출하는데 그 예는 인공췌장에서 볼 수 있다. 혈당조절 인슐린 분비기관 췌장의 이상으로 당뇨병이 시작되면 몸에서 포도당이 빠져나가고 합병증이 심각해져 이에 대한 해결방안이 다방면으로 연구되고 있다. 치료 방법 가운데 하나가 DDS로 특수 고분자 주머니에 췌장 세포를 넣은 후 체내에 넣는 방법인데, 주머니 내 분비된 인슐린이 환경에 맞게 주위 농도↓→ 막에서 방출 → 혈당수치↑→ 자가 조절이 가능한 지능형이다. 현재는 나노캡슐에 약을 넣어 필요 부위에 보내거나 일정 기간 약을 방출케 하는 연구가 수행되고 있다.

최신의 항암제는 특히 식물 유래 천연물질에 근간을 두고 개발되는 사례들이 많아지고 있다. 일일초, 희수나무, 포도필럼, 주목나무 등은 실제로 이들이 지닌 알칼로이드에서 항암 기능의 약이 개발되어 다양한 종류의 암이 치료되고 있다. 항암제 개발에서 대표적으로 성공한 이들 식물을 예로 들어 신약 개발에서 항암 기전과 특성을 간단히 알아보기로 한다.

그림 7-8 일일초

- *Vinca rosea* 일일초 - vinca alkaloid 빈카 알칼로이드가 추출되고, 여기에서 유명한 항암제인 빈블라스틴, 빈크리스틴, 비노렐빈 등이 만들어진다. 세포 내 작용은 microtubule inhibitors 미세소관 저해제로

써 항암 기전 즉, 분열 시 염색체의 분리 과정에 필수적인 미세소관에 작용 → 세포분열 중지 → 암세포 증식이 저해 된다. 빈크리스틴은 급성백혈병, 호지킨병, 림프육종 등에 효과가 있는데, 미세소관의 기본 구조인 tubulin 튜불린과 결합 → 미세소관 중합 방해 → 방추사 형성 억제 → 유사분열 저해 → 항암 작용을 시작한다. 호지킨림프종/비소세포암/고환암.. 빈블라스틴과 유방암/전립선암/폐암/자궁경부암.. 비노렐빈도 여러 암에 치료제로 쓰인다.

• *Camptotheca acuminata* 희수나무 - camptothecin 캄토테신 항암 물질이 추출되고, 이로부터 췌장암 치료에 쓰이는 이리노테칸과 토포테칸이 만들어진다. 암세포는 세포분열이 조절되지 않아 다른 세포와 접촉하면 증식을 멈춤/contact inhibition 접촉저지 능력을 잃어버린 통제 불능상태의 세포들 집단이다. 캄토테신은 암세포에 다량 있는 topoisomerase 토포이소머라아제 I 형 억제 → DNA 파괴 → 암세포 증식 불가 → 항암의 기능이 수행된다.

• *Podophyllum* 포도필럼 - 알칼로이드 podophyllotoxin 포도필로톡신을 함유하는데, 이 성분이 바로 항암성 물질이다. 포도필로톡신 자체가 항암 활성을 갖고 있고, 반합성을 거치면 그 효과는 더욱 커진다. 이것의 반합성 유도체로는 etoposide 에토포시드와 teniposide 테니포시드가 있으며, 이들 중 에토포시드가 암세포의 토포이소머라아제 II 형과의 재결합을 억제해 암세포의 사멸을 촉진한다. 항암 작용을 하는 암의 종류로는 비교적 다양하여 소세포 폐암, 림프종, 백혈병, 고환암, 방광암 등의 종양 치료에 주로 사용한다.

• *Taxux brevifolia* 주목 나무 - 수피에서 추출된 알칼로이드 계열의 천연물질이다. 가장 잘 알려진 원재료-파클리탁셀/paclitaxel 항암성분

은 1980년대 개발되기 시작해 1993년 다양한 항암제로 승인된 성분이 taxol 택솔! 이는 세포 내 DNA, RNA 합성에는 영향을 주지 않고 유전물질이나 DNA 분자들과는 관련 없이 작용한다. 하지만 세포분열을 억제하는 작용이 있어 세포골격의 요소인 microtubule 미세소관의 합성은 촉진하나 미세소관 → 튜블린으로의 분해를 막는 작용을 한다. 초기에는 주목나무 수피에서 극소량 추출돼 당시 개발된 항암제 사용 시 엄청난 비용이 요구되었으나 지금은 반합성으로 탁솔/탁센/파덱솔.. 제조 → 단가⇊⇊ → 여러 자궁암/유방암/폐암/췌장암.. 종양 치료에 흔히 쓰이고 있다.

Docetaxel 도세탁셀은 식물성 알칼로이드에서 개발된 탁센계 항암제로 상품명-탁소텔/Taxotere, 유방암/난소암/식도암/위암/폐암/두경부암/전립선암.. 많은 종양을 치료하는 약제이다. 이 성분 또한 암세포의 세포분열을 멈추게 하여 암세포를 사멸시키는 작용을 한다. 도세탁셀은 세포주기 특이성 약으로 세포 증식 시에 효과를 보여 튜불린과 결합 → 튜불린 중합 촉진 → 미세소관 탈중합 방해 → 세포분열 중기~말기 정지 → 암세포 증식을 막는다. 이와 함께 caspase-3 세포사멸 촉진 유전자 활성화 + XIAP 세포사멸 억제 단백질 감소 → caspase-3 의존성 세포사멸을 유도하는 특징을 갖는다.

• 인공지능 손잡은 신약 개발 - 신약 개발에 4차 산업혁명의 핵심 주제인 AI 인공지능의 활용이 성큼 우리 앞에 다가와 있다. 더는 상상 속의 일이 아니고 또 먼 미래의 일도 아니게 생활 속으로 들어오고 있다고 말하면 너무 앞서간다고 말을 할까? 아니다! 이미 2020년 초, MIT에서 발표한 미래유망기술 TOP 10에 '새로운 의약품 개발시스템으로 새로운 분자를 찾아내는 AI 기술'이 포함되어 있다. 선진 각국은 AI의 활용이 생활 전반으로 들어와 일상이 되

는 시점이 예상보다 더 빠를 것으로 예측하며 대응하고 있다. 우리나라도 발 빠르게 움직여 2020년 5월 보건복지부+과학기술정보통신부 정부 차원에서 인공지능을 활용한 신약 개발을 위한 플랫폼 구축 연구 사업을 개시하고 있다. 기본적인 계획의 구상은 2019년부터 움튼 것으로 알려져 있으나 본격적으로 플랫폼 임상 시험의 효용성 강조는 연구 사업을 공시하면서 구체화 된 것이다. 'Platform clinical trial 플랫폼 임상 시험'이란 하나의 testing 시험으로 여러 가지의 치료 방법을 동시에 평가할 수 있는 임상의 시험을 의미한다. 기존에 행해오던 한 가지 치료법의 효용성보다는 여럿을 진행하여 비교하므로 시행된 치료 방법들 가운데 어느 치료법이 가장 효과적인지 확인하는 데 유용하다고 알려져 있다.

• 나노입자 신약 물질 개발 - 국내의 연구진이 2020년 9월 암 치료에서 장애물인 항암제에 대한 내성과 화학요법 시 동반되는 부작용의 최소화를 이끄는 물질을 개발해 발표하였다. KIST테라그노시스연구센터 한국과학기술연구원 연구진은 암세포의 세포자살 유도 항암제와 항암제에 대한 내성 억제제를 암세포에서 분해되는 펩타이드와 결합한 신약 가능성이 있는 나노 크기 수준의 후보물질을 개발했다고 알려왔다. 나노입자 특성의 이 물질은 유방암에 걸리게 한 동물실험의 모델인 생쥐에서 진행되었다. 나노입자로 된 이 물질은 암세포에서만 활성화되었고, 이전 항암 화학치료 방법의 큰 문제점이던 부작용을 크게 줄인 결과가 확인되었다. 실험에서는 항암제와 내성 억제제 물질이 표적 암 조직에 함께 반출돼 그 치료 효과도 훨씬 개선된 결과를 보인 것으로 나타났다고 한다.

그림 7-9 Pharmacogenomics

• RNAi 플랫폼, 신약 개발 분야에서의 새로운 블루오션! - 2021년 1월에 공개된 가장 최신의 소식이다. 최근, 신약 개발에 있어서 리보핵산 간섭/RNA interference RNAi 기술이 미래를 지향하는 첨단 기술의 플랫폼으로 관심을 받으며 바이오 제약산업의 블루오션으로 떠오르고 있다. 잘 알다시피 블루오션이란 현재는 없거나 잘 알려지지 않아 아직 경쟁이 그리 치열하지 않은 유망한 시장이란 뜻을 지닌다. 바로 이 영역이 현재는 물론 미래에도 유망하다는 이야기!

siRNA 약제는 염기서열에 특이하게 유전자의 발현을 억제할 수 있어 질병 치료에 있어 그 가능성을 크게 열어주고 있다. 최근 새로운 기술과 연구의 발달로 siRNA 작용 변화 유도 → 치료 가능성↑ 하는 것으로 나타난다. 양질의 전달시스템 구축 → RNAi 치료제 효과↑ → 심혈관계/뇌 질환/대사성/바이러스성/암.. 많은 질병에 적용할 수 있을 것으로 기대되고 있다. 특히 글로벌 제약회사들은 인위적 RNAi 유도 → 질병 예방+치료 가능 → RNAi 이용 치료제 개발에 투자를 증가시키고 있다. 세계 RNAi 시장규모는 2017년 1조 원 → 2024년 18조 원으로 급성장의 추세를 보일 것으로 전문가들은 예상한다. 믿을 만한 소식에 의하면 그동안 1조 원대의 엄청난 규모의 기술사업이 8건 정도 성공적으로 이루어졌다고 하니 이 분야는 향후 더 두드러질 것으로 예상되는 신약 개발에서 중요한 주제인 것 같다. 하지만 염려의 목소리도 있어 지속적인 시장 성장이 예상되기는 하지만 요구되는 고도의 기술력으로 인해 높은 진입 장벽이 놓여 있다는 점을 유념해야 한다고 말한다. 그래도 RNAi 치료제는 치료제가 전혀 없는 희소병, 난치병에서 해결방안 모색에 대한 답으로 그 치료제 개발에 활용될 수 있어 세계의 이목이 쏠리며 바이오·제약산업에서 현재 발전의 길목에서 더 크게 도약하기 위해 준비를 하고 있다.

위의 모든 설명에서 보았듯이 식물로부터 많은 천연물 신약이 개발됨에 따라 인류의 건강과 삶의 질이 높아지는 것은 물론이고 수명까지 길어지는 결과를 만들었다. 식물 파이토케미칼 성분을 이용한 신약 개발은 국내는 물론 해외에서도 크게 주목받는 분야인데, 그 이유는 개발이 상대적으로 쉽고, 부작용이 적다는 것 등이 장점으로 작용한다. 또한, 식물을 기반으로 한 시스템은 구조적으로 동물을 기반으로 하는 시스템보다 인체에 질병의 원인이 되는 바이러스/내독소/프리온.. 요소들을 생산할 수 없어 안전하다는 장점이 있기 때문이라고도 한다. 다른 생산시스템과 비교했을 때, 식물체는 단백질을 비교적 빠르게 생산할 수 있어 돌연변이성 질병/희귀질환/바이오테러 대응.. 다양한 치료에 활용될 수 있는 강점이 있다. 그리고 바이오의약품 생산에 약용식물을 이용한 GMO를 이용하는 것에 관한 생각이 다른 이용보다 높은 것으로 나타난 2019년/인식조사 긍정적인 인식도 좋은 영향을 미칠 수 있을 것으로 기대되고 있다.

세계의 과학자들은 생물체 유래 천연물질을 연구하는 유전자나 세포 수준에서의 발현 메커니즘 규명, 약리적 효능 입증, 신약 개발 및 산업화 등에 큰 관심을 쏟고 있다. 하지만, 또 다른 한편으로는 이와 같은 수준의 신중한 자세를 가져야 한다고 조언하는데, 그 이유는 개발된 신약들에서 치료 효과도 있지만 치명적인 부작용을 초래하기도 하기 때문이다. 복잡한 과정을 거치며 힘들게 개발된 대부분 합성물질은 초미세 분자적 수준에서 target 표적을 가지고 최상의 효과를 나타내기 위해 이들을 한 치의 오차도 없이 정확하게 지정하는 것은 말처럼 그리 쉽지 않은 일이다. 또한 물질의 효능 검증 시, 임상에서의 결과가 동물실험의 결과와 다르게 나타날 수 있기에 특히 주의해야 한다. 많은 요인을 동시에 고려해야 하므로 어떠한 질병이라도 치료에 필요한 신약 물질을 개발한다는 것은 정말 어려운 일이다. 그래도 인체를 질병에서 구하고 신약 개발로 인한 산업화 및 경제적 활성화가 이어질 수 있으므로 연구는 계속되어야 한다. 다만 상반되는 이 두 가지를 항상 염두에 두고 조심해서 접근해야 함을 잊지 말아야 할 것이다.

신약 개발은 다른 산업에 비해 높은 부가가치와 성장률을 지녀 세계 제약시장의 규모는 수십조 원을 넘어 1조 달러에 이를 수 있다고 예측한다. 막대한 시간과 비용 투자가 예상되지만 대략 신약 개발에 드는 개발비용은 평균 2억~10억 달러, 그리고 개발기간은 약 10~15년에 달한다고 보고 있다. 그러나 성공률은 불과 1/5,000 혹은 1/10,000...! 힘들기는 하여도 하나라도 성공하면 그 결과는 엄청날 수 있어 많은 연구진은 질병 치료에 쓸 수 있는 물질의 발견이나 개발을 위해 끊임없이 연구하고 있다. 해마다 많은 신약이 실험 연구되고 일부 성공으로 이어져 출시되지만 이들 신약을 전적으로 신뢰하는 것은 아주 위험한 일이다. 특히 독성분에서 추출되거나 변형된 물질을 연구할 땐 특히 더 주의를 기울여야 하는데, 그동안 약 개발에서 치명적인 결과를 초래한 사례들이 알려져 있기 때문이다. 인체에 약이 될지, 독으로 작용할지를 판별하기 위해 또한 계속 연구해야 한다. 과학자들은 천연의 유용한 성분을 지니는 생물들을 연구하고 있지만, 생물들도 생존을 위해 끊임없이 진화하고 있어 지속적이고 실용적인 신약 후보 물질의 탐색 및 연구 개발에 더 큰 노력을 해야 할 것이다.

오랜 기간 지구에 살아남아 오늘까지 종을 이어온 수많은 동식물은 생존에 필요한 성분들을 만들며 살고 있다. 지구상에는 아직도 알려지지 않은 새로운 생물 종들이 많고, 특히 미지의 환경에 있는 생물들은 어떤 성분을 갖는지, 그중 생리활성 물질은 또 어느 정도인지 등에 대해서는 완전 불모지라 할 수 있다. 심해, 극지, 열대우림 등 인간이 모르는 곳에 있는 새로운 종들에 대한 탐색 및 연구는 향후 항암제, 진통제 등 각종 치료제 개발에 희망의 빛을 기대하게 한다. 강력한 생리활성 물질은 생명체를 치명적인 상태로 도달하게 할 수 있는 두려운 물질이나 반대로 독=약의 가능성이 있는 두 얼굴을 하고 있다. 위협적인 물질이나 끊임없는 관심과 연구로 지혜롭게 사용하면 친구로 옆에 둘 수 있는 존재가 된다! 이것이 바로 생물 유래 성분이나 물질 등의 자원탐색, 기술개발 및 그의 보호가 그 어느 때보다도 중요한 오늘날 신약 개발에 있어 우리가 나아가야 할 방향일 것이다.

들어가며

바이오와 빅데이터의 만남

생물정보학 bioinformatics

1. 생명과학과 빅데이터
   - 빅데이터가 생명과학 속으로
   - 생물정보학 꽃 피다!
2. bio·bigdata
   - 바이오·빅데이터 플랫폼 & 활용
   - 최신의 흐름을 읽다!

8 장

생물정보학 bioinformatics : bio·bigdata

8장
생물정보학 bioinformatics : bio·bigdata

▶

들어가며

바이오와 빅데이터의 만남

- 데이터라는 단어가 뜻하는 바는 쉽게 알 수 있어 빅데이터 또한 어렵지 않게 데이터의 크기가 big 빅 즉, 큰 규모일 것이라 간단히 말한다면 '낫 놓고 기역 자도 모른다'라고 하는 소리를 들을 것이다. 빅데이터는 데이터와는 레벨이 완전히 다른 실제로는 비교조차 할 수 없는 규모로 그 개념뿐만 아니라 모든 특성도 차원이 다른 세계로 전개되는 분야이다. 전문가의 정의에 의하면 빅데이터란 디지털 환경에서 만들어지는 데이터로 방대한 규모, 짧은 생성 주기, 다양한 형태의 특징을 지니는 이전과 비교 불가능한 어마어마한 규모의 자료나 정보를 말한다. 데이터의 형태 또한 전통적인

수치는 물론 문자, 사진, social network service SNS, 이미지, 동영상, 로그 등의 비정형의 자료를 모두 포함하는 빅데이터 환경은 예전보다 폭증한 데이터의 양과 함께 그 종류도 다양해져 있다. 폭발적으로 축적된 데이터의 분석을 통해 이를 이용하는 사람들의 행태, 성향, 패턴, 생각, 행동, 의견 등까지도 분석하고 예측할 수 있다.

많은 사람은 일반적으로 빅데이터의 특징을 2012년 O'Reilly Radar Team 제안된 3V 모델로 요약함에 이의 없이 받아들인다. 이는 데이터의 Volume 양, Velocity 생성 속도, Variety 형태의 다양성 그리고 최근, 여기에 Value 가치, Complexity 복잡성을 추가하거나 Veracity 정확성, Variability 가변성, Visualization 시각화 등을 더해 확장된 개념으로 발전하고 있다. 그렇다면 이런 빅데이터가 바이오 영역을 만나면 어떠한 일이 벌어질지 궁금해진 것은 이미 오래전 일! 빅데이터에 기반한 방법 활용 → 방대한 바이오 정보의 효율적 정리/분석/해석 → 생물학적/의학적인 현상 규명 → 새로운 지식 축적이나 신개념의 서비스 개발에 이르게 할 수 있다. 이처럼 바이오-빅데이터의 만남이 성공적으로 성사되면 이 둘의 조우는 이전에는 가능하지 않았던 새로운 패러다임의 광장으로 들어가며 우리를 완전 색다른 세계로 이끌게 된다.

• 빅데이터가 생명과학 속으로

오늘에 이르기까지 빅데이터는 빅데이터대로, 생명과학은 생명과학대로 각자의 영역에서 제 역할을 기대 이상으로 잘하며 기술적으로 눈부시게 발전 및 성장해왔다. 이들의 잠재성에 대한 예측은 영역 간 융복합이 대세인 4차 산업혁명의 시대에 어느 정도가 될지 하루가 다르게 발표되고 있다. 그리고 이 둘의 만남이 사전적 의미로 큰 변화가 급작스럽게 일어남을 비유하는 'Big Bang 빅뱅'이 될 수 있음을 과학을 아는 사람들은 이미 피부로 느끼고 있다. 특히, 요즘 생명과학 영역에서 핫한 주제인 유전체 및 신약 개발 연구에서는 생물학적 데이터가 절대적으로 필요하다. 또한, 방대하고 다양한 생물학적 데이터를 분석하기 위해서는 데이터 처리를 위해 컴퓨터와 IT시스템이 필수적이다. 이런 빅데이터가 여러 공통적 특징의 도구로 무장하고 생명과학 등 다른 영역으로 들어가 엄청난 시너지효과를 보이는 결과는 데이터의 규모를 보면 한눈에 알 수 있다.

빅데이터에서 공통적 특징으로 거론되는 7가지를 최근 추가된 개념까지 포함하여 1C+6V로 표현해보는 것은 어떨까? 순서대로 복잡성 Complexity에 '6V' 즉 가치 Value, 가변성 Variability, 데이터 형태의 다양성 Variety, 생성 속도 Velocity, 정확성 Veracity, 시각화 Visualization, 양 Volume이 포함된다. 물론, 저자는 비전공자로서 이해를 돕고자 위 순서로 전개하였기에 빅데이터 과학자들이 보는 6V에 대한 중요도 관련 시각과는 많은 차이가 있음을 미리 알린다. 다양한 정형/반정형/비정형 형태의 디지털 데이터들이 엄청나게 빠른 속도로 어마어마한 규모로 생성되고 있다는 것이 2001년/Doug Laney 2000년대 초반 최초 정의가 내려진 이후 공통으로 받아들이는 일반적인 Variety/Velocity/Volume 3V 모델에 대한 요약이다. 여기에 새로운 V 특징들이 더해져 빅데이터 응용 분야에서 모두 중요한 의미를 부여하며 빠르게 확장되고 있다. 각각의 V에 대한 정의, 범주, 의미와 응용 등에 대해서는 뒷부분에 언급된 문헌들을 참고하기를 바란다.

그림 8-1 빅데이터

모든 것이 연결되는 오늘날 디지털 초연결사회에서 저장되는 모든 종류의 글로벌 디지털 데이터는 상상할 수 없을 정도의 규모로 엄청나다. 이미 몇 년 전에 거의 8 ZB Zettabyte/10의 21승에 육박하는 수치가 나와 있어 향후 10의 24승(10^{24})인 YB yottabyte으로의 진입이 언제가 될지를 예측해도 되는 상황이라고나 할까. 이미 머릿속으로 연산할 수 없는 단위를 언급하고 있기는 하나 그래도 시도하자면 1 EB/Exabyte, 10의 18승 엑사바이트는 미국의 의회도서관에 있는 자료를 인쇄할 경우, 그 양의 10만 배 정도에 해당하는 양이라 한다. 그의 8,000배 이상이 되는 8 ZB 데이터가 축적되고 있으니 글로벌 데이터의 규모는 무엇이라 표현하기조차도 힘든 상황이다. 새롭게 생성된 데이터의 분석을 마치기도 전에 또 다른 데이터들이 새로이 유입되고 있어 연구자들이 감당하기 힘든 속도로 생성되고 있다. 이와 같은 속도와 규모의 데이터에 대한 빠른 분석과 정확한 해석 및 예측의 능력은 첨단 과학기술 접목으로 패러다임을 바꾸며 활용되는 영역에서 특히 미래의 경쟁력을 좌우하는 요인으로 작용할 것이다. 이점이 바로 어떤 분야에서 우위 선점 여부가 결정되는 주요 자원으로 빅데이터가 활용될 수 있다는 이점으로 주목받는 이유! 이들 글로벌 디지털 데이터의 수집, 저장, 분석 및 해석 등을 가능하게 하는 빅데이터가 생명과학 영역으로 들어와 생물정보학이라는 학문 분야를 활성화한 것이 그리 멀지 않은 얼마 전 일 같은 데 지금은 다양한 영역으로 적용이 되어 생물학을 비롯한 의약학 및 농업 분야 등의 발전에 크게 기여하고 있다.

- 생물정보학 꽃 피다!

Bioinformatics 생물정보학은 잘 알다시피 'biology 생물학'과 'informatics 정보학'의 합성어로 생물학 분야의 데이터를 컴퓨터 및 IT시스템의 도움을 받아 분석 → 해석 → 미래예측 가능케 하는 융합적 학문이다. 해당 분야의 폭발적인 성장과 생물학 관련 데이터의 대규모 양산에 해석 가능한 도구, 특히 빅데이터와 손을 잡고 생물정보학 분야는 꽃을 피우는 정점을 향해 가고 있다.

2003년 완료된 HGP 인간게놈프로젝트 및 첨단의 생명공학적 기법의 발달을 계기로 전에 비할 수 없을 정도의 더 많은 양의 데이터가 하루가 멀다 하며 축적되고 있다. 이렇게 축적되는 생물학적 데이터를 빠르게 정확한 분석을 할 수 있는 tool 도구가 필요한 시점에 빅데이터가 접목되면서 해결의 실마리가 되었고, 생물정보학은 고속 성장을 하는 분야가 되었다. 물론 생물정보학의 시작은 이보다 훨씬 전에 1978년/P.Hogeweg+B.Hesper 태동하기 시작 → 1980년대 후반 DNA와 단백질 분석 연구 → 1990년/미국+영국+독일+프랑스+일본+중국 HGP 다국적 컨소시엄 구성하여 2003년 2조7,000억원/16개 연구소 참여 완료에 이르는 발전과정을 거친다. HGP 이전까지 DNA 및 단백질의 염기서열 분석 연구들이 수행되며 점진적인 발전을 하였다면 HGP 완료는 바이오 데이터의 폭발적 증산을 낳는 계기가 되었다.

빅데이터가 생명과학 속으로 들어와 생물정보학이 발전하는 과정에는 이처럼 HGP의 완성이 큰 전환점을 가져왔다. HGP 이래 현재까지 축적된 많은 생물 종으로부터의 방대한 유전체 정보에서 유의미한 데이터 분석의 결과 도출 필요성이 강조되어 빅데이터를 도구로 이용한 것이다. 궁극적으로는 생물학을 비롯한 기초 과학 분야뿐만 아니라 바이오산업과 의약학적 응용 및 관련분야의 획기적인 발전에 큰 기대를 하게 만들었다. 그러한 관심은 또한 맞춤형 의료로 이어져 정형 및 비정형의 방대한 보건의료 정보에서 의미 있는 결과를 도출해내는 연구가 활성화되고 있다. 이미 언급하였듯이 다양하고 방대한 규모의 데이터는 미래 경쟁력의 우위를 좌우하는 중요한 자원으로 활용될 수 있다는 점에서 주목받고 있다. HGP 이전에도 대량의 데이터 분석 → 유의미한 정보 도출 시도는 있었으나 오늘날 빅데이터의 여건은 이전과 비교했을 때 패러다임이 달라지는 데이터의 양, 질 그리고 다양성 등에서 그 차원이 다르다. 그러므로, 빅데이터 활용은 4차 산업혁명 시대에 ICT와 함께 혁신적이고, 강화된 경쟁력과 향상된 생산성을 부여하는 데 확실한 근간이 되고 있다. 전문가들이 제시한 생물정보학의 최종 목표는 크게 3가지로 1 많은 생물학적 데이터를 올바르게 확립하고, 2 수집된 데이터들을 정확하게 분석하며, 3 생물학 관련 데이터들의 의미 있는 해석과 예측을 가능하게 하는 것이다. 참고 https://terms.naver.com/entry.nhn?docId=5569099&cid=61233&categoryId=61233 이러한 목표를 달성하였을 때 생물정보학은 꽃을 피우는 시기에 들어가는 것이라 할 수 있지 않을까.

• 바이오·빅데이터 플랫폼 & 활용

플랫폼에 대해서는 이미 6장 생명복제 줄기세포에서 원래의 개념보다 확대된 의미로 '특정 장치나 시스템 구성에서 기초가 되는 틀이나 골격을 가리켜 일컫는다'라고 하였고, 인문, 사회는 물론 산업, 과학, 공학, 컴퓨터 시스템, 기술 등 거의 전 분야에서 적용 가능한 보편적인 개념으로 널리 사용되고 있다고 언급한 바 있다. 좀 더 확장된 개념에서는 여기에 know-how 기술지식, 정보, 서비스 등 모든 형태를 포함할 수 있고 인터넷의 Naver/Kakao/YouTube/Facebook.. 포털 및 웹사이트까지도 플랫폼으로 다루어 취급한다. 또한, 바이오 분야는 단순히 생명과학 영역에만 국한된 것이 아니라 의약학, 헬스케어, 공중보건, 농생명 분야 등을 아우르며 폭넓게 적용되고 있다. 이들 분야에서 수집되는 자료를 산업적으로 활용하는 제약회사들도 신약 개발/임상 실험.. 연구는 물론 판매/마케팅.. 비즈니스까지 전 영역에 빅데이터를 도구로 적용하며 급성장하고 있다. 외국에서의 바이오·빅데이터의 현황 및 플랫폼을 조사하면 그 목록이 끝이 없을 것 같으나 바이오 분야에서 가장 활성화되어 있는 유전체 관련 프로젝트, 데이터베이스 또는 플랫폼을 일부라도 짧게 알아보면 다음과 같이 나온다. 이 분야에서 가장 많은 투자와 활발한 연구를 하는 미국의 경우는 타의 추종을 받아들이지 않는 듯한 독보적인 위치를 차지한다.

- 미국 : Explorys, HMP Human Microbiome Project, NIH Epigenomics Project, Precision Medicine Initiative, Pillbox, Sentinel Initiative/Sentinel CDM, YODA Project..
  - dbGaP, DiscovEHR, ENCODE, Geisinger Health System, GenBank, GIANT, GTEx, GnomAD, 1000 Genome, ICGC, NCI-60, TCGA The Cancer Genome Atlas, WGS 30X..
- 영국 : 바이오뱅크 UK Biobank
- 캐나다 : PGPC Personal Genome Project Canada
- 네덜란드 : HealthSuite 디지털 플랫폼
- 스페인 : SpainRDR Rare Diseases Registries Research Network
- 덴마크 : The Shared Care Platform
- 이탈리아 : PASSI Progressi delle Aziende Sanitarie Project
- 오스트리아 : Comet K-Project DEXHELPP
- 에스토니아 : E-Estonia National Identity Scheme
- 일본 : GWAS Genome-Wide Association Study
- 중국 : Chinese Millionome Database

글로벌 유전체 관련 정보를 알아보고자 한다면 위의 키워드로 시작하여 데이터, 결과 분석, 예측 그리고 연구현황 등을 검색할 수 있을 것이다. 유전체를 포함한 의약학 및 의료 관련 데이터는 복잡성이 더해지고 수합 결과의 양은 폭발적인 속도로 증가하고 있다. 한 예로 헬스케어 관련 데이터의 경우, 2012년/500PB 2020년 거의 25,000PB에 달했을 것으로 추정되었다. 이와 같은 거시적 분야가 아니더라도 주제를 좁혀 유전체 발현과도 밀접한 관련이 있는 단백질에 초점을 맞추어보자. Protein Data Bank, PDB 단백질 정보는 wwPDB 전 세계 단백질 정보은행에서 글로벌 단백질 구조 관련 정보처리 등 모든 것을 관리하고 있다. 미국, 유럽, 일본을 포함한 선진 여러 나라가 주축이 되어 활동하는 wwPDB는 2021년 현재 175,500개를 넘어서는 단백질 구조 정보를 보유하고 있다. 지금도 달마다 1TB 이상의 대규모 단백질 데이터가 축적되고 있으며, 단백질 구조 데이터의 기록 보존, 저장, 분배, 폐기, 공유 등을 수행하며 구조 유전학 발전에 결정적인 역할을 한다.

여기에 생체의학의 한 부분인 biomedicine/임상의학 생물 의학적 의료 데이터는 질환자의 최적 치료를 위한 개인적 차원의 서비스 제공에 활용된다. 의료진은 수많은 질환 사례에서 수집된 데이터로부터 최선책을 찾을 수 있어 올바른 의사결정 → 적절한 시기 → 적절한 치료를 제공할 수 있어 보건의료 분야 발전에 더 큰 역할을 할 수 있다. 또한, 의료분야의 빅데이터는 이뿐만 아니라 심각한 의약품 부작용을 방지할 수 있고, 질병 증상에 대한 정확한 진단으로 질병의 조기 발견이 가능하여 시간적, 경제적 측면은 물론 사회적 부담까지도 현저히 낮출 수 있다.

의료기술의 최정상에 있는 미국의 경우, 의약품 부작용으로 1년에 약 220만 명 이상이 치료를 위해 병원을 방문하며, 미국민 사망 원인의 4위가 된다고 하니 약물 부작용의 심각함이 어느 정도인지를 말해준다. 이에 미국 NIH 의료당국은 HGP로 해독된 유전체 관련 데이터를 200TB 이상 확보하여 Amazon Web Services, AWS 아마존 웹 서비스를 통해 일반인들도 접속해 이용할 수 있도록 무료로 공개하고 있다.

American College of Sports Medicine, ACSM 미국 스포츠 의학학회에서는 좀 더 발전된 시스템으로 해마다 미국 내 도시에 따라 다른 건강 지수를 분석하여 발표한다. 빅데이터를 활용해 해당 도시 주민들의 체력과 영양 측면의 정보도 함께 포함하여 도시 별로 건강 수준이 쉽게 비교되도록 2017년/American Fitness Index 건강 지수를 개발한 것이다. 물론 그 결과는 헬스케어 분야 등에서 활용될 수 있도록 공개하는 서비스도 병행하고 있다. 이와 함께, 의료 빅데이터를 잘 활용한 또 다른 사례는 국민건강지수 모니터링 시스템에서 찾아볼 수 있다. 바로 빅데이터를 이용하여 계절이 바뀔 때 즈음, 기승을 부리는 독감을 예측하는 시스템으로 구글이 시도하였다. 2013년 구글의 '독감트렌드'는 사람들이 인터넷 사용 시 입력하는 독감 관련 검색어 빈도수를 토대로 특정 지역에 독감이 많이 발생하거나 유행의 수준을 예측하여 알려주는 시스템이다. 모두 5단계로 나누어 매우 낮음~~매우 높음 정보를 제공하며 공유하는데, 빅데이터가 활용된 유명한 사례 중 하나로 손꼽힌다. 물론 문제점도 발생하여 신뢰성에 의문이 제기되기도 하였지만, 빅데이터를 이용하여 유행성 질병을 예측하였다는 점이 참신한 시도인 것만은 확실하다. 최근에는 유전체 빅데이터에 인공지능을 접목하여 미지의 복잡다단한 생명현상을 밝혀내려고 하는 흐름이 일어나 연구의 향방 및 결과에 관심이 쏠리고 있다.

또한, 그동안 수집과 저장된 바이오 및 의료분야의 초대형 빅데이터는 실제로 다양한 질병의 조기 발견을 위해 적극적으로 활용되고 있다. 의료현장에서 질환자들 치료에 이들 빅데이터를 적용하는 가장 좋은 점은 이들 데이터로부터 많은 환자 사이에서 나타나는 유사성을 찾아낼 수 있다는 것이다. 바이오·의료 빅데이터 분석 → 유사 데이터 식별 → 환자들 간의 유사성 파악 → 최적의 개인 맞춤 치료법을 도출할 수 있는 것이다. 특히, 어떤 질환의 조기 발견을 위해 이용되는 바이오·의료 빅데이터의 분석은 정밀 의료 및 맞춤의료 시장에 지대한 영향을 끼칠 것으로 예상된다. 바이오·의료분야에서 빅데이터 및 그 플랫폼의 활용은 우리가 직면하고 있는 2020년~2021년/COVID-19/코로나19 바이러스성 질병으로부터 인류를 구할 수 있거나 그런 사태를 미리 막을 수 있는 해법을 찾는 데 도움을 받을 수 있을 것으로 생각된다.

근래 들어 바이오 분야는 빅데이터를 활용하는 데 있어 위 언급한 주된 의료 및 헬스케어를 제외하여도 생명 자원이나 환경, 농업, 해양 수산까지 광범위하게 포함하며 확장되고 있다. 우리나라에서의 그러한 활용의 예를 간단히 살펴보자. 2019년 최근 우리나라도 공공으로 관련 사업을 시작하여 정부 산하단체와 민간 기업의 협업을 통해 빅데이터 플랫폼 및 센터를 구축하는 등 잰걸음을 내디디고 있다. 이 사업에서는 헬스케어를 비롯한 해양, 산림 등의 분야에서 빅데이터 플랫폼 개발 및 활용을 위해 대규모 데이터의 수집, 저장, 축적 그리고 유통을 활성화하여 데이터 거래의 기반을 마련할 수 있도록 지원한다. 예로 해양수산 빅데이터 플랫폼 개발에서는 우리나라 해양 공간 특성과 활용상황을 확인할 수 있고, 산림 빅데이터 플랫폼으로부터는 산림생태계의 활성화, 약용생물자원 빅데이터 플랫폼 개발, 생물종 유전체 활용 → 신약과 신소재 개발 관련 서비스를 제공할 수 있을 것으로 전망한다.

• 최신의 흐름을 읽다!

얼마 전 우리나라 2020년/KISTI 연구기관에서 빅데이터를 기반으로 2027년까지 크게 성장할 것으로 전망되는 미래 10대 유망기술을 예측한 바 있다. 이는 과학기술의 미래 성장 가능성 관련 개발 모형으로 그 특징은 미래예측 가능한 기술정보에 빅데이터 + AI 인공지능의 기술 접목에 있다. 연구에서는 전 세계 과학기술+인문·사회과학 많은 분야에서 최근 12년/~1,600만건 발간된 방대한 정보를 활용한 문헌 인용관계도 기반 데이터 분석 → 유사 주제 categorization → ~4,500개 기술군 생성 → 높은 예측 ~86.7% 정확도의 결과를 발표하였다. 미래에 유망한 고성장의 10대 기술에는 생물다양성 연구 및 에너지, 자원화, 소재 기술 등 다음과 같은 다양한 분야가 포함되어 있다.

• 참고: https://www.kisti.re.kr/promote/post/news/4650;jsessionid=vTtLN38kBZByyFlVxpeT1nOH4HfQWhe6fhGaaYhRyZ3VTOI84JUPON1tIBAv2yvK.al211_servlet_engine23?t=1580868837881

- 수소에너지 활용을 위한 재생에너지 저장·변환 기술
- 차세대 친환경 냉난방 시스템 핵심 소재 기술
- 자율주행 고도화를 위한 차량제어 기술
- AI 기반의 머신 비전 기술
- 이산화탄소 자원화 기술
- 초고성능 콘크리트기술
- 휴머노이드 로봇기술
- 고압 직류송전 기술
- 생물다양성 연구
- 초분광 영상기술

그림 8-2 빅데이터

앞에 언급하였듯이 빅데이터에 인공지능을 접목하여 진일보한 융복합 기술로 여러 분야가 첨단의 산업으로 재탄생하고 있다. 그중의 하나가 빅데이터를 이용해 바이오 경쟁력 확보에 속도를 내는 농업, 즉 농생명 바이오 분야로 빅데이터와 AI가 접목되면서 품종 개량에 활용된다. 농생물의 유전체/단백질체.. 오믹스 정보를 분석한 빅데이터가 신품종 개량에서 향상된 효율성을 불러와 고부가가치의 농생물 개발로 이끌고 견인하는 것이다. 2017년 농촌진흥청+국립농업과학원 국내에서는 최초로 AI까지 농작물의 우수한 품종을 선별하는 데 적용되어 농생물 바이오·빅데이터는 우리에게 새롭게 생물자원을 근본적으로 재탐구할 수 있게 해주는 KEY 역할을 한다. 현재는 유전체 정보를 근간으로 한 우수 품종 선별에 필요한 분자마커.. 분석 기준과 품종 개량 예측 시스템 개발에 정진하고 있는 것으로 알려져 있다.

대표적 일차 산업인 농업 분야도 대량의 농생물과 관련된 정보를 DB화하여 중추적인 자산으로 활용하고 있다. 우리나라는 2005년 벼 유전체 해독 글로벌 프로젝트에 참여하면서 첫걸음을 내디뎠고, 십여 년 노력하여 농생명 유전체 바이오 빅데이터 정보시스템을 구축하며 2014년 빅데이터 확보를 본격화하여 현재에 이르고 있다. 농생명 빅데이터의 상당한 부분은 농작물 유전체 정보가 차지하여 ~963만건/30TB 대규모의 데이터를 보유하는 중이다. 해독된 유전체 빅데이터를 근간으로 육종이 가능하므로 농작물 유전체 데이터는 생물자원 확보와 고부가 가치의 품종개발에 절대적으로 필요하다. 해독된 유전체 빅데이터를 활용한 성공사례로는 기대 이상의 기능성이 추가된 30%↑ 높은 단백질 함유량 콩, 탄저병 저항성 고추, 글루텐 저감 밀 등이 대표적이다.

또한, 빅데이터는 바이오 영역에서 다른 생물 종에서 생명현상과 관련된 정보를 알아내는 용도로도 유용하게 쓰인다. 대규모의 빅데이터를 컴퓨터 연산으로 처리 및 활용 → 분석 및 해석하기에 가능한데, 연구의 예로 그 영역이 완전히 다른 두 가지를 들어보겠다.

- 예1 세포 내 생명현상의 핵심이 되는 단백질 맵핑은 컴퓨터 프로그램에 의한 확률 기반의 계산기법을 사용하여 해결한다. 다양한 생물 종으로부터 수집한 단백질의 복잡한 연결망을 protein network mapping 맵핑 → 특정 물질대사 관여 유전자 종류 파악 → 같은 유전자가 어떤 생명현상에 참여하고 다른 생물종 내에서도 같은 기능을 수행하는지 유전자/유전자 그룹의 기능에 대해 계통상 예측을 가능하게 한다.

- 예2 농작물 관련 2019년 미국 대학들의 아이오와 주립대학+미시간 주립대학+노스캐롤라이나대학 공동연구팀이 바이오·빅데이터 분석을 통해 수만 가지 엄청난 규모의 식물유전자 표현형을 해석해낸 연구이다. 연구는 옥수수가 스트레스에 어떻게 대처하는지 밝히려고 시작되어 식물의 유전자변형 → 강한 스트레스 조건에 내성 있고 수확물 생산을 잘할 수 있는 품종을 개발하고자 하였다. 연구에서는 옥수수 식물에 화학물질 첨가 → 열악한 환경조건 조성 → 고출력 기술

활용 → ~40,000종류 대규모 유전자의 활동을 추적했다. 모두 빅데이터 도구를 활용하였기에 유의미한 성과를 도출할 수 있었던 좋은 예이다!

다시 우리나라 상황으로 돌아와 보자. 2021년 얼마 전 정부는 '중점육성산업'으로 선정한 바이오헬스 산업의 발전을 위한 획기적인 계획을 발표하였다. 혁신적인 신약개발과 의료기기 등 정부 지원으로 R&D 연구 개발 투자를 2025년까지 매년 4조 원 이상 증액한다는 것이다. 의약품/의료기기.. 제조 부분과 의료/건강관리.. 서비스 부분을 모두 포함하는 바이오헬스 분야 세계 시장 점유율 확대 목표도 제시하였다. 최근에 발표한 육성전략인 비메모리 반도체/미래형 자동차 주력산업 분야와 함께 바이오헬스를 차세대의 주된 산업으로 중점 육성한다는 취지이다. 본 '바이오헬스 산업 혁신전략'의 핵심 내용은 2029년까지 최대 100만 명 규모로 국가 수준에서의 바이오·빅데이터를 구축한다는 것이다. 물론, 희망자를 대상으로 수집하겠지만 유전체 정보를 비롯한 의료이용 및 건강 상태 정보 등을 맞춤형 신약과 신개념 의료기술 연구 개발에 활용한다는 전략이다. 이를 위해 2020년 1단계 사업 시작 → 2021년 ~2만명 규모 1차 빅데이터 구축 → 2029년 ~100만명 규모 2차 빅데이터 구축의 로드맵을 제시하였다. 데이터 중심병원을 지정하고 AI 활용의 신약개발용 플랫폼 R&D 사업 등도 동시에 추진된다고 하니 하루빨리 빅데이터 활용 성공의 선진국 대열에 서는 날을 기다려봐야 할 것 같다.

그렇다면 확장된 바이오 분야에서 빅데이터의 전망은 어떠할까? 물론 유전체를 비롯한 생물 의학, 헬스바이오 등의 건강과학 분야를 포함한 생명과학의 발전은 오늘날 빅데이터 분야의 확장에 그 추진력을 한층 더하는 추세이다. 단순한 정보량의 생산이 아니라 기초 과학 → 임상 연구로 전환, 공중 의료+보건 시스템, 건강에 필수적인 요소들을 찾아내는데 필요한 모든 조건의 복잡하고 다양한 데이터 등이 포함되기 때문이다. 확장된 바이오 분야 관련 연구에서 빅데이터는 이런 복잡하고 다양한 정보의 폭발적인 증가를 생명과학과 의·약학 연구 개발에 몇 단계 도약할 수 있는 식별 가능한 분석 결과로 바꿔주는 결정적 파이프라인의 기능을 하고 있다고 해도 과언이 아닐 것이다.

바이오·빅데이터에 관한 내용은 이들이 지닌 글로벌 바이오헬스 분야의 잠재성을 언급하며 끝내고자 한다. 2020년까지 생명과학 및 확장된 바이오 분야에서 데이터의 총량은 44조 ZB로 추정된 바 있는데, 2013년에는 불과 4.4 ZB에 지나지 않았다는 것을 고려하면 그 발전의 속도는 가히 상상 그 이상이다. 또한 빅데이터의 매출은 2015년 1,220억$ → 2019년 1,870억$으로 급증하는 결과를 보여 빅데이터의 접목이 왜 필요한지를 한마디로 말해주고 있다. 'bio . bigdata 바이오-빅데이터'의 만남이 새로운 세계를 열어 가는 그 앞날에 밝은 전망이 비치고 있다.

들어가며

바이러스 이야기

바이러스와의 전쟁

1. 바이러스의 위협
    - 문제의 바이러스들
2. 바이러스 대응책
    - 박테리오파지 phages, why are they so important?
    - 백신 & 파맥신

9장

바이러스와의 전쟁: 백신, 박테리오파지 *phages*, why are they so important ?

9장

바이러스와의 전쟁: 백신, 박테리오파지 phages, why are they so important ?

▶

들어가며

바이러스 이야기

- 누군가가 인간과 미생물, 특히 세균과는 어떤 관계를 맺고 있을까를 물어 온다면 여러분은 어떻게 답을 하겠는가? 또한, 만약 누군가가 이에 대한 답을 감히 '애증의 관계'라고 말한다면 이의 없이 그렇다고 받아들일 것일까 아니면 세균 등은 모두 없애버려야 할 미생물이라 말할 것인가 한 번쯤 생각해봄 직한 질문이다. 전문가는 물론 일반인 포함한 많은 이들이 인간-미생물 간 경쟁에서는 인류가 결국 이들을 이길 수 없을 것으로 보는 것이 지배적이다. 부정적인 측면이 먼저 떠올라 주위 동식물에 병을 주고, 인체에 다양

한 질병을 일으켜 수많은 생명을 앗아가거나 끔찍한 생물학적 무기의 주체가 되는 점을 상기한다. 하지만 인류는 이들을 오래 잘 이용하여 비교적 사이가 좋은 관계를 유지하기도 하여 실생활 속 미생물은 우리 환경에 없어서는 안 될 중요한 존재가 되고 있다. 그리고 세균에 대해서는 개발한 항생제를 무기로 계속 연구하고 관리해 현명하게 대처하면 장래는 그리 어둡지만은 않을 것이다. 그렇다면 바이러스를 미생물에 포함하여 전개한다면 세균 같은 맥락으로 얘기할 수 있을까? *probably not..!* 이에 대한 논의는 상당히 다른 방향으로 흐를 수 있다는 것을 우리는 알고 있다.

오늘날 인류가 마주하는 질병 가운데 가장 문제가 되는 것은? *Of course, 바이러스!!* 인류는 그동안 많은 바이러스로부터 위협을 받으며 현재에 이르고 있다. 특히, 2020년 전 세계에 위협적인 Pandemic 팬데믹을 선포하게 만든 COVID-19 코로나19는 지구상의 모든 사람에게 고통을 안겨 주었다. 교육, 여행 등 거의 모든 경제 및 사회활동이 멈춘 것은 물론 가족이나 지인들과의 접촉도 꺼리게 하는 등 이전에 경험하지 못한 수준의 공포를 겪게 하였다.

그림 9-1 바이러스(박테리오파지, B형 간염, 코로나)

라틴어/'poison' 의미 바이러스는 분류체계상 가장 낮은 단계로 세균보다 작다. 세균은 핵과 세포질이 있는 세포지만, 바이러스는 DNA/RNA 유전물질 핵산과 약간의 단백질로 이뤄져 있다. 이들만으로는 생명체가 될 수 없으므로 반드시 숙주가 있어야만 살아갈 수 있다. 세포 밖에서는 생명체가 아닌 무생물로 반드시 살아 있는 생물체 내에서만 증식한다. 바이러스는 주된 효소가 없어 숙주세포의 물질대사 기능을 이용해 증식하는데, 이러한 특징은 항바이러스약품 개발에 매우 중요한 포인트이다. 숙주에 따라 동물성, 식물성, 세균성으로 구분되고, 숙주세포에 침투하여 이들 세포를 이용하여 대량으로 증식한다. 시간이 지나며 대량 증식한 바이러스들이 숙주세포에서 나오며 치명적인 피해 입히기 때문에 숙주는 고통을 느끼고 병에 걸리게 된다.

바이러스는 19세기 말 1892년/러시아/이바노프스키 담뱃잎에 생긴 병에서 최초 발견되었다. 담뱃잎 모자이크병을 유발하는 어떤 물질이 세균여과기를 통과하는 것을 발견하며 시작된 것이다. 당시에 알려지지 않은 미지의 무엇인가가 그 안에 있을 수도 있다고 생각하여 그 가정을 입증해가는 과정에서 세균이 아닌 존재가 밝혀지게 되었다. 이후 광견병/구제역/우두.. 여러 전염성 질병들에서 그러한 특징이 나타났고, 세균과 바이러스 구분이 가능해진 20세기에 들어 바이러스의 존재가 확실해졌다. 그리고 1915~1917년 1910년대 중반에 이르러 바이러스가 세균도 감염시킬 수 있음이 밝혀져 숙주세포는 3종류가 되었다. 숙주세포가 세균성인 경우는 이질을 앓고 있는 환자의 腸 내용물에서 확인되었다. 1차로 세균여과기로 걸러낸 그 용액이 이질균을 용해하였고, 놀랍게도 균을 용해한 용액 또한 병원균을 다시 용해할 수 있음을 발견하였다. 이런 능력을 지닌 것은 다름이 아닌 바로 세균을 감염시키는 세균성 바이러스로 이들에게는

bacteriophage, 일명 파지 박테리오파지라는 이름을 붙여주었다. 그러므로 바이러스는 세균과 동물, 식물, 여타 미생물에 이르기까지 모든 종류의 생물체를 감염시킬 수 있음을 알게 되었다.

그렇다면 분류상 가장 하등한 바이러스가 전 세계 인류를 위협하는 공포의 대상이 되는 이유는 무엇일까? - 답은 바로 이들이 가장 하등하기 때문에 가장 빨리 돌연변이 변할 수 있는 특징에 있다. 크기는 대략 세균의 1/100~1/1,000 정도로 작고, 구조 또한 DNA 또는 RNA 핵산과 표면 단백질로 매우 단순하다. 이와는 달리, 사람/포유류.. 진화된 동물의 경우, 세포들은 유전물질이 많아 혹시라도 DNA 상에 손상이 약간 생겨도 외부로 대부분 그 변화가 즉각적으로 나타나지 않는다. 그리고 유전정보를 지닌 DNA에 돌연변이가 발생하더라도 세포는 이런 오류를 인지 → 수선 장치 작동시스템도 갖추고 있다. 반면, 바이러스는 구성물질이 지극히 적어 조금만 바뀌어도 쉽게 변해 다른 구조, 형태 또는 특성 등을 지니게 된다. 이러한 예는 해마다 오는 불청객 infuenza virus 독감 바이러스에서 흔히 볼 수 있어 이 바이러스는 아주 쉽게 유전자변이를 일으켜 이전에 접종했던 백신의 치료 효과가 거의 없거나 그다지 없게 된다. 바이러스 표면의 단백질이 약간만 바뀌어도 숙주세포의 항체와 반응하지 않기 때문에 치료 효과가 달라지는 것이다.

▶

바이러스와의 전쟁

1. 바이러스의 위협

• 문제의 바이러스들

인류는 근래 신종 바이러스와 인수공통전염병이 자주 출현함으로 인해 언제라도 전염병에 노출될 수 있는 위협 속에 살고 있다. 특히, 바이러스성 질병을 논할 때 등장하는 인수공통감염병이란 용어를 들어본 적이 있을 것이다. 이는 병원체가 사람-동물 간에 상호 전파되어 감염될 수 있는 질병을 통칭하며, 사람이 직접 또는 간접적인 접촉을 통해 감염된 동물에서 혈액/체액/배설물.. 유래한 물질에 노출되었을 때 인체에 전파될 수 있다. 이런 인수공통감염병으로는 결핵, 공수병, 메르스, 에이즈, 에볼라, 웨스트나일 뇌염, 사스, 신종플루 신종인플루엔자, 탄저, 코로나19 등이 있다. 병원체인 바이러스 유전체는 처음 동물에게만 감염되었던 유전체에 돌연변이가 발생하거나 유전체 재조합과정을 통해서 동물 → 인간으로 다른 종간에 감염이 일어나게 변화된 것을 알 수 있다.

20세기 들어 한동안은 병원체와 관련된 지속적인 연구, 항생제/백신.. 약제 개발, 보편화된 공중의 보건 위생 인식 등으로 전염병이 인류에게서 멀어지는 듯했다. 그러나 의료 전문가들의 예측과 달리 1980년대 초부터 에이즈를 필두로 여러 신종 감염병들이 인류 곁에 나타나기 시작하였다. 신종 감염병은 인류가 경험하지 못한 새로운 병원체가 일으키는 감염성 질병이다. 항생제에 내성 있는 세균들은 물론 에볼라, 사스, 신종플루, 메르스, 지카 등 바이러스성 질병이 지구상에 등장하며 우리를 위협하고 있다. 21세기에 들어서는 이들 신종 감염병의 출현이 더 빨라지고 있고, 발생했다 하면 그 여파 및 충격이 더 큰 상황으로 번져 오늘날 코로나19에 이르는 지경이 되었다.

그렇다면 이들 신종 감염병이 유행하게 되는 이유는 무엇일까?

이들 감염병의 공통점은 대부분이 인수공통감염병이라는 점이다. 여러 요인에 의한 인간-동물 간 잦은 접촉으로 야생의 동물의 병원체 → 인체로 넘어온 것이다. 통상 원 숙주 중간숙주를 매개로 하여 인체로 옮겨 가는데, 사스의 경우 → 사향고양이, 메르스의 경우 → 낙타가 중간숙주에 해당한다. 인체로 넘어온 신종 감염병이 인류를 위협하고 있는 사례는 다음과 같이 역사적으로 쉽게 찾아볼 수 있다.

지금까지 우리에게 가장 큰 피해로 기록된 바이러스는 전 세계에서 ~5,000만 명의 사망자를 낸 1918년 스페인 독감이다. 인플루엔자 바이러스에 의해 발병하는 독감은 감기와 달리 심한 전신 증세를 동반하며 심하면 사망에 이르게 한다. 독감은 어느 정도 주기적으로 찾아와 그 예는 1957년 100여만명 사망 아시아 독감, 1968년 70여만명 사망 홍콩 독감, 1997~1999년 조류 독감 등을 들 수 있다. 사라지지 않고 자꾸 우리를 찾아오는 이유는 무엇일까? 언급하였듯이 돌연변이로 바이러스가 끊임없이 변신하기 때문이다. 이외에도 최초 보고된 이래 현재까지 문제를 일으키며 우리의 주의를 끄는 바이러스들로는 1976년~현재 매우 강한 독성의 에볼라 바이러스, 1981년~현재 에이즈 확산에 주역인 HIV 에이즈 바이러스, 1999년~현재 가금류와 인류에 피해 주는 조류 독감 바이러스, 2019년~현재 코로나19 바이러스이다. 이들에 대해서 간단히 알아보도록 하자.

조류 독감 Avian influenza/AI/Bird flu/일명, 조류 인플루엔자

닭/오리/야생조류.. 조류에 감염되는 급성의 바이러스성 질병으로 전파속도가 매우 빠르다. 고병원성의 경우에는 치사율이 100%에 이를 정도로 그 전염성과 폐사율이 높아 1급 *법정전염병으로 분류된다. 병이 알려지기 시작한 초기에는 조류와 돼지에서 전염된다고 생각했으나 1997년 홍콩에서 AI에 감염된 조류와 접촉한 사람들 가운데 감염 및 사망하는 사건들이 발생하여 사람 감염도 일어나는 것으로 밝혀졌다. 2003년~2007년까지 중국, 인도, 베트남 등 여러 나라에서 약 220여 명이 목숨을 잃어 경각심을 갖게 하였다. 원인 바이러스로 *H5N1, H7N7, H9N2가 검출되었는데, 이들 중 H5N1은 가장 독한 고병원성으로 알려져 있다.

※ 1급 법정전염병: 디프테리아, 마버그열, 메르스, 보툴리늄 독소증, 사스, 신종인플루엔자, 에볼라, 조류 독감, 천연두, 탄저병, 페스트..

※ 조류 독감: 바이러스 표면의 단백질에 따라 15종/H1~H15 H형과 9종/N1~N9 N형으로 구분하며, 이들 2가지 단백질 조합에 의해 AI는 모두 135종류로 나뉜다.

왜 조류 독감이 문제가 되는 것일까? 그것은 감염된 조류 → 사람에게 전염될 수 있다는 사실 때문이다. 인체가 AI에 감염되면 돌연변이 변종 바이러스가 발생할 가능성이 더욱 커지고, 변이 바이러스는 사람-사람 간 전염을 일어나게 할 수 있다. 사람 간 전염으로 변종 바이러스가 출현할 가능성으로 인해 조류 독감이 확산해

통제할 수 없는 또 다른 위협적인 질병이 될까 모두가 우려하는 바이다. 사람 간 전염되는 AI 변종 바이러스는 현재 발견되지 않았으나 해당 지역 및 국가 그리고 WHO에서는 조류 독감의 발생 및 향방에 각별한 주의를 기울이고 있다.

에볼라 Ebola

가장 강력한 바이러스 독성은 2014년 서아프리카 3개국에서 발생하여 단기간에 ~16만명 감염/~8만명↑사망 많은 목숨을 앗아갔던 에볼라 대유행에서 볼 수 있다. 그리고 재차 2018년 콩고와 인근 지역에서 에볼라가 발병하여 3,300여 건의 감염과 2,000여명↑ 상당한 사망자가 나왔다. 인체가 에볼라 바이러스에 노출되면 인체는 잠복기를 거치며 대개 위험한 상태에 돌입한다. 가장 치명적인 자이르 에볼라 바이러스의 경우에는 치사율이 90%에 이른다. 에볼라는 감염된 환자나 숙주동물의 혈액, 체액, 조직 등이 닿으면 전염되고, 대부분 환자에서 심각한 간/콩팥.. 장기 손상, 출혈 등이 나타난다. 최초 감염은 피/체액.. 감염된 원숭이나 과일박쥐에 접촉하면 옮는 것으로 추정되며, 이들은 증상이 없는 바이러스 매개자 원 숙주로 밝혀져 있다. 처음 확인된 후 1976년~2013년 연간 천명 미만, 특정 지역에 어느 정도 제한적으로 나타나는 추세였으나, 2014년 서아프리카 기니/라이베리아/시에라리온 3개국에 퍼진 에볼라 대유행은 최악의 사태로 기록되고 있다. 잠복기는 바이러스 감염 이후 2일~21일 지속되며, 매우 강한 전염력과 높은 50~90% 치사율이 특징적이다. 에볼라 바이러스는 독성이 워낙 강하고 잠복기가 짧아 숙주를 빨리 죽음으로 내몰아 바이러스도 널리 전파되지 못하고 죽는다. 인체에 바이러스가 감염되면, 이후 사람-사람 감염이 가능하고, 사망하면 즉시 사체를 폐기해야 한다.

오랫동안 백신 개발 연구가 진행되어 드디어 이들에 대한 예방 백신이 개발되었다는 희소식이 전해져 왔다. 앞의 7장에 설명하였듯이 'Ervebo 어베보'는 2019년 세계 최초로 승인된 에볼라 백신으로, 인체의 면역반응을 이용한 에볼라 바이러스 감염을 예방하는 약제로 WHO 기준을 충족하여 유럽과 미국 FDA의 승인을 받았다. 1회의 백신 투여로 면역반응을 유도하여 에볼라를 예방하는 효과를 보이는데, 어베보는 과학자들 사이에선 이미 rVSV-ZEBOV-GP로 알려져 있었다고 한다. 서아프리카 에볼라 대유행을 저지하기 위해 2014~2016년 임상적으로 사용된 바 있고 현장시험 결과, 에볼라 감염 예방에 상당한 효과를 발휘하는 것으로 보고되어 있다. 하지만 일단 감염으로 에볼라 질병으로 진행된 경우엔 이를 치료할 수 있는 검증된 특별한 방법은 아직 없는 상태이다. 에볼라 백신접종에 의한 예방이 최고의 방법이기는 하나 그래도 효과가 있는 것으로 알려진 치료제로는 대표적으로 Zmapp Z맵이 있지만, 그 효능 또한 아직 완전히 입증되지 않았다. 동물실험에서는 탁월한 효과를 보였으나 인체에 대한 임상시험이 없어 그 효과와 안전성은 해결되지 않은 채로 남아 있다.

에이즈 AIDS

사람-사람 간 전염으로 질병 확산이 유행으로 이어질까 염려되는 또 다른 경우는 바로 에이즈! 에이즈는 인체의 면역력과 저항력이 저하되는 질병으로 숙주인 아프리카 원숭이에게는 문제가 없던 에이즈가 사람으로 옮겨오면서 위협적인 면역결핍증을 불러온 것이다. 후천적으로 면역체계에 심각한 문제를 일으키는 이 바이러스와 싸우며 답을 찾으려고 노력한 인류는 1981년 에이즈 발견 3년 후 1983년 HIV 바이러스 원인 병원체, 전파 경로, 진단 방법 등을 알아냈고 치료제 개발을 위해 부단한 노력을 기울여왔다. 하지만 이를 퇴치하는 특효약 없이 40여 년이 흐르며 수많은 사람이 속수무책으로 생명을 잃었고, 병 걸렸을 때 5년↑ 생명 연장할 수 있는 치료법이 개발되는 정도였다. 그리고 바이러스 증식에 여러 단계의 효소반응이 필수적으로 수반되는 점을 이용한 효소억제를 통해 HIV 증식을 막는 제제가 치료제로 사용되기도 하였다.

에이즈는 HIV 감염 → 면역력 상실 → 난치성이나 만성질환으로 진행되는데, 병원체인 HIV는 단백질과 RNA를 지닌 레트로바이러스로 다량 증식한 HIV를 갖는 숙주의 면역세포는 서서히 죽는다. 치료제로는 HIV 증식 억제 → AIDS 진행 지연시키는 약물로 효소 억제제를 사용하며, 3가지 약제 동시 복용 칵테일 요법을 주로 사용하는 것으로 알려져 있다. 치료제 복용법에 따라 투약하면 병 진행을 막고 생존 기간을 연장해 줄 수 있는데, 주로 역전사효소/단백질 방해 → HIV 증식 방지 → 몸속 HIV 양↓ 유도한다.

병원체인 HIV를 통제할 방법과 관련된 연구를 지속 수행하여 해결의 실마리를 찾아냈는데, 2012년 최초로 에이즈 약으로 허가받아 환자들에게 'Truvada 트루바다'를 처방할 수 있게 되었다. 트루바다 매일 복용은 HIV 감염 위험률을 ~99% 낮출 수 있어 널리 적용할 수 있게 됐고, 2021년 1월에는 주사제로 치료할 수 있는 약이 승인되어 그 길이 드디어 열리게 되었다. 월 1회 주사제는 바로 'Cabenuva 카베누바'로 에이즈 환자는 번거로운 알약의 경구 복용에서 벗어날 수 있다고 한다.

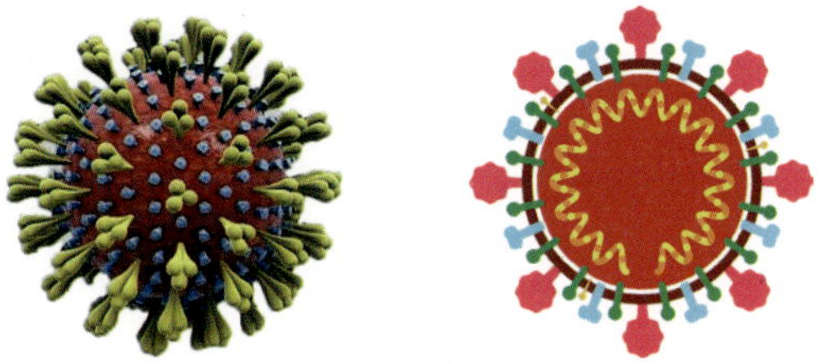

그림 9-2 코로나19

코로나19 COVID-19

이러한 바이러스들에 대해 전문가들은 이전에는 인류가 겪어보지 못한 사스/메르스/AI/지카/코로나.. 새로운 바이러스의 출현이 점점 더 증가할 것으로 예측한다. 산림, 밀림 등의 개간 → 지구 생태계 파괴 → 도시산업화 진행 → 자연환경 변화 야기 → 미지의 바이러스들이 인간과 접촉할 기회가 더 늘어나고 있다. 이와 함께 인구증가로 인한 과밀현상, 전 세계가 거의 24시간 생활권 내에 있게 한 교통수단의 발달, 자연환경의 변화 등으로 바이러스성 질환이 지구 전체로 확대되고 있다. 이는 곧 '바이러스의 세계화' 추세를 의미한다. 2002년/SARS 사스는 시작된 지 한 달 반 만에 다른 대륙으로 이동하여 그 세력을 떨쳤으며, 현재는 2019년 말에 시작된 코로나19 발생으로 전 세계에서 하루에도 수만 명 이상 사망하는 등 인류는 대혼란을 겪고 있다.

최근까지 바이러스감염증-19 코로나19가 전 세계적으로 유행하면서 어떻게 비롯되었는지 또는 인간에게 감염되기까지 어떠한 중간 매개 숙주가 역할을 했는지에 대한 논란이 계속되고 있다. 국제 바이러스 분류위원회는 이 신종 코로나바이러스 감염증을 일으키는 병원체의 정식 명칭을 'SARS-CoV-2'로 하였으며, 세계보건기구에서는 특정 지역이나 동물의 명칭을 배제하고 2019년에 유행하기 시작한 코로나바이러스 감염증을 의미하는 'COVID-19' 라는 공식 명칭을 부여했다. 잠복기는 평균 4~5일 길게는 14일 정도로 초기 증상은 발열, 마른기침, 인후통 등이 주로 나타난다. 특히, 바이러스가 인체에 유입되면 몸속 백혈구들이 pyrogen/파이로젠 발열 물질을 분비해서 체온을 올려 병원체를 죽이기 위해 정상체온 이상으로 올라가는 것이다. 일부 경우, 위독한 폐렴~호흡곤란, ~5%에서는 호흡부전, 패혈성 쇼크, 다발성 장기부전 등의 합병증을 초래하기도 한다. 코로나바이러스는 바이러스 외피에 스파이크 단백질이 촘촘하게 박혀있는 구조를 하고 있다.

세계보건기구는 2020년 3월 11일 코로나19에 대해 팬데믹을 선포하였다. '감염병 대유행'이나 '감염병 범유행'이라고도 하며, 사전적 정의에 의하면 '감염병이 여러 국가나 대륙 간 전파되어 전 세계적으로 유행 확산하는 현상이나 감염병'을 pandemic 팬데믹이라고 일컫는다. 감염이 매우 광범위하거나 많은 사람이 죽은 경우와 강력한 전염성을 가진 경우에 세계보건기구에서 팬데믹을 선포한다. 현재도 코로나19의 세계적 대유행 지속되고 있으며, 국내 상황도 살얼음판을 걷고 있는 느낌이다. 언제쯤 완전히 수습될 수 있을지 누구도 예측하기 어려운 상황이나 세계 각국은 코로나19에 대응하기 위해 백신과 치료제 개발에 주력하여 2020년 12월 마침내 코로나19에 대한 백신 성공의 희소식이 외국으로부터 들려왔다. 그동안 거의 90여 개에 이르는 백신 전임상과 ~36개 이상 수십 백신의 임상시험이 진행 중이었다. 특히, 미국, 독일, 영국, 러시아, 중국 등에서 진행되고 있는 총 9개 백신의 임상 3상 결과에 세계가 주목하고 있었는데, 표에서 보듯이 백신 개발에 성공하여 세계 굴지의 제약회사들이 백신의 대량 생산에 돌입한 것이다. 글로벌 차원의 백신 경쟁이 치열해지면서, 개발 백신에 대한 확보, 배분, 위험관리

전략도 국가 차원에서 마련되어 각국은 백신을 확보하면서 자국민들에 대한 접종을 현재 진행하고 있다.

코로나19 백신 개발 현황

백신 명	주요 개발사	년도	주요 개발국
BBIBP-CorV	시노팜	2020.7	중국
CoronaVac	시노백	2020.7	중국
Gam-COVID-Vac (스푸티니크 V)	가말레야 연구소	2020.8.11	러시아
EpiVacCorona	벡토르 센터	2020.10.14	러시아
BNT162b2 (토지나메란)	화이자+ 바이오엔테크	2020.12.2	미국+독일
mRNA-1273	모더나	2020.12.15	미국
AZD1222	아스트라제네카+ 옥스퍼드대	2020.12 말	영국
Covaxin	바라트 바이오텍	2021.1.2	인도
Ad26.COV2-S	존슨앤드존슨+얀센	2021.1.26	미국+벨기에
CoviVac	추마코프 센터	2021.2.20	러시아
Ad5-nCoV	캔시노 바이오로직스	2021.3.10	중국

• 박테리오파지 *phages*, why are they so important?

박테리오파지의 증식에는 lysogenic cycle 용원성 생활사와 lytic cycle 용균성 생활사의 2가지 방법이 있는데, 전자에서는 숙주세포의 파괴가 일어나지 않고 이하, 파지 박테리오파지의 유전자가 복제되나 후자에서는 파지의 증식이 숙주세포의 파괴를 일으킨다. 두 가지 생활사를 모두 거치는 온건성 파지 파지도 있다. 세균도 바이러스에 의한 감염이 진행되지 않도록 파지에 대한 대응체계로 작용하는 특수 DNA서열 인식 후 절단하는 효소 제한효소를 가지고 있다. 세균 내에 이질적인 DNA가 유입되면 이들 제한효소가 작동하여 외부 유입 DNA를 분해하나 세균 자신의 DNA는 메틸화되어 제한효소에 의해 잘리지 않는다는 특징을 지닌다.

세균을 잡아먹는 바이러스인 파지의 첫 발견은 포도상구균에서였다. 이후 여러 대장균.. 종류의 세균에서 발견되고 있고, 감염시키는 세균에 따라 박테리오파지의 종류도 매우 다양하다. '세균의 천적'이라고까지 불리는 파지는 세균이 있는 그 모든 환경에서 발견되므로 그 수도 약 10^{31}개로 천문학적인 규모로 많을 것으로 전문가들은 예측한다. 이와 함께 슈퍼박테리아 등 다양한 병원성 세균을 섬멸할 수 있는 세균성 바이러스 파지가 특히 연구대상이 되고 있다. 이들에 과학계가 관심을 쏟으며 그의 새로운 가능성에 이목이 쏠리고 있다.

왜 세균을 죽이는 파지에 관심을 기울이며 주의 깊게 보는 것일까? 이들이 특정 세균에 대한 높은 감염성과 매우 높은 다양성으로 인해 항생제를 대체할 수 있는 새로운 항균물질로 생각되기 때문이다. 또한, 파지가 부작용과 내성균에 효과가 떨어지는 항생제를 대체할 강력한 수단으로 부상하는 이유는 세균을 죽이면서 인체에는 해가 없다는 또 다른 이점이 있어서이다. 항생제 저항성의 어떤 강력한 항생제에도 저항할 수 있는 슈퍼세균이 최근 쟁점이 되는 요즘, 파지는 이들 슈퍼세균에 저항할 수 있는 차세대 물질로 생각되어 많은 연구가 이루어지고 있다. 낮은 특이성으로 병원균과 여러 유익균을 모두 죽이고 부작용 가능성까지 있는 항생제와 비교해 볼 때 파지는 높은 숙주 특이성을 지녀 선택적으로 병원성 세균들만 제거할 수 있다는 장점이 있다. 물론 단점도 있지만, 병원균 제어 능력의 지속성이 높아 항생제에 대한 매력적인 대체 수단으로 생각되고 있다. 또한, 파지는 박테리아 간 유전정보 교환의 매개체로 주목을 받고 있다. 세계의 유수한 연구팀들은 최첨단 바이오 기술을 이용하여 이런 세균-파지 간의 상호작용에서 새로운 치료기법을 만들어낸 바 있다. 향후 이를 이용하여 유전적 질병 치료에 앞에 언급한 CRISPR 기술, CAR-T 요법과 함께 새로운 장이 열릴 수도 있을 것으로 기대되고 있다.

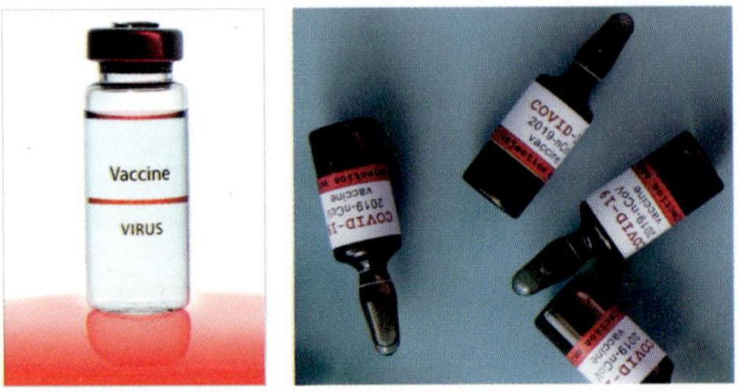

그림 9-3 백신

인체는 외부에서 항원 병원체 침입 시 저항할 수 있는 항체를 생성하여 이후 같은 항원에 감염되면 신속하게 면역반응을 한다. *백신은 인체의 면역체계를 활성화하고, 이후 병원체에 의한 감염 피해를 예방하거나 그 피해를 최소화하고자 하는 목적으로 만들어졌다. 백신은 병원체의 변종이나 병원체 유래물을 죽이거나 약하게 한 물질로 *백신접종은 인체 → 항체형성 유도 → 면역체계 자극 → 병원체 대항 방어 능력을 형성하게 된다. 백신은 면역반응을 강화하는데, 면역계가 1차 면역반응을 거치지 않고서도 병원체의 특정 부분을 인식할 수 있도록 "교육한다"!

※ 백신(vaccine) : 라틴어 vacca에서 기원한 cow 소의 의미를 갖는 면역학 분야의 용어

이러한 백신은 1796년/영국/제너 18세기 말엽 사망률 ~40%에 이르던 전염병 천연두 치료를 위해 처음 개발되었다. 프랑스/미생물학자 파스퇴르는 이를 백신이라 명명하였고, 이후 여러 가지 백신을 개발하여 인류 건강에 크게 이바지하였다. 백신은 병원체의 감염이 있기 전 인체 내에 인위적으로 어떤 감염에 대하여 인공적 면역을 취득하기 위해 주로 병원체 변종이나 병원체 유래물을 사균백신 죽이거나 약독백신 인체에 해가 없도록 약하게 조작 → 인체 투입 → 항체의 형성을 유도하며 질병의 감염 방지를 위해 만들어진다. 백신은 먹거나 주사로 투입되며 일단 접종되면 백신의 면역체계 자극으로 인체는 그 병원체에 대항하는 방어 능력을 형성하게 된다. 몸속 면역세포 항체 생성 세포들은 이후 재감염이 일어날 때 더 많은 항체 생성할 수 있게 된다. 약화한 미생물/바이러스로 만든 백신은 신체

에 큰 문제를 일으키지 않는 가벼운 증상만 일으키게 된다.

※ 백신 개발 : 인체가 면역을 수행하는 데에는 병원체를 그대로 사용하는 것보다 바이러스 외피의 표면 단백질을 사용하는 것만으로도 충분하기도 하다. 백신 생산에는 DNA 재조합기술로 병원체 표면의 단백질 유전자 추출 → 대장균에 삽입 → 병원체 바깥 표면의 단백질 대량 생산하거나 유전자변형으로 인체에 해가 없는 돌연변이 병원체 생성하여 단백질 백신보다 더 강력한 면역반응 유도하는 방법이 이용된다. 현재, 유전자변형으로 새로운 바이러스 백신을 개발하여 ~10종류↑ 다수의 질병에서 예방을 위해 실험 연구되는 중이라 한다.

20세기에 들어 계속된 의료기술과 신약 물질 연구로 다양한 감염증에 효과가 있는 독감/홍역/볼거리/수두/간염/일본뇌염/광견병/결핵/장티푸스/파상풍/콜레라.. 백신이 개발되어 인류의 건강관리와 유지에 유용하게 쓰이고 있다. 백신접종으로 완전히 퇴치된 바이러스성 천연두 질병도 있다. 백신은 항원성에 따라 크게 세균 이용 세균백신, 바이러스 이용 바이러스백신으로 나뉠 수 있으나, 알레르기 유발원을 이용한 백신도 포함된다. 현재 백신 제조에는 바이러스에 감염 예방용 DNA를 주입하여 生 백신으로 이용하는 유전공학적 방법이 효과적으로 응용되고 있다. 최근에는 예방과 치료를 동시에 하는 '파맥신/pharmaccine/'pharmaceuticals제약'+vaccine 합성어' 백신이 개발 中에 있어 큰 관심을 받고 있다. 예방과 치료를 함께 하는 백신 개발은 수십 년 전에 예측된 것으로 21세기 들어오며 구체적으로 언급되면서 그 실현이 다가옴을 알려주었다. 2002년 백신 심포지엄에서 면역학자로 GSK 제약회사에서 백신 개발을 관장하던 전문가가 예견한 **"미래에는 백신이 질병 예방의 차원을 넘어 질병을 치료한다는 보다 적극적인 의**

미를 갖고, 또 여러 암이나 만성질환의 치료제로서 역할을 하여 향후 더 중요해질 것" 이란 말이 적중하고 있다.

예방과 치료의 동시 수행을 목적으로 하는 백신, 즉 파맥신의 등장은 1980년대 면역학의 발전이 기반이 되었다고 할 수 있다. 파맥신 개발 가능성에 힘을 준 결정적인 계기는 면역시스템에서 중요한 역할을 하는 림프구 T세포의 작용기전이 규명되면서부터로 알려져 있다. 특히, **"파맥신은 암이나 만성질환 관련 치료에 이용될 수 있는데, 암을 치료하는 데 있어 파맥신의 최대 장점은 항암치료의 부작용을 낮추어 질환자의 삶의 질을 높이면서 완치나 생명 연장이 가능하게 하는 것"**이라고 다국적제약회사 GSK 오래전에 밝힌 바 있다. 21C 들어 파맥신으로 가장 유력한 것 중 하나로 지목된 것이 AIDS 백신이다. 이와 관련해서는 이미 동물실험에서 성공적인 결과가 나왔고, 인체를 대상으로 한 임상시험도 마친 상태라고 한다. 에이즈 완치까지는 아니더라도 치료제로는 오랜 연구 끝에 2021년 1월 '카베누바'의 성공적인 개발 소식이 전해져 있다. 불치병이라 생각하던 에이즈에 대한 끊임없는 연구 개발로 주사 한번 또는 알약 하나로 예방에서 관리치료에 이르는 길이 열리게 된 것이다.

파맥신은 에이즈 외에도 만성적인 B형 및 C형 간염, 폐암, HPV 기인 자궁경부암, 유방암, 피부암 흑색종, 알레르기.. 자가면역질환 등에 활용할 수 있음이 알려져 있다. 현재까지 개발된 백신으로 예방할 수 있는 질병은 약 30종류에 가깝고, 백신 개발로 퇴치된 천연두/소아마비.. 질병들도 있다. 특히, 차세대 신개념 백신 개발에 관심을 보이는 대표적 GSK/MSD.. 해외 제약사들은 에이즈, 폐암, 유방암 등을 막을 수 있는 파맥신 개발에 빠르게 움직이고 있어 주목받고 있다. 자궁경부암 백신은 2007년, 폐암백신 2008년 개발되었고, 유방암 치료제는 최근 승인을 획득하여 2021년 3월부터 사용할 수 있게 되었다. 현재까지 암 예방 백신으로 성공한 것은 1981년 B형 간염 백신으로 B형 간염 예방 → 간암 발생을 초기에 막을 수 있게 되었다. 하지만 C형 간염은 백신은 없고 치료제만 개발된 상황이다. 피부암의 일종인 흑색종은 2021년 현재 쥐 실험을 통해 백신을 개발하는 중이라 한다. 이처럼 바이러스 질병에 관한 지속적인 연구로 다양한 백신이 개발되어 인체에 적용될 것인데, 이전에 추구하던 단일 질병 예방용 단독 백신이나 영유아용 백신에서 여러 질병 동시 예방용 혼합 백신, 청소년층 10대와 중장년층 40대 이상 대상의 백신, 예방+치료목적의 파맥신 개발이 확산될 것으로 전망하고 있다.

암 등의 난치병에 대해 예방+치료까지 가능한 백신을 개발하고자 하는 것은 인체 면역과 관련된 연구가 특정 단백질을 확인 및 추출, 분석 처리할 수 있는 차원 높은 수준의 연구를 수행할 수 있기 때문이다. 치료용 백신의 원리는 질병의 원인을 바이러스가 아니라 인체 면역시스템을 교란하는 오류 단백질을 찾아 항원으로 인식시키는 데에 있다. 간암을 예로 들어 정상 간세포에 있는 단백질과는 다르게 간암 세포에서만 나타나는 단백질 확인 → 추출 후 항원 인식 처리 → 인체 주입 → 해당 단백질 제거 → 예방+치료의 과정을 거친다. 파맥신 분야는 피부암/췌장암.. 여러 종류 암과 알츠하이머, 뇌졸중, 심장병, 콜레스테롤, 관절염 등 다양한 분야에서 연구되고 있다. 특히 매년 ~25만명 많은 사람이 목숨을 잃는 자궁암은 관련 예방백신이 이미 임상시험을 마쳤거나 마무리 단계에 있는 것으로 알려져 있다. 이 자궁암 예방백신은 상추+토마토 GMO 식물 섭취 → 자궁경부암 바이러스 HPV 대항 항체형성을 유도하는 원리로 만들어지며, 특이한 사항은 해당 식물에서 분리한 백신 단백질 → 인체 주입 → 항체형성이 가능하다는 점이다. 유전자조작을 거친 식물에서 만들어 먹는 백신이 개발되는 과정은 개발비용이 비교적 저렴하고 안전성이 높아 1980년대 말부터 집중적으로 연구되고 있다.

바이러스 퇴치할 때는 백신 또는 인터페론을 사용하는데, 대개 퇴치 백신은 그리 쉽게 만들어지지 않는다. 이는 바이러스 특징에서 기인하는데, 이들이 살아가는 데 필요한 필수 DNA/RNA 유전정보와 단백질만 갖고 있어서 공격할 대상이 적다는 게 문제가 된다. 바이러스 죽이려고 치료제 만들면 숙주에게도 많은 손상을 주기 때문이다. 세균의 경우, 고등동물과 다른 형태의 리보솜/세포벽.. 세포소기관을 갖고 있으므로 백신을 만들기가 상대적으로 유리하다. 바이러스가 끊임없이 돌연변이 하는 것은 사실이지만 최근 출현하는 바이러스성 질병에 대해선 아직 제대로 된 치료용 백신조차 없는 경우가 허다하므로 인터페론과 백신 개발에 더욱 노력해야 할 것이다.

바이러스 퇴치에 쓰이는 백신은 그리 쉽게 만들어지지 않는데, 이는 바이러스의 구성 물질이 워낙 적어 쉽게 유전자변이를 일으키기 때문이다. 바이러스는 수많은 변종을 만들어낼 수 있고, 지구상의 급격한 인구증가, 다양한 교통수단의 발달, 끊임없는 지구환경의 변화로 그야말로 '바이러스 세계화 시대'가 되고 있다. 바이러스들이 인간과 접촉할 기회가 많이 늘어나고, 끊임없이 돌연변이 하는 것은 부인할 수 없는 사실이다. 특히, 최근 출현하는 바이러스성 질병들에 대해서는 제대로 된 바이러스백신이 거의 없으므로 이들에 대항할 수 있는 백신 개발에 전력을 다해야 할 것이다!

그림 9-4 백신 접종

왜 어떤 백신은 여러 번 접종해야 하는가?

Why do some vaccines require multiple doses and others just a single dose? 평소에 궁금했던 질문 중의 하나이다. 잘 알다시피, 백신은 인체 면역계를 자극하여 투여된 백신에 포함된 항원을 "기억"하는 기억세포를 생산하게 한다. 이들 기억세포는 수십 년 오랫동안 몸에 남아 있으면서 실제 병원체가 들어오면 항체 생산을 빠르게 자극할 수 있다. 백신 대부분은 어렸을 때 몇 달~몇 년 걸쳐 일련의 주사를 통해 맞게 된다. 파상풍+디프테리아 백신은 적어도 10년마다 추가 접종을 해야 한다. 왜 1회 접종으로 충분하지 않은 것일까? 그것은 백신을 접종한 이후 몸에 생산되는 기억세포의 수와 밀접한 관련이 있다. 백신 제제가 추가 접종의 여부를 결정하는데, 활성화된 바이러스의 백신은 강력한 면역반응을 일으켜 보통 추가적인 주사가 필요치 않다. 반면, 백신에 독소나 불활성화 바이러스를 포함한 경우엔 병원체에 대한 면역반응이 다른 종류에 비해 효과적이지 않을 수 있다. 이러한 경우들에 있어서는 반복적으로 접종하여 시간이 지나면서 기억세포의 수를 늘릴 수 있게 되는 것이다.

사람의 면역계는 각종 감염으로부터 인체를 방어 및 보호한다.

백신은 신체를 구성하는 세포, 조직, 기관 등의 복잡한 연결고리와 생리활성 기능의 네트워크를 과학적으로 연구해 얻어낸 구체적인 성과 중의 하나이다. 백신의 예방 접종 후, 면역계는 증상이 나타나기도 전에 후속 감염과 싸우기 위한 기억세포를 만드는 과정에 돌입한다. 백신은 가히 인류의 의료 및 문화 등 역사를 바꾼 발명품이라고 해도 과언이 아닐 것이다. 실제로 통계를 살펴보면 수백만 명의 수많은 생명을 구하고 인류를 엄청난 고통에서 구하고 불행을 방지하였다. 미국의 예를 들어보자. 미국 질병통제센터는 과거 백신이 없던 시절의 미국에서는 1년에 약 65만 명이 천연두, 디프테리아, 홍역, 소아마비 또는 풍진으로 사망했던 것으로 보고하였다. 그러나 백신 개발로 이들 질병에 대한 백신접종이 시작된 이후에는 그 사망률은 연간 100명 이하로 떨어졌다고 한다. 백 번 듣는 것이 한 번 보는 것보다 못하다는 직접 경험해야 확실히 알 수 있다는 '百聞不如一見 백문불여일견'이라는 말이 갑자기 머리에 맴돌고 있다!

그림 9-5 백신개발과 접종

들어가며

4차 산업혁명과 생명과학

21C 생명과학의 미래

1. New Age Life Sciences, what does the future hold?
    - 21C 생명과학, 최신의 흐름을 이끌다!
    - 신개념 생명과학, 패러다임을 바꾸다!

10장

21C 생명과학의 미래: New Age Life Sciences, what does the future hold?

10장
21C 생명과학의 미래: New Age Life Sciences, what does the future hold?

들어가며

4차 산업혁명과 생명과학

- 생명과학은 지구상 모든 생명체의 생명현상을 밝히고자 탐구하는 종합적인 학문으로 DNA, 효소, 세포 등 미시적인 수준에서부터 진화, 환경, 생태계를 아우르는 거시적인 규모에 이르기까지 광범위한 주제와 내용을 포함한다. 특히 생명공학의 발달에 따라 생명체의 잠재성과 고부가 가치가 재인식되고 있는 오늘날의 고도로 산업화한 기술사회에 있어서 생명과학은 현재는 물론 앞으로도 무한한 발전 가능성을 가진 중요한 분야 중 하나이다. 생명과학은 20세기에 비약적으로 발전해왔고 21C에 들어서는 그 발전 속도가 이미 예상을 훨씬 넘어선 상태이다. 생명과학과 연관이 많은 화학

이나 물리학 등 자연과학 학문의 발전뿐만 아니라 IT, NT, 컴퓨터, 센서 등의 공학이나 기술의 발전에 힘입어 생명과학은 눈부시게 발전하고 있다. 이처럼 최신의 생명과학은 끊임없이 변화하는 분야로 방대하고 그 영역은 매년 확장되고 있다.

21C 생명과학의 중요성은 초연결과 초지능으로 무장한 4차 산업혁명과 손잡은 최첨단 바이오테크놀로지의 발달로 한층 더 강조되고 있으며, 사회가 급변하면서 생명과학의 사회적 역할과 요구도 이와 함께 빠르게 변해가고 있다. 사람들은 건강, 사회경제, 환경의 문제, 윤리적 이슈, GMO 찬반, 사회적 논쟁 등 실생활 혹은 관심 있는 것에 생명과학을 연관 지을 수 있을 때 생명과학에 더욱 관심을 둔다. 과학 관련분야가 아닌 사회경제 부문임에도 불구하고 어느 경우에는 21C 생명과학을 모르면 어떤 사안을 결정할 수 없을 때가 생기기도 한다고 한다. 이는 생명과학이 이미 건강이나 환경, 자원 또는 식량문제 등 사람들의 일상 속 삶과 직간접적으로 관계가 있을 뿐만 아니라 현대의 거의 모든 학문이나 영역과 여러모로 융합하여 새로운 학제나 기술, 지식, 정보, 제품 등을 만들 수 있기 때문이다.

사람들의 일상 속의 삶과 직간접적으로 관계가 있는 피부로 느낄 수 있는 일례는 최근 우리가 맞닥뜨리고 있는 '코로나19 바이러스 아웃브레이크'라고 할 수 있다. 전 세계에 팬데믹이 WHO/2020년 3월 11일 선포되고 인류가 고통 속에 있을 때, 생명과학은 큰 역할을 하며 사람들에게 유용한 정보를 제공하였다. 병 유발 바이러스에 대한 백신접종이 우리 몸에서 어떠한 작용을 하고 영향을 주는지 알려줄 뿐만 아니라 많은 사람이 백신을 접종하면 자신 외 다른 구성원들에게 어떤 면이 유익한지 등 우리의 건강 문제와 같이 실생활에서 직면하는 이슈들을 해결하는 데 많은 기여를 한다. 이처럼 현대인의 삶에 지대한 영향을 미치고 있는 21C 생명과학은 4차 산업혁명의 핵심 IT, NT 등의 공학기술과 융합하며 예상을 뛰어넘는 최첨단으로 발전하고 있다.

21C 생명과학의 미래

1. New Age Life Sciences, what does the future hold?

- 21C 생명과학, 최신의 흐름을 이끌다!

21세기 생명과학과 공학 기술이 최첨단을 향해 발전하는 요즈음, 이들 간 융합은 현대인의 삶에 지대한 영향을 미치고 있다. 응용 가능한 과학-공학 기술의 융합은 그 나라의 국력을 의미하고, 21세기 디지털시대에 영역 간 융합의 시너지효과는 기대 이상으로 나타나고 있다. 다양한 분야와 융합하며 눈부시게 발전하는 21세기 생명과학은 심화한 유전공학, 분자생물학 등에서 얻는 획기적인 결과물을 선보이고 잠재성을 펼치며 인류 삶의 질 향상에 큰 공헌을 하고 있다. 다음에서는 이론적으로만 가능하였거나 실용화는 엄두도 못 내던 것들을 실생활에 적용 가능한 형태로 전환한 중요한 의미를 지닌 2020년 이후 최신의 연구 또는 응용의 실제 몇 가지를 간단히 알아보고자 한다. 각각의 주제에서는 특히 생명과학 관련 내용 위주로 선별해 전개할 것이다. 이들 주제는 저자들이 임의로 결정한 것임을 밝힌다!

1 포스트 코로나 시대의 미래 전망 및 유망기술

2 Emerging Biotechnology Trends for 2021
3 크리스퍼 Cas9 노벨상
4 2021년 과학기술의 미래(다보스포럼)
5 10 Breakthrough Technologies for 2021 (MIT)

1 포스트 코로나 시대의 미래 전망 및 유망기술 2020년 4월

주요 환경변화와 헬스케어, 교육, 환경, 정보보완, 문화 등 8대 영역의 유망기술을 매핑 중 헬스케어 영역 내에는 디지털 치료제와 RNA 바이러스 대항 백신 기술 등이 포함되어 있다. 먼저, 디지털 치료제는 의약품이 아닌 치료용 소프트웨어로 비대면 중독/외상후 스트레스 장애/우울증.. 정신질환에 치료용 콘텐츠 기술을 활용하는 원리이다. 향후 바이오헬스 시장의 새로운 도전과 기회를 마련할 수 있을 것으로 전망된다. RNA 바이러스 대항 백신 기술은 인체 면역계를 활성화하여 이후 감염의 피해를 예방 또는 피해의 최소화를 추구하는 기술로 다음의 세부 기술을 포함한다. 즉, 돌연변이 예측, 항원 발굴, 대량 생산, 고효율전달 기술 등을 활용하여 RNA 바이러스 유래 질병을 예방하고 치료하고자 하는 것이다. 특이한 것은 인수공통감염병 통합관리기술을 문화 영역에 포함한 점이다. 전염병 통합관리에는 동물·인체용 백신, 인수공통감염병 빅데이터, 자연 숙주 방제 등의 세부 기술이 들어 있어 팬데믹 발생에 대응한다는 전략을 갖고 있다.

참고 자료: https://www.kistep.re.kr/c3/sub6.jsp?brdType=R&bbIdx=13771

2 Emerging Biotechnology Trends for 2021 2020년 7월

2021년 의약 분야와 헬스케어에 영향을 줄 핵심 분야로 생명공학의 가장 핫한 연구로 단일항체와 바이오시밀러, 세포 및 유전자치료법, 백신 개발에 중점을 두고 있다. 먼저, 단일항체는 특히

암세포에서 면역체계의 반응을 복원, 강화 또는 모방하도록 설계된 것으로 암세포 식별에서부터 영향을 받는 부위에 방사선 전달에까지 다양한 방식으로 기능한다. 바이오시밀러 또한 생명공학의 또 다른 기본 요소로 의학적 요구에 맞게 변화하고 있다. 바이오시밀러는 기존 약물과 같은 효과를 제공하나 유명 제품과는 약간 다른 구성을 사용하므로 면역요법과 표적치료제 접근성이 좋은 것으로 알려져 있다.

세포 및 유전자 치료법에서는 맞춤형 약제를 만들기 위해 각각 인간 세포와 게놈을 조작하는 세포 요법과 유전자요법이 생명공학 분야로 급부상하고 있다. 2017년, 최초의 유전자 치료제인 '킴리아'는 환자 자신의 백혈구 사용 → 급성 림프성 백혈병 치료에 FDA 승인 후 사용됐고, '예스카르타' → 비호지킨 림프종 치료를 위해 FDA 승인을 받아 사용되었다. 이를 계기로 생명공학 분야는 크게 성장하는 계기가 되었고, 종양/재생의학/희귀병.. 다양한 분야에서의 성과가 점쳐지고 있다. FDA 관련 국장은 2025년까지 유전자 및 세포 치료 관련하여 매해 10~20개 정도의 승인이 있을 것이란 기대를 내놓고 있다.

COVID-19 백신 개발을 학계 및 바이오 제약 회사들은 백신 개발의 새로운 방법을 찾아 전례 없는 협력을 하며 개발에 성공하였다. Moderna Inc. 모더나는 면역반응 유도를 위해 코로나 바이러스의 mRNA를 사용하는 백신을 개발하였다. 물론, mRNA를 질병과 싸울 수 있는 단백질로 바꿀 수 있는지에 대한 수십 년에 걸친 연구가 근간이 되어 가능해진 것이다. 이들은 2021년부터 매년 최대 10억 개의 백신을 공급할 수 있는 속도를 유지하고 있다고 한다. 특히, 백신 연구 개발 과정에서 축적된 정보와 다른 COVID 관련 백신은 미래에 더 효과적인 백신을 만드는 방법에 대한 귀중한 정보를 제공할 수 있을 것으로 보고 있다.

참고 자료: https://www.northeastern.edu/graduate/blog/biotechnology-trends/

3 크리스퍼 Cas9 노벨상 2020년 10월

2020년 노벨화학상은 Clusters of Regularly Interspaced Short Palindromic Repeats CRIPSR-Cas9의 원리를 규명한 2명의 과학자에게 돌아갔다. 유전자가위/크리스퍼 CRISPR는 세균 DNA 내에 있는 규칙적이며 반복적인 염기서열로 침입하는 바이러스를 물리치기 위해 세균이 지니는 일종의 면역계이다. 크리스퍼는 파지 세균에 특이적인 바이러스 감염에서 살아남은 일부 세균이 침입한 바이러스 DNA 일부를 잘라내어 자신의 유전체에 삽입해 저장한 염기서열이다. 이어서 CRISPR 부분 전사 → crRNA/크리스퍼RNA RNA → 짧게 절단 → Cas9 단백질과 결합 → RNA-단백질복합체 CRISPR-Cas9 복합체를 형성한다. 이후 같은 바이러스의 재침입 시, CRISPR-Cas9 복합체 → 바이러스 염기서열 인식 → 결합 → 절단 → 세균 세포를 보호하는 시스템이다.

특히 샤르팡티에 박사 노벨상 수상 과학자는 CRISPR-Cas9 복합체에 기존의 crRNA 크리스퍼RNA 외에도 tracrRNA가 있음을 알아내고 이들이 CRISRP 영역 전사 후 crRNA 다수가 절단되는 데 결정적 역할을 한다는 것을 처음 밝혀 크리스퍼 작동 기작을 알아내는 데 큰 역할을 하였다. 그리고 다우드나교수+퍄르팡티에 공동연구로 crRNA+tracrRNA 주요 부위 연결 → single guide RNA sgRNA 제조 → Cas9-sgRNA 복합체 → 시험관 실험 입증 sgRNA와 상보적 염기서열 有 표적 DNA를 절단할 수 있음을 증명하였다. 그리고 더 나아가 이 특징을 이용하면 인체.. 진핵생물 세포 내 유전체 염기서열도 genome editing 맞춤형으로 교정 가능함을 언급하였다. 생명체의 DNA 염기서열을 맞춤형으로 교정할 수 있다면, 유전자의 기능을 규명하는 것에서부터 유전병/암.. 다양한 질환 치료에 이르기까지 그 활용성은 이루 말할 수 없을 정도가 될 것으로 전망된다. 국내의 한 전문가는 "CRISPR-Cas9은 기초과학이 우리 사회와 인류의 미래에 지대한 영향을 미칠 수 있음을 보여주는 사례"라고 말한 바 있다.

현재는 이들 노벨상 과학자들의 제안대로 CRISPR-Cas9 기법이 인간의 세포를 비롯한 다양한 동물/식물/미생물 생물체의 신약개발/생명공학/육종분야.. 유전체교정 기법으로 전 세계적으로 널리 사용되고 있다. 더 자세한 내용은 앞의 5장 '노벨상 받은 크리스퍼(CRISPR), 새 시대를 열어 줄 첨단기술..?'을 참고하기를 바란다.

• 참고 자료: https://www.ibs.re.kr/cop/bbs/BBSMSTR_000000000991/selectBoardArticle.do?nttId=19163

4 2021년 과학기술의 미래(Davos Forum) 2021년 1월

2021년 세계경제포럼(World Economic Forum, 이하 다보스 포럼)은 'The Great Reset' 주제 하에 다음의 7개 의제로 진행되었다(1 How to Save the Planet, 2 Fairer Economies, 3 Tech for Good, 4 Society & Future of Work, 5 Better Business, 6 Healthy Futures, 7 Beyond Geopolitics). 이들 가운데 과학기술의 미래와 관련하여 제시된 내용을 간단히 살펴보면 인류가 경험해보지 못한 코로나19 바이러스성 감염병에 따라 사회의 패러다임이 급변하는 계기가 되어 거의 모든 영역에서 디지털 전환이 가속화된다는 것이다. 그리고 과학기술의 역할이 중요해져 제반 사회문제에서 해결의 도구로서의 그 기능이 더 강조되고 있다. 간단한 일례를 들어본다면 5G 기술, 인공지능/빅데이터 기반 디지털 헬스케어, 디지털 전환기술 등이 주요 미래 과학기술을 활용한 분야에서 핵심적인 역할을 할 것으로 예측되었다. 일부 주제에는 합성생물학에서의 백신, 고부가가치 바

이오 제품, 바이오 신소재 등이 포함되어 논의되어 있다. 이외 더 자세한 주제 및 내용은 자료를 참고하기 바란다.

• 참고 자료: https://www.kistep.re.kr/c3/sub6.jsp?brdType=R&bbIdx=14456

5 10 Breakthrough Technologies for 2021 (MIT) 2021년 2월

미국 MIT에서는 2001년 이후 2002년 제외 해마다 년 초에 인간의 삶에 커다란 영향을 줄 수 있는 기술이나 기술을 모아 10가지의 혁신기술을 발표한다. 이들은 세계적 연구 BT/NT/IT/ET.. 기술 중 파급효과가 클 것으로 전망되는 핵심기술로 학문과 산업의 흐름을 이해하는 키워드가 되고 있다. 특히, 2019년에는 첫 초대 큐레이터로 빌 게이츠가 참여한 바 있다. 그는 인류 삶의 양과 질 동시 향상에 초점을 두었고, 몇 년 후에는 우울증이나 만성질환을 완화하는 기술이, 20년 후에는 웰빙에 중점을 둔 기술들이 나올 것으로 예측하였다. 2020년 10대 미래유망기술 가운데에는 초고속 Personalized medicine 개인맞춤형 의료, 임상시험 중의 Anti-aging drug 노화방지 의약품 등이 포함되어 있다.

2021년에는 1 Messenger RNA vaccines 메신저 RNA 백신, 2 Generation pre-trained transformer 3/GPT-3 대규모 자연언어 모델, 3 Tik Tok recommendation algorithms 틱톡 추천 알고리즘, 4 Lithium-metal batteries 리튬 금속배터리, 5 Data trust 데이터 트러스트, 6 Green hydrogen 친환경 수소에너지, 7 Digital contact tracing 디지털 추적, 8 Hyper-accurate positioning 초정밀 위치정보, 9 Remote everything 원격서비스 시대, 10 Multi-skilled AI 다재다능한 AI 등이 예측되어 있다. 이들 중 생명과학 관련 주제는 Messenger RNA vaccines 메신저 RNA 백신 개발기술로 간단히 설명하면 다음과 같다.

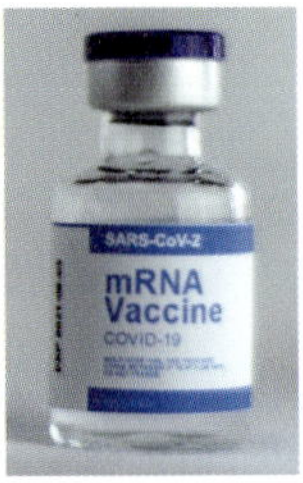

그림 10-1 mRNA 백신

이하 mRNA 메신저 RNA 백신은 코로나19 감염병에 대한 2020년 3월 WHO 팬데믹 선포로 그 개발에 전 세계가 전력을 다해 개발된 것이다. 코로나 바이러스에 가장 효과가 있는 백신은 세계적인 규모의 제약회사 Pfizer & Moderna 두 곳이 20년 이상 연구해 온 mRNA 기반의 기술을 근간으로 하여 만들어진 것이다. 2020년 초기, 코로나19가 확산일로에 있어 인류가 공포 속에 빠질 때, 소수의 생명공학 연구진은 잠재성 있는 백신을 개발하기 위해 mRNA를 대상으로 실험에 돌입하였다. 2020년 12월 말, 코로나19는 이미 전 세계를 강타하며 150만 명 이상의 사망자를 냈고 백신에 대한 열망은 모든 것을 앞서는 인류의 최대 과제가 된 시점이었다. 다행이 미국 FDA에 의한 mRNA 백신이 승인되어 백신접종이 진행되고 있고 코로나19에 대한 공포에서는 조금은 벗어나는 듯하나 여전히 감염 사례는 줄어들지 않고 있어 계속 확산하는 추세이기는 하다. 개발된 코로나19에 대한 백신은 예전의 백신이나 치료제에선 활용된 사례가 없는 기술을 토대로 한 것으로 이후에는 의학적인 변형을 통해 다른 전염병의 백신으로 사용할 수 있다고 한다. 즉, 말라리아와 같은 다른 전염병에 대한 백신으로 확대 사용이 가능하다는 것이다. 코로나19 바이러스가 계속 돌연 변이하면, mRNA 백신도 쉽고 빠르게 변형할 수 있다. mRNA는 겸상적혈구 낫세포 유전병이나 에이즈 유발 HIV 치료에 대해서 기본적인 역할을 할 수 있는 큰 잠재성을 가지는 것으로 알려져 있다. 또한, mRNA를 활용하여 암 퇴치를 돕는 연구가 진행되고 있기도 하다.

• 참고 자료: http://feelsci.org/2021/03/mit-%EC%84%A0%EC%A0%95-2021%EB%85%84-10%EB%8C%80-%EA%B8%B0%EC%88%A010-breakthrough-technologies-2021-mit-technology/

21C 생명과학의 발전에는 실험동물이 그 어느 때보다도 큰 역할을 하고 있음은 누구도 부정할 수 없다. 몇 백 년 동안 실험동물은 인류를 위해 각종 연구에 활용되며 숨은 공신이 되고 있고, 오늘날 인류를 공포 속에 몰아넣는 바이러스성 감염병과의 전쟁에서는 더욱 그렇다. 특히, 이들의 희생 덕분에 코로나19에서 벗어날 수 있는 백신 개발에 성공하면서 전 세계적인 백신접종이 진행되고 있다. 여전히 살얼음판을 걷고 있는 듯한 상황이나 일부 국가는 코로나19 감염병에서 조금이나마 벗어나는 듯 보인다. 하지만 코로나바이러스는 계속 확산 중이고 아직도 하루에 몇 만 명씩 사망하는 추세로 지구 곳곳에서는 4차 유행을 염려하고 있다. 백신 개발과정, 특히 인체에 대한 임상시험 전 단계에 사용된 수많은 실험쥐들에 대한 관련 정보가 있었기에 백신이 개발된 것은 틀림없는 사실이다.

그림 10-2 형질전환 쥐

여기서 우리가 기억해야 할 것은 실험에 사용된 쥐들이 일반적으로 실험에 쓰이는 동물이 아닌 인간의 세포를 이식받은 transgenic mouse 형질전환 쥐란 점이다. 인간 세포를 지닌 실험쥐는 이들만의 독특한 특징을 '인간세포 수용체(hACE2)' 지니며, 바이러스 감염 시 인체 발현증상과 유사한 징후들을 보이는 것으로 알려져 있다. 코로나바이러스에 감염된 상태로 일정 기간 아프던 실험 쥐 중 약한 개체는 죽고, 강한 개체들은 생존하여 회복의 과정으로 들어간다. 이때 살아남은 실험 쥐 몸속에 형성된 항체를 이용해 인체에 적합한 백신과 치료제를 개발하는 것이다. 불과 몇 달 전만 해도 인간 세포 지닌 형질전환 쥐 활용 → 코로나19 백신 개발 성공 → 이후 인간의 장기를 지닌 쥐 탄생 가능성↑ → 인간+마우스/humice 휴마이스 시대가 열릴 수 있는지를 점치게 한 바 있다. 지금도 도쿄대 줄기세포연구소/Nakauchi Hiromitsu 교수 일본에서 사람의 장기를 배양하는 쥐를 만드는 실험이 진행되고 있어 나온 2020년 12월 이야기이다. 하지만 얼마 지나지 않은 2021년 4월, 사람의 유도분화 줄기세포를 지닌 키메라 원숭이 배아가 만들어졌다는 소식이 들려왔다. 원숭이 배아에 인간 세포를 주입하여 그동안 어려웠던 이종 영장류 간 키메라 배아를 형성하여 ~20일 배양한 중국+미국 공동연구 결과에 대해서는 실용성에 의미를 두는 연구진과 윤리성에 염려의 목소리를 내는 사람들 간에 논쟁의 여지가 많은 상태! 물론 인간의 질병 연구와 장기 제공을 위해 실험하였다고는 하나 인간과 유사성이 가장 높은 영장류에서 키메라 배아가 생성되었기에 학계를 비롯한 모두의 비상한 관심을 끄는 바이다.

그림 10-3 인간과 원숭이

휴마이스 시대라는 단어를 이제 막 접하며 실험동물 쥐에 대해 더 생각하기도 전에 그 대상이 우리와 더 가까운 영장류로 옮겨가고 있다. 그 대상이 원숭이라고 하는데, 그렇다면 혹시 이들 원숭이에게도 인간화된 실험쥐의 hACE2와 같은 수용체 특징이 원숭이에게도 생길 수 있는 것이 아닐까? 이런저런 생각이 끝없이 머리에

맴도는 '인간+원숭이/human+ape → humape 휴메이프' 시대를 맞이하는 느낌은 저자들만이 갖는 생각은 아닐 듯싶다.

이 글을 읽는 여러분은 어떤 생각이 드는지... 이처럼 새로운 개념의 생명과학은 기존의 자연과학의 패러다임을 송두리째 바꾸며 색다른 길로 인류를 이끌고 있다! 이처럼 패러다임을 바꾸는 주제는 그동안 다루었던 1장의 세포지도, 2장 합성생물학, 3장 인공광합성, 4장 유전자치료 2.0, 5장 노벨상 받은 CRISPR, 6장 '엄마 없는 아기' 인공 배아, 7장 맞춤형 의료, 8장 bio·bigdata, 9장 백신과 파맥신, 10장 'humape 휴메이프'에 이르기까지 기존의 세포나 종의 개념은 물론 시대를 뛰어넘어 시공간을 허물며 새로운 방향으로 전개되고 있다. 우리 앞에 놓이는 획기적인 성과 및 결과물에 대해서는 먼저 주제별로 생명과학적인 이해를 한 후 각자의 기준에 따라 실익성 추구인가 vs. 비윤리적 논점인가를 따져 인류에게 긍정적인지 그렇지 않을지를 결정해야 하는 것이 아닐까 하는 생각이 든다. 일부 주제와 내용은 일반적인 수준에서 이해하기 쉽지 않은 부분도 있었으나 끝까지 함께 하며 최신의 지식을 섭렵한 모든 이에게 감사한 마음을 전하며 '21세기 생물테마여행'을 마치고자 한다!

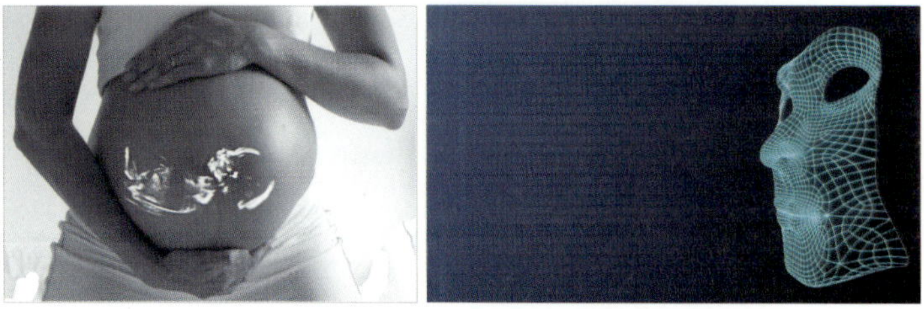

그림 10-4 미래의 아기는 AI와 친구가 될 수 있을까?

에필로그

Epilogue

1990년대 말, '즐겁게 떠나는 생물테마여행'이라는 제목으로 책 출간을 준비한 적이 있다. 원고를 작성하기에 앞서 생물학 분야에서 일반생물학 수준과 교양 중간 정도의 15개 주제들을 선별한 후 전개하였다. 생명이야기, 세포의 세계, 놀라운 식물의 세계, 식충식물의 비밀, 꽃의 사랑과 임신, 누에와 거머리의 잠재력, DNA이야기·유전자조작, 복제양 돌리·생명복제, 인체의 신비, 제대혈 은행, 성장과 노화·그리고 죽음, 바이러스와 에이즈, 암(cancer), 환경호르몬, 21세기와 바이오테크놀로지 등이다. 그리고 몇 년 전 강의를 끝내며 즐겁게 떠나온 생물테마여행을 마치며.. 라는 멘트로 마무리한 기억이 난다. 그 당시엔 세상의 흐름에도 부합되는 실용적이고 꽤 흥미로운 주제들이라 생각하였는데, 20여 년이 지난 여기에 저술된 '21세기형 생물테마여행' 주제들과는 대다수 상당한 거리가 있는 듯하다.

이전의 주제에 비하면 '21세기형 생물테마여행'에 선별된 주제들은 급변하는 과학, 특히 생명과학 분야에서의 패러다임을 바꾸는 과학-공학의 융합형이 큰 관심을 받으며 부상하고 있음을 알 수 있다. 전문적으로 깊이 다루면 매우 어려울 수도 있는 내용이나 책에서는 4차 산업혁명의 한 가운데에서 인류 삶의 질 향상에 핵심적인 역할을 하는 생명과학의 현주소 파악 및 흐름의 이해에 도움을 주는 다음과 같은 10개의 새로운 주제나 keywords 키워드들이 선별되었다; 세포지도, 합성생물학, 인공광합성, DNA컴퓨터, 크리스퍼 유전자가위, 줄기세포·인공배아, 맞춤형의료, bio·bigdata, 백신·박테리오파지, 21C 생명과학의 미래 등.

오늘날의 biotechnology, BT 바이오테크놀로지 기술은 4차 산업혁명에서 대부분 융복합적으로 발달하고 있고, 그 한 가운데에는 세포, DNA, 유전체 등이 핵심적인 역할을 하고 있다. 최근, 발달하는 BT, NT, IT 첨단기술의 접목으로 신약 개발, 생물 신소재 발굴, 차세대 GMO, 유전체 연구 등에서 생명체 내 생명현상의 규명과 결과물의 활용 가치가 널리 확대되고 있다. 21세기 생물학 분야의 핫한 과제는 생명체를 구성하는 개별 세포들을 이해하는 것으로 과학자들은 살아있는 세포 내 고도로 정밀한 '세포지도'까지도 만들고 있다. 이 연구는 아직도 진행 중이며, 세포 간 분자적 차이로 이미 새로운 세포가 발견되는 등 그 성과물에 많은 기대를 하고 있다. 미래에는 누구나 구글맵/네이버 맵 앱을 사용할 때처럼 세포지도를 이용할 수 있을 것이며, 이는 맞춤형 첨단 의료기술의 개발에 지대한 영향을 끼칠 것이다.

'21세기형 생물테마여행'에서는 이처럼 최신의 참신한 주제와 새로운 정보를 폭넓고 쉽게 다루어 급변하는 21C 첨단과학 세상을 살고 있는 현대인들에게 큰 도움이 되고자 하였다. 끝으로 저자들은 이 도서가 독자들이 또 다른 지식의 여행을 가고자 할 때 원하는 목적지에 잘 도달할 수 있도록 새로운 방향을 제시하는 탐구의 광장이 되었으면 하는 진심 어린 마음을 가져본다.

참고문헌

참고문헌

감염병 인류, 2021, 박한선, 구형찬 지음, 창비

게놈 세대, 2017, 엘리자베스 핑겔 지음/이유 옮김, 청아출판사

게놈 혁명, 호모 헌드레드 게놈 프로젝트, 2018, 이민섭 지음, MID

게놈에 담긴 미래, 2017, 마이클 스나이더 지음/이상혁 옮김, 생각의 힘

과학의 발전과 항암제의 역사, 2015, 김규원 지음, 범문에듀케이션

나노 바이오 테크놀로지, 2015, 블라트 게오르게스쿠, 마리타 폴보른 지음, 그램북스

나만의 유전자: 나를 찾아낸 과학혁명, 2016, 대니얼 데이비스 지음/양병찬 옮김, 생각의 힘

농업은 농사가 아니다. 미래산업이다!, 2019, 박영일 지음, 백산출판사

단백질이 없으면 생명도 없다, 2018, 다케무라 마사하루 지음/배영진 옮김, 전나무숲

단백질체학, 2019, 리차드 트위맨 지음/임재환 외 옮김, 월드사이언스

DNA 유전자 혁명 이야기, 2017, 제임스 왓슨, 앤드루 베리, 케빈 대이비스 지음/ 이한음 옮김, 까치

DNA 혁명 크리스퍼 유전자가위, 2017, 전방욱 지음, 이상북스

DNA 탐정, 2016, 타니아 로이드 치 지음/이혜인 옮김, 라임

랩온어칩(Lab-on-a-chip) 기반 기술 동향, 2016, 이승준, BRIC View

2016-T19
면역학 13판, 2019, 피터 델브스 외 지음/박세포 외 옮김, 라이프사이언스
미래를 여는 21세기 생물자원, 2019, 김인선, 계명대학교 출판부
미래를 읽다 과학이슈, 2021, 이해국 외 12명 지음, 동아엠앤비
바이러스의 비밀, 2020, 다케무라 마사하루 지음/위정훈 옮김, 파피에
바이오기술의 세계화를 위하여, 2019, 김성진 지음, 지식과감성
바이오 의약품의 시대가 온다, 2019, 김시언, 이형기 지음, 청년의사
바이오테크 시대, 2020, 제러미 리프킨 지음/전영택, 전병기 옮김, 민음사
바이오 해커가 온다, 2015, 김훈기 지음, 글항아리
빅데이터 & 인공지능 with 생물정보학, 2019, 양우진 지음, 아이콕스
4차 산업혁명을 대비한 바이오기술의 세계화를 위하여, 2019, 김성진 지음, 지식과감성
상식 밖의 유전자, 2012, 마크 핸더슨 지음/윤소영 옮김, 을유문화사
생명과학, 공학을 만나다, 2019, 유영제 지음, 나녹
생명과학대사전. 2008, 강영희 지음, 아카데미서적
생물과 독, 2018, 김인선, 계명대학교 출판부
세계미래보고서 2021, 2020, 박영숙, 제롬 글렌 지음, 비즈니스북스
세계미래보고서 2038-2055, 2020, 박영숙, 제롬 글렌 지음, 교보문고
세상을 바꿀 미래 의학 설명서, 2020, 사라 라타 지음/김시내 옮김, 매직사이언스
세포생물학 2판, 2017, 조지 플로퍼 지음/김인선 외, 범문에듀케이션
송기원의 포스트게놈시대, 2018, 송기원, 사이언스북스
슈퍼유전자, 2017, 디팩 초프라, 루돌프 탄지 지음/김보은 옮김, 한문화
스마트 팜, 2019, 농림축산식품부, 한국농수산식품유통공사, EU 주요국, ICT에 기반한 디지털 농업 스마트팜.pdf
스마트팜 경영전략, 2021, 허철무, 안문형 지음, 청람

시스템 생물학, 2013, 조광현, 홍릉과학출판사
식물과웰빙, 2014, 김인선, 계명대학교 출판부
식물생리학, 2012, 피터 스코트 지음/김명원 옮김, 라이프사이언스
신약개발과 임상실험, 2018, 임현자 지음, 황소걸음 아카데미
암 치유 면역력의 놀라운 힘, 2021, 장석원 지음, 중앙생활사
암의 생물학, 2012, 로버트 와인버그 지음/월드사이언스
약의 역사, 2017, 김규원 지음, 범문에듀케이션
우리가 몰랐던 바이러스 이야기, 2020, 대한바이러스학회 지음, 범문에듀케이션
유전과 게놈, 2018, 뉴턴프레스 지음/강금희, 이세영 옮김, 아이뉴턴(뉴턴코리아)
유전자는 우리를 어디까지 결정할 수 있나, 2018, 스티븐 하이네 지음/이가영 옮김, 시그마북스
유전자 사회, 2016, 이타이 야나이, 마틴 럴처 지음/이유 옮김, 을유문화사
유전자 클린 혁명, 2019, 벤 린치 지음/엄성수 옮김, 쌤앤파커스
의학의 미래, 2020, 토마스 슐츠 지음/강영옥 옮김, 웅진지식하우스
이중나선, 2019, 제임스왓슨 지음/최돈찬 옮김, 궁리
인공생명의 탄생, 2018, 크레이그 벤터 저자/김명주 옮김, 바다출판사
인수공통 모든 전염병의 열쇠, 2020, 데이비드 콰먼 지음/강병철 옮김, 꿈꿀자유
인체생리학, 2017년, 디 실버톤 지음/ 고영규 외 옮김, 라이프사이언스
조용한 공포로 다가온 바이러스, 2020, 야마노우치 가즈야 지음/오시연 옮김, 하이픈
종양생물학의 원리, 2008, 루이스 클라인스미스 지음/서영준, 나혜경 옮김, 라이프사이언스
줄기세포 생물학, 2019, 도정태 지음, 라이프사이언스
즐거운 농업의 시작, 스마트팜 이야기, 2019, 이강오 지음, 넥센미디어

GMO, 사피엔스의 시대, 2016, 폴 뇌플러 지음/김보은 옮김, 반니

직관으로 이해하는 의학통계학, 2017, 하비 모툴스키 지음. 정세영 옮김, 대한의학서적

질병 정복의 꿈, 바이오 사이언스, 2019, 이성규 지음, MID

최신 바이오의약품, 2019, 강승훈, 송지용, 최용수 지음, 홍릉과학출판사

커넥톰, 뇌의 지도, 2014, 승현준, 김영사

컨버전스 2030, 2021, 피터 디아만디스, 스티븐 코틀러 지음/박영준 옮김, 비즈니스북스

크리스퍼가 온다, 2018, 제니퍼 다우드나, 새뮤얼 스턴버그 지음/김보은 옮김, 프시케의 숲

포스트게놈 시대의 생물정보학, 2002, 고목이구외 지음/정해영 외 옮김, 월드사이언스

필수생물학, 정종우 외, 2019, 범문에듀케이션

한권으로 읽는 iPS세포, 2019, 호우죠 모토하루 지음/이득찬 옮김, 북스힐

합성생물학, 2008, 김영창, 노동현, 김용대, 김양훈 지음, 개신

합성생물학의 발전과 바이오 안보 정책 방향, 2018, 한성구, 한국과학기술기획평가원 통권 제257호

Human Cell Atlas 동향, 2019, 김정애, BioInPro, 67호

Bavli et al. 2015. Real-time monitoring of metabolic function in liver-on-chip microdevices tracks the dynamics of mitochondrial dysfunction. Proc Nat Acad Sci 113;2231-2240.

Duzagac F et al. 2021. Microfluidic organoids-on-a-chip: Quantum leap in cancer research. Cancers;13:737-770.

Huh D et al. 2010. Reconstituting organ-level lung functions on a chip. Science 328;1662-1668.

Huh D et al. 2011. From three dimensional cell culture to organs-on-chips. Trends Cell Biol 21;745-754.

Huh D et al. 2012. Microengineered physiological biomimicry: organs-on-chips. Lab Chip 12:2156–2164.

Huh D et al. 2013. Microfabrication of human organs-on-chips. Nat Protoc 2013 8;2135–2157.

Huh D et al. 2015. A human breathing lung-on-a-chip. Ann Am Thorac Soc Suppl 1;42-44.

인터넷 사이트

- 그린에너지

https://terms.naver.com/entry.nhn?docId=1602091&cid=50330&categoryId=50330

- 녹색 경제

https://terms.naver.com/entry.nhn?docId=585334&cid=42094&categoryId=42094

- DNA

https://terms.naver.com/entry.nhn?docId=5646855&cid=62861&categoryId=62861

https://terms.naver.com/entry.nhn?docId=5144868&cid=61232&categoryId=61232

... DNA 인터넷

https://www.ga4gh.org/

https://beacon-network.org/#/

http://dnadigest.org/your-dna-your-say/

https://www.youtube.com/watch?v=wjYLKhaeKL0

https://noosphereventures.com/internet-of-dna/

https://www.technologyreview.com/s/535016/internet-of-dna/
https://www.technologyreview.com/s/533416/geneticists-begin-tests-of-an-internet-for-dna/

... DNA 컴퓨터

http://hub.zum.com/itnews/56065
https://terms.naver.com/entry.nhn?docId=3409070&cid=60335&categoryId=60335
https://terms.naver.com/entry.nhn?docId=74481&cid=43667&categoryId=43667https://thenewstack.io/scientists-use-dna-to-create-worlds-first-reprogrammable-molecular-computer/

• 맞춤형 의료

https://www.mk.co.kr/news/it/view/2020/01/86173/
http://www.dt.co.kr/contents.html?article_no=2019110502101931102002
https://www.sciencetimes.co.kr/?news=%EA%B0%9C%EC%9D%B8%EB%A7%9E%EC%B6%A4%ED%98%95-%EC%95%94-%EC%B9%98%EB%A3%8C%EC%8B%9C%EB%8C%80-%EC%97%B0%EB%8B%A4
https://www.sciencetimes.co.kr/news/%ec%9d%98%eb%a3%8c-%ed%8c%a8%eb%9f%ac%eb%8b%a4%ec%9e%84%ec%9d%98-%eb%b3%80%ed%99%94-%ea%b0%9c%ec%9d%b8-%eb%a7%9e%ec%b6%a4%ed%98%95/?cat=29
https://www.sciencetimes.co.kr/news/%eb%a7%9e%ec%b6%a4%ed%98%95-%ec%b9%98%eb%a3%8c%ec%a0%9c%eb%a1%9c-%ec%82%ac%ec%9a%a9%eb%90%a0-%ec%9e%a5%eb%82%b4-%eb%af%b8%ec%83%9d%eb%

ac%bc/?cat=130

• 미래유망기술

https://www.kistep.re.kr/c3/sub6.jsp?brdType=R&bbIdx=13771

https://biz.chosun.com/site/data/html_dir/2019/12/31/2019123101248.html

https://www.kisti.re.kr/promote/post/news/4650;jsessionid=vTtLN38kBZByyFlVxpeT1nOH4HfQWhe6fhGaaYhRyZ3VTOI84JUPON1tIBAv2yvK.al211_servlet_engine23?t=1580868837881

- 2021년 과학기술

https://www.kistep.re.kr/c3/sub6.jsp?brdType=R&bbIdx=14456

http://feelsci.org/2021/03/mit-%EC%84%A0%EC%A0%95-2021%EB%85%84-10%EB%8C%80-%EA%B8%B0%EC%88%A010-breakthrough-technologies-2021-mit-technology/

• 바이러스

http://study.zum.com/book/13308

http://www.daejonilbo.com/news/newsitem.asp?pk_no=1369793

http://biz.chosun.com/site/data/html_dir/2019/04/29/2019042901073.html

https://ko.wikipedia.org/wiki/%EB%B0%94%EC%9D%B4%EB%9F%AC%EC%8A%A4₩

https://ko.wikipedia.org/wiki/%EC%9A%A9%EA%B7%A0%EC%84%B1_%EC%83%9D%ED%99%9C%EC%82%AC

https://ko.wikipedia.org/wiki/%EC%9A%A9%EC%9B%90%EC%84%B1_%EC%83%9D%ED%99%9C%EC%82%AC

https://qpting.tistory.com/entry/lytic-cycle%EC%9A%A9%E

A%B7%A0%EC%84%B1%ED%9A%8C%EB%A1%9C%EC%99%80-lysogenic-cycle%EC%9A%A9%EC%9B%90%EC%84%B1%ED%9A%8C%EB%A1%9C

… 독감

https://www.cdc.go.kr/board/board.es?mid=a21106020000&bid=0055

… 렌티바이러스

https://blog.naver.com/msnayana/221928604167

https://terms.naver.com/entry.nhn?docId=425320&cid=60261&categoryId=60261

… 천연두 바이러스

https://ko.wikipedia.org/wiki/%EC%B2%9C%EC%97%B0%EB%91%90

… 소아마비 바이러스

https://namu.wiki/w/%EC%86%8C%EC%95%84%EB%A7%88%EB%B9%84

… 구제역 바이러스

https://www.qia.go.kr/animal/prevent/ani_pig_footmouth.jsp

… 에볼라 바이러스

https://commons.wikimedia.org/wiki/Ebola

… 지카 바이러스

https://namu.wiki/w/%EC%A7%80%EC%B9%B4%20%EB%B0%94%EC%9D%B4%EB%9F%AC%EC%8A%A4

… 코로나 19 바이러스

https://namu.wiki/w/%EC%BD%94%EB%A1%9C%EB%82%98%EB%B0%94%EC%9D%B4%EB%9F%AC%EC%8A%A4%EA%B0%90%EC%97%BC%EC%A6%9D-19

… 에이즈
http://www.cancerline.co.kr/html/20556.html
https://www.sejong.go.kr/health/sub03_05_02_02.do
https://www.hidoc.co.kr/healthstory/news/C0000463585
http://www.sisunnews.co.kr/news/articleView.html? idxno=104160
https://www.huffingtonpost.kr/entry/hiv_kr_5c7e059fe4b069b2129f169a?utm_id=naver
https://ko.wikipedia.org/wiki/%ED%9B%84%EC%B2%9C%EB%A9%B4%EC%97%AD%EA%B2%B0%ED%95%8D%EC%A6%9D%ED%9B%84%EA%B5%B0

• 백신 개발
https://www.mk.co.kr/news/it/view/2015/08/790106/
https://www.northeastern.edu/graduate/blog/biotechnology-trends/
https://namu.wiki/w/%EC%BD%94%EB%A1%9C%EB%82%98%EB%B0%94%EC%9D%B4%EB%9F%AC%EC%8A%A4%EA%B0%90%EC%97%BC%EC%A6%9D-19/%EB%B0%B1%EC%8B%A0/%EC%A2%85%EB%A5%98
- 백신/파멕신
https://blog.daum.net/paxlee/13754810
http://www.doctorsnews.co.kr/news/articleView.html?idxno=91389
https://m.post.naver.com/viewer/postView.nhn?volumeNo=7047477&memberNo=36555640
https://news.naver.com/main/read.nhn?mode=LSD&mid=sec&sid1=103&oid=020&aid=0000152249

https://news.naver.com/main/read.nhn?mode=LSD&mid=sec&sid1=102&oid=011&aid=0000068480

... Ad5-nCoV

https://ko.wikipedia.org/wiki/%EC%BD%94%EB%A1%9C%EB%82%9819_%EB%B0%B1%EC%8B%A0#Ad5-nCoV

... Ad26.COV2-S

https://ko.wikipedia.org/wiki/JNJ-78436735

... AZD1222

https://ko.wikipedia.org/wiki/AZD1222

... BBIBP-CorV

https://ko.wikipedia.org/wiki/BBIBP-CorV

... BNT162b2

https://ko.wikipedia.org/wiki/%ED%86%A0%EC%A7%80%EB%82%98%EB%A9%94%EB%9E%80

... CoronaVac

https://ko.wikipedia.org/wiki/CoronaVac

... Covaxin

https://ko.wikipedia.org/wiki/BBV152

... CoviVac

https://en.wikipedia.org/wiki/CoviVac

... EpiVacCorona

https://en.wikipedia.org/wiki/EpiVacCorona

... Gam-COVID-Vac

https://ko.wikipedia.org/wiki/Gam-COVID-Vac

... mRNA-1273

https://ko.wikipedia.org/wiki/MRNA-1273

- **빅데이터**

http://dongascience.donga.com/news/view/28867

http://www.ipnomics.kr/news/articleView.html?idxno=63935

http://www.biospectator.com/view/news_view.php?varAtcId=3743

https://www.yakup.com/news/index.html?mode=view&cat=12&nid=239431

https://www.samsungsds.com/global/ko/support/insights/1196815_2284.html

https://terms.naver.com/entry.nhn?docId=1691554&cid=42171&categoryId=42183

https://terms.naver.com/entry.nhn?docId=3386337&categoryId=58370&cid=58370

https://terms.naver.com/entry.nhn?docId=3386338&categoryId=58370&cid=58370

https://m.post.naver.com/viewer/postView.nhn?volumeNo=17371031&memberNo=43011790

https://www.bioin.or.kr/board.do;jsessionid=8122EE28C62CA934EAAA84B5D8B71DB1?num=249079&cmd=view&bid=report&cPage=1&cate1=all&cate2=all2

http://ipnomics.co.kr/2017/08/10/%EB%86%8D%EC%83%9D %EB%AA%85%EB%B0%94%EC%9D%B4%EC%98%A4-%EB%B9%85%EB%8D%B0%EC%9D%B4%ED%84%B0%EB%A1%9C-%EC%82%B4%EC%B0%8C%EC%9A%B0%EB%8B%A4/

- **빅뱅**

https://ko.dict.naver.com/#/entry/koko/87431b8ccaba48faaba5e10424ad41d7

• 세포 관련

https://blog.naver.com/yamaco18/140050090307

http://scienceon.hani.co.kr/?document_srl=96432

https://blog.naver.com/lovechu0227/221503813944

https://terms.naver.com/entry.nhn?docId=1113329&cid=40942&categoryId=32323

- 세포죽음

http://www.astronomer.rocks/news/articleView.html?idxno=87609

https://ko.wikipedia.org/wiki/%EC%84%B8%ED%8F%AC%EC%9E%90%EC%82%B4

- 세포자멸사와 괴사

http://m.blog.naver.com/PostView.nhn?blogId=jnlovejy&logNo=90129029374&proxyReferer=http%3A%2F%2Fwww.google.co.kr%2Furl%3Fsa%3Dt%26rct%3Dj%26q%3D%26esrc%3Ds%26source%3Dweb%26cd%3D10%26ved%3D2ahUKEwiv78CFkrviAhUSG6YKHe8oAXMQFjAJegQIBxAB%26url%3Dhttp%253A%252F%252Fm.blog.naver.com%252Fjnlovejy%252F90129029374%26usg%3DAOvVaw31Y3d38bQNTA97BLcUUu8D

• 세포지도

https://www.humancellatlas.org/

https://www.hankyung.com/it/article/202001133043i

https://www.humancellatlas.org/learn-more/human-cell-atlas/

https://terms.naver.com/entry.nhn?docId=3473002&cid=42107&categoryId=42107

http://m.bioin.or.kr/board.do?bid=report&num=290736&cmd=vie

w&cate1=&cate2=

https://www.scienceall.com/%ec%9d%b8%ea%b0%84%ec%84%b8%ed%8f%ac-%ec%a7%80%eb%8f%84/

- 바이오마커

http://blog.daum.net/philharmony/11500752

https://terms.naver.com/entry.nhn?docId=2067285&cid=42107&categoryId=42107

- 바이오의약품

https://terms.naver.com/entry.nhn?docId=1097798&cid=40942&categoryId=32820

https://terms.naver.com/entry.nhn?docId=2099068&cid=43667&categoryId=43667

- 인체세포지도

https://www.humancellatlas.org/

http://v17.proteinatlas.org/humanpathology

https://en.wikipedia.org/wiki/Human_Protein_Atlas

... 간

https://medicalxpress.com/news/2019-10-cell-human-liver-reveals-blood.html

https://post.naver.com/viewer/postView.nhn?volumeNo=16939296&memberNo=30120665&vType=VERTICAL

https://www.sciencetimes.co.kr/news/%EB%B6%84%EC%9E%90%EC%88%98%EC%A4%80-%EC%9D%B8%EC%B2%B4-%EA%B0%84%EC%84%B8%ED%8F%AC-%EC%A7%80%EB%8F%84-%EC%B2%98%EC%9D%8C-%EC%9E%91%EC%84%B1/

... 폐

www.lungcellatlas.org

http://www.etnews.com/20190905000140

https://dongascience.com/news.php?idx=29393

... 뇌 과학

https://namu.wiki/w/%EB%87%8C

... 단백질 정보은행

https://www.rcsb.org/stats/growth/growth-released-structures

... 단일세포분석

https://terms.naver.com/entry.nhn?docId=5141448&cid=60266&categoryId=60266

... 레거시 데이터

https://terms.naver.com/entry.nhn?docId=2841975&cid=40942&categoryId=32828

... 블루 브레인 프로젝트

https://wonderfulmind.co.kr/the-blue-brain-project-a-reconstruction-of-the-brain/

https://post.naver.com/viewer/postView.nhn?volumeNo=7943167&memberNo=34537073

... 신약개발

http://techm.kr/bbs/board.php?bo_table=article&wr_id=3794

... 오믹스(Omics)

https://terms.naver.com/entry.nhn?docId=2841975&cid=40942&categoryId=32828

https://kin.naver.com/qna/detail.nhn?d1id=8&dirId=814&docId=330862408&qb=7Jik66+57IqkIOq4sOuylQ==&enc=utf8&section=kin.ext&rank=1&search_sort=0&spq=0

- 재생의학

http://www.biotimes.co.kr

http://www.biotimes.co.kr/news/articleView.html?idxno=3547

- 파일럿 프로젝트

https://terms.naver.com/entry.nhn?docId=3480817&cid=58439&categoryId=58439

- 4D 세포추적기술

https://jhealthmedia.joins.com/article/article_view.asp?pno=15518

- HuBMAP

https://commonfund.nih.gov/hubmap/highlights

https://www.sciencemag.org/news/2019/10/ambitious-effort-map-human-body-s-individual-cells-gets-backing-nih

• 생물다양성

https://blog.naver.com/k13hey/220598970688

https://www.sciencetimes.co.kr/news/%EC%83%9D%EB%AC%BC%EB%8B%A4%EC%96%91%EC%84%B1-%EB%B3%B4%EC%A1%B4%EC%9D%84-%EC%9C%84%ED%98%91%ED%95%98%EB%8A%94-%ED%95%A9%EC%84%B1%EC%83%9D%EB%AC%BC/

• 생물정보학

https://terms.naver.com/entry.nhn?docId=5569099&cid=61233&categoryId=61233

• 스마트팜

https://doi.org/10.9787/KJBS.2019.51.3.175

https://m.blog.naver.com/kipoworld2/221296403546

http://www.amnews.co.kr/news/articleView.html?idxno=38374

https://www.agrinet.co.kr/news/articleView.html?idxno=171317

http://www.megaeconomy.co.kr/news/articleView.

html?idxno=91319
https://www.smartfarmkorea.net/contents/view.do?menuId=M01010102
https://www.istans.or.kr/data/website/reindex/ISTANS_2018100100450817.pdf
- 식물공장
https://agro.seoul.go.kr/archives/862

• 신약 개발
http://www.hitnews.co.kr/news/articleView.html?idxno=3586
http://www.biotimes.co.kr/news/articleView.html?idxno=5149
http://techm.kr/bbs/board.php?bo_table=article&wr_id=3794
http://www.medisobizanews.com/news/articleView.html?idxno=75847
https://www.sciencetimes.co.kr/news/%ED%95%AD%EC%95%94%EC%A0%9C-%EB%82%B4%EC%84%B1%C2%B7%ED%99%94%ED%95%99%EC%9A%94%EB%B2%95-%EB%B6%80%EC%9E%91%EC%9A%A9-%EC%B5%9C%EC%86%8C%ED%99%94-%EB%82%98%EB%85%B8%EC%9E%85%EC%9E%90-%EC%8B%A0%EC%95%BD/
- 아르테미니신
https://ko.wikipedia.org/wiki/%EC%95%84%EB%A5%B4%ED%85%8C%EB%AF%B8%EC%8B%9C%EB%8B%8C
- 에볼라
https://terms.naver.com/entry.nhn?docId=5932581&cid=59913&categoryId=59913
https://ko.wikipedia.org/wiki/%EC%97%90%EB%B3%BC%EB%

9D%BC_%EC%B6%9C%ED%98%88%EC%97%B4

http://kormedi.com/1333748/%ec%97%90%eb%b3%bc%eb%9d%bc%eb%b0%94%ec%9d%b4%eb%9f%ac%ec%8a%a4%eb%b3%91-%ec%b9%98%eb%aa%85%eb%a5%a0-%ec%b5%9c%eb%8c%80-90-%ec%97%90%ec%96%b4%eb%a1%9c%ec%a1%b8-%ea%b0%90%ec%97%bc-%ea%b0%80%eb%8a%a5/

- 에이즈 치료제

https://www.sedaily.com/NewsView/22HE5TT78P

http://www.medisobizanews.com/news/articleView.html?idxno=75847

https://terms.naver.com/entry.nhn?docId=5644581&cid=59913&categoryId=59913

- 택솔

https://media.springernature.com/original/springer-static/image/chp%3A10.1007%2F978-3-319-67903-7_7/MediaObjects/396027_1_En_7_Fig2_HTML.gif

- CAR-T 치료제

https://blog.naver.com/ppchan623/222179818260

- C형 간염

https://blog.naver.com/zzockbaq/222213569780

https://www.ibric.org/myboard/read.php?id=286064&Board=news

https://www.ibric.org/myboard/read.php?Board=news&id=286064&BackLink=L215Ym9hcmQvbGlzdC5waHA/Qm9hcmQ9bmV3cyZQQVJBMz0yNw==

• 실험동물

http://medicalworldnews.co.kr/news/view.php?idx=1510927801

https://post.naver.com/viewer/postView.nhn?volumeNo=19414887&memberNo=29949587&vType=VERTICAL

- 인공 물고기

http://biz.heraldcorp.com/view.php?ud=20201114000096

- 제브라 피쉬

https://www.sciencetimes.co.kr/news/%EC%97%B4%EB%8C%80%EC%96%B4%EA%B0%80-%EC%8B%A0%EC%95%BD%EA%B0%9C%EB%B0%9C%EC%97%90-%EB%8F%84%EC%9B%80-%EC%A4%80%EB%8B%A4/

- 키메라 배아

https://www.yna.co.kr/view/AKR20210416054100009?input=1195m

https://www.sciencetimes.co.kr/news/%EC%82% AC%EB%9E%8C%EC%9D%98-%EC%9E%A5%EA% B8%B0%EB%A5%BC-%EC%A7%80%EB%8B%8C-%ED%9C%B4%EB%A7%88%EC%9D%B4%EC%8A%A4-%EC%8 B%9C%EB%8C%80-%EC%97%B4%EB%A6%AC%EB%82%98/

- 형질전환 쥐

https://www.mk.co.kr/news/it/view/2020/09/942128/

• 올레인

https://search.naver.com/search.naver?sm=tab_sug.top&where=nexearch&query=%EC%98%AC%EB%A0%88%ED%95%80&oquery=periwrinkle&tqi=hsacOwprvxZsslKugulssssstk8-233291&acq=%EC%98%AC%EB%A0%88%ED%95%80&acr=1&qdt=0

• 유전자

https://terms.naver.com/entry.nhn?docId=5144908&cid=61232&categoryId=61232

https://www.seoul.co.kr/news/newsView.php?id=20191201500038&wlog_tag3=naver#csidxd58e591d50134119e6e9b1e7ee82309

https://kin.naver.com/qna/detail.nhn?d1id=11&dirId=1116&docId=89946820&qb=7ZSE656R7IqkIOycoOyghOyytCDtlITroZzsoJ3tirg=&enc=utf8&section=kin.ext&rank=2&search_sort=0&spq=0

- 유전자감식

https://www.yna.co.kr/view/AKR20191120067400009

http://www.asannews.co.kr/sub_read.html?uid=21669

http://www.kns.tv/news/articleView.html?idxno=321600

http://dl.dongascience.com/magazine/view/S200205N027

http://www.jemin.com/news/articleView.html?idxno=516586

https://www.withcountry.mil.kr/mbshome/mbs/withcountry/

http://www.spo.go.kr/spo/major/forensics/act/forensics09.jsp

http://www.mediajeju.com/news/articleView.html?idxno=305686

https://www.ibric.org/myboard/read.php?Board=report&id=2853

http://www.hankookilbo.com/v/9ee1de940aca4742bb44bcfc238589e7

https://terms.naver.com/entry.nhn?docId=72781&cid=43667&categoryId=43667

https://terms.naver.com/entry.nhn?docId=5569388&cid=59948&categoryId=59962

https://www.sciencetimes.co.kr/news/%EC%9C%A0%

EC%A0%84%EC%9E%90%EA%B2%80%EC%82%AC-%EB%AF%BF%EC%9D%84-%EC%88%98-%EC%9E%88%EB%82%98/

http://www.ohmynews.com/NWS_Web/View/at_pg.aspx?CNTN_CD=A0002423222&CMPT_CD=P0010&utm_source=naver&utm_medium=newsearch&utm_campaign=naver_news

https://search.naver.com/search.naver?sm=tab_hty.top&where=nexearch&query=%EC%9C%A0%EC%A0%84%EC%9E%90%EA%B2%80%EC%8B%9D%EB%B2%95&oquery=%EC%9C%A0%EC%A0%84%EC%9E%90&tqi=htf%2BpsprvTVssgQLPNCssssstIK-480334

- 유전자편집

http://www.hani.co.kr/arti/science/science_general/393513.html

http://news.khan.co.kr/kh_news/khan_art_view.html?art_id=201606262101015

- 유전자치료

https://blog.naver.com/i-doctor/220894316260

https://www.ibric.org/myboard/read.php?Board=report&id=3422

https://terms.naver.com/entry.nhn?docId=5669634&cid=63057&categoryId=63057

https://terms.naver.com/entry.nhn?docId=1166688&cid=40942&categoryId=32763

https://ko.wikipedia.org/wiki/%EC%9C%A0%EC%A0%84%EC%9E%90_%EC%B9%98%EB%A3%8C

http://longevityreporter.org/blog/2017/1/31/gene-therapy-20-new-method-could-dramatically-increase-efficiency

- 유전자가위

www.nifds.go.kr

http://eorsin.tistory.com/8
https://news.joins.com/article/23723184
https://blog.naver.com/a0106976/221610509562
https://www.yna.co.kr/view/AKR20170410073900063
http://www.yakup.com/news/index.html?mode=view&nid=246429
https://www.yakup.com/news/index.html?mode=view&nid=232957
http://www.astronomer.rocks/news/articleView.html?idxno=83103
https://weekly.chosun.com/client/news/viw.asp?nNewsNumb=002355100015
https://terms.naver.com/entry.nhn?docId=5781823&cid=62861&categoryId=62861
https://www.ibric.org/myboard/read.php?Board=news&id=270418&Page=1&PARA3=15
https://www.ibs.re.kr/cop/bbs/BBSMSTR_000000000991/selectBoardArticle.do?nttId=19163
http://www.lgeri.com/uploadFiles/ko/pdf/busi/LGERI_Report_20170124_20173824173815143.pdf
https://www.sciencetimes.co.kr/news/%EC%B5%9C %EC%B4%88-%EC%9D%B8%EC%B2%B4-%EB%82%B4-%ED%81%AC%EB%A6%AC%EC%8A%A4%ED%8D%BC-%EC%8B%9C%EC%88%A0/

- PCR

https://terms.naver.com/entry.nhn?docId=927698&cid=51007&categoryId=51007

- 인공광합성

https://www.asiae.co.kr/article/2019021513531067679

http://www.energycenter.co.kr/news/articleView.html?idxno=633

https://terms.naver.com/entry.nhn?docId=5646808&cid=62861&categoryId=62861

https://www.sciencetimes.co.kr/news/kist-%EC%9D%B8%EA%B3%B5-%EA%B4%91%ED%95%A9%EC%84%B1-%ED%9A%A8%EC%9C%A8-%EB%86%92%EC%9D%B4%EB%8A%94-%EB%82%98%EB%85%B8-%EC%B4%89%EB%A7%A4-%EA%B0%9C%EB%B0%9C/

- 광합성

https://terms.naver.com/entry.nhn?docId=1065203&cid=40942&categoryId=32311

- 광전기화학 전지

https://msnayana.blog.me/80196785512

- 플라스틱 태양전지

https://msnayana.blog.me/80129737125

https://terms.naver.com/entry.nhn?docId=865875&cid=42346&categoryId=42346

https://terms.naver.com/entry.nhn?docId=2064810&cid=42107&categoryId=42107

https://terms.naver.com/entry.nhn?docId=3436354&cid=42346&categoryId=42346

- 인공 잎

http://www.astronomer.rocks

https://www.julianmelchiorri.com/Silk-Leaf

https://news.mit.edu/2011/artificial-leaf-0930

https://blog.naver.com/genetic2002/221617630224

https://phys.org/news/2011-09-artificial-leaf-fuel-sunlight-video.html

https://www.dezeen.com/2014/07/25/silk-leaf-manmade-synthetic-biological-leaf-space/

https://news.harvard.edu/gazette/story/2016/06/bionic-leaf-turns-sunlight-into-liquid-fuel/

• 인공배아

http://www.nibp.kr/xe/news2/152363

https://www.ytn.co.kr/_ln/0105_201703031320063341

https://www.asiae.co.kr/article/2019041715472332091

https://newsis.com/view/?id=NISX20200611_0001055921&cID=10101&pID=10100

- 오가노이드

https://www.bioin.or.kr/board.do?cmd=view&bid=tech&num=277079

- 인공자궁

http://news.kbs.co.kr/news/view.do?ncd=3461448

https://namu.wiki/w/%EC%9D%B8%EA%B3%B5%EC%9E%90%EA%B6%81

https://post.naver.com/viewer/postView.nhn?volumeNo=17575022&memberNo=478066

https://www.sciencetimes.co.kr/?news=%EC%B4%88%EB%AF%B8%EC%88%99%EC%95%84-%EC%9D%B8%EA%B3%B5-%EC%9E%90%EA%B6%81%EC%9C%BC%EB%A1%9C-%EA%B8%B0%EB%A5%B8%EB%8B%A4

• 인체장기 칩

https://www.alere.com

https://blog.daum.net/morningcalm/15854821

https://www.bizhankook.com/bk/article/17742

https://blog.naver.com/z4444423/220983428592

https://www.gov.kr/portal/ntnadmNews/1996956

https://www.youtube.com/watch?v=fY2nwpZ-Q78

https://www.donga.com/news/article/all/20160318/77064572/1

http://www.sciencedirect.com/science/article/pii/S0167931714004456

- 눈

https://www.sciencetimes.co.kr/?news=%EC%9E%A5%EA%B8%B0%EC%B9%A9-%EA%B0%9C%EB%B0%9C%EB%8F%99%EB%AC%BC%EC%8B%A4%ED%97%98-%EB%8C%80%EC%B2%B4%ED%95%A0%EA%B9%8C

- 암

https://www.bellbrooklabs.com/products-services/%20assay-development-services2/3d-cell-based-assay-service

https://www.ibidi.com/applications/cell-based-microscopy-assays/3d-cell-microscopy

https://3dbiomatrix.com/store/perfecta3d-hanging-dropplates/hdp1384/

• 제대혈

https://www.hankyung.com/article/2015082639541

http://news.khan.co.kr/kh_news/khan_art_view.html?artid=200805281402155

https://synapse.koreamed.org/Synapse/Data/PDFData/

0119JKMA/jkma-61-557.pdf
https://terms.naver.com/entry.nhn?docId=2098741&mobile&cid=51028&categoryId=51028
https://m.post.naver.com/viewer/postView.nhn?volumeNo=10098040&memberNo=34632337
https://m.post.naver.com/viewer/postView.nhn?volumeNo=16380337&memberNo=1967484&vType=VERTICAL
http://medipana.com/news/news_viewer.asp?NewsNum=221825&MainKind=A&NewsKind=5&vCount=12&vKind=1
https://m.post.naver.com/viewer/postView.nhn?volumeNo=5473268&memberNo=3939441&searchKeyword=%EC%A0%9C%EB%8C%80%ED%98%88%EC%9D%80%ED%96%89&searchRank=4

- 줄기세포

https://namu.wiki/w/줄기%20세포
https://www.ibric.org/myboard/read.php?Board=report&id=3424
https://www.ifs.or.kr/bbs/board.php?bo_table=News&wr_id=1036
http://it.chosun.com/site/data/html_dir/2019/07/25/2019072502119.html
https://terms.naver.com/entry.nhn?docId=3408908&cid=60335&categoryId=60335
https://terms.naver.com/entry.nhn?docId=5669593&cid=63057&categoryId=63057
https://www.sciencetimes.co.kr/news/%EC%A4%84%EA%B8%B0%EC%84%B8%ED%8F%AC-%EC%B9%98%EB%A3%8C-%EB%B6%80%EC%9E%91%EC%9A%A9-%EC%95%8C%EC%95%84%EB%91%90%EB%8B%A4/

- 내세포괴

https://ko.dict.naver.com/#/entry/koko/c74a2410706046e49bd754e7e1393247

• 플랫폼

https://terms.naver.com/entry.nhn?docId=2065727&categoryId=42107&cid=42107

• 합성생물학

https://igem.org/About

http://www.newsmin.co.kr/news/35228/

http://ecoday.kr/news/print.html?newsid=5071

http://www.pressian.com/news/article/?no=138457

http://www.hellodd.com/?md=news&mt=view&pid=34593

http://www.hitnews.co.kr/news/articleView.html?idxno=3586

https://terms.naver.com/entry.nhn?docId=5733537&cid=60266&categoryId=60266

https://www.thermofisher.com/kr/ko/home/life-science/cloning/synthetic-biology.html

https://ko.wikipedia.org/wiki/%ED%95%A9%EC%84%B1%EC%83%9D%EB%AC%BC%ED%95%99

https://www.bioin.or.kr/board.do?num=288379&cmd=view&bid=report&cPage=1&cate1=all&cate2=all2

https://post.naver.com/viewer/postView.nhn?volumeNo=17070473&memberNo=9433853&vType=VERTICAL

- 합성생물학 미래

http://www.hitnews.co.kr/news/articleView.html?idxno=3586

https://www.bioin.or.kr/board.do?cmd=view&bid=issue&num=260776

https://singularityhub.com/2020/02/02/engineering-bugs-resurrecting-species-the-wild-world-of-synthetic-biology-for-conservation/

http://www.designdb.com/?menuno=1159&bbsno=601&siteno=15&act=view&ztag=rO0ABXQANDxjYWxsIHR5cGU9ImJvYXJkIiBubz0iOTY3IiBza2luPSJwaG90b19iYnMiPjwvY2FsbD4%3D

https://wannabenews.com/2025-%EB%85%84%EC%97%90-%EC%84%B8%EA%B3%84-%ED%95%A9%EC%84%B1-%EC%83%9D%EB%AC%BC%ED%95%99-%EC%8B%9C%EC%9E%A5-%ED%81%AC%EA%B8%B0-%EB%AA%AB-%EB%8F%99%ED%96%A5-%EC%84%B1%EC%9E%A5-%EC%98%88/20699/

- 시스템 생물학

http://www.sysbio.de/

https://terms.naver.com/entry.nhn?docId=5141711&cid=60266&categoryId=60266

https://terms.naver.com/entry.nhn?docId=5144756&cid=61232&categoryId=61232

https://dbscthumb-phinf.pstatic.net/5282_000_1/20180321220131744_94BSBGG58.bmp/systems_biology.bmp?type=w540_fst_n

https://terms.naver.com/search.nhn?query=%EC%8B%9C%EC%8A%A4%ED%85%9C+%EC%83%9D%EB%AC%BC%ED%95%99&searchType=text&dicType=&subject=

- 인공세포

http://scienceon.hani.co.kr/28597

https://www.sedaily.com/NewsVIew/1VLN2Z82Q0